農業経済学への招待

太田原高昭
三島徳三
出村克彦 編

日本経済評論社

まえがき

　食料危機と地球環境問題の深刻化が予想される21世紀は，パラダイム（時代をリードする認識の枠組み）転換の時代である．これまでの経済効率優先の社会はすでに行き詰まり，自然と共生し，永続可能な生産と生活へのチャレンジが各地で始まっている．人類の維持に不可欠な食料と豊かな自然環境を守るには，農のある経済社会の構築がなされなくてはならない．農業経済学の出番である．

　本書は，主に農学部学生を対象にした農業経済学の入門書である．農業経済学を構成する農政，農業経営，協同組合，農業開発，食料・農産物市場の諸分野の内容を概説するとともに，分析手法としてのマルクス経済学，近代経済学，統計学の基礎を記述している．巻末で農業経済学の常識用語70を解説し，「農業経済学事典」としても使えるようにしているのもユニークな点である．また，農業経済学の基礎文献リストを同じく巻末に掲載し，それぞれ簡単な紹介を付している．農業経済学と本書の各章をさらに深く勉強したい者のためへの配慮である．

　本書は，農学部（生物資源科学部のような農学系の学部を含む）や経済学部で初めて農業経済学を学ぶ者のための手引書として，農業経済学科あるいはそれに類したコースでの講義や演習の教科書として，さらには大学院進学のための受験勉強の参考書として，多面的用途に答えた「農業経済学必携」（ハンドブック）である．読者の関心と必要に応じて，好きなように本書を活用していただきたい．

　執筆には，北海道大学農学部農業経済学科の現役教官および最近まで本学科に籍を置いた教官が分担してあたった．本学の農業経済学科の歴史は古く，その淵源は，北大の前身である札幌農学校の農学科に置かれた農業経済学教

室にある．新渡戸稲造が最初の教室主任であり，本邦初の大学のゼミナールである農業経済学演習を担当した．いまから105年前，1894（明治27）年のことである．1919（大正8）年4月に北海道帝国大学として再発足した折に，農業経済学教室は農学部農業経済学科として独立した．本年は北大農業経済学科の創立80周年にあたる．このような記念すべき年に本書が日の目を見たことは，われわれに歴史の中で自己の営為を認識するよい機会を与えてくれた．1970年代から進んだ，いわゆる農学部再編の動きの中で，本学科が，"昔の名前で"生き延びることができたのは，全国的に稀有のことと言ってよいだろう．それだけに，われわれは，農業経済学の継承発展とその学問的後継者の養成に責任を感じている．本書が，世紀の交替期に若き農業経済学徒の教育に携わった者たちの，ささやかな証しとなれば幸いである．

　本書出版の労をとっていただいた日本経済評論社の皆様に，末筆ながら感謝したい．

　1999年8月

編　者

　　学ぶに暇なしと言う者は，暇ありといえども学ぶことあたわず
淮南子

目　次

序章　いま，なぜ農業経済学か ……………………〔三島徳三〕1

 1.　農業経済学はどういう学問か 1
  (1)　農業・食品技術と経営・経済　1
  (2)　環境資源の保全と経済学・政策学　2
  (3)　農学の中での「監督」的地位　3
 2.　世界の現実が農業経済学を必要としている 4
  (1)　食料不足問題　4
  (2)　環 境 問 題　5
 3.　21世紀はパラダイム転換の時代 6
 4.　農業経済学の学問的性格 8
  (1)　農学の中での前提的学問　8
  (2)　農業経済学徒に期待される人間像　9
 5.　農業経済学の学問体系と研究方法 10
  (1)　基礎学科目　10
  (2)　農業経済学の諸分野　11
  (3)　農業経済学の研究方法（手順）　12
 お わ り に 14

第1章　食料問題の過去・現在・将来 ……………〔飯澤理一郎〕15

 1.　激化する食料問題 15
 2.　食料問題の発生と展開・深化 16
  (1)　食料問題はいつ，どのように発生したか：19世紀　16

(2) 食料生産者＝農民の困窮化と植民地農業のモノカル
　　　　　チャー化：20世紀前半期　17
　　　(3) 食料問題の世界化と巨大資本による支配の進行　19
　3. 現代日本の食料問題の諸相　　　　　　　　　　　　　　　21
　　　(1) 豊かさの中に危機的様相を深める食料消費構造　21
　　　(2) 「輸入基本・国産補完」の食料供給構造　23
　　　(3) 量販店・大企業主導の食料流通構造　25
　　　(4) 食料問題を一層深刻化させるWTO体制　26
　4. 食料問題解決の展望　　　　　　　　　　　　　　　　　　28
　　　(1) 問題解決へむけた諸課題　28
　　　(2) 重要なわが国の役割　31

第2章　国際化の中での農業政策の針路　　　　　　　　　　　33

　I. WTO体制下の農産物貿易と農業保護政策 …〔山本康貴〕33
　1. 農産物貿易の動向　　　　　　　　　　　　　　　　　　　33
　　　(1) 世界の農産物貿易　33
　　　(2) 日本の農産物貿易　35
　2. 国際貿易の基礎理論　　　　　　　　　　　　　　　　　　35
　　　(1) リカードの比較優位性の原理　35
　　　(2) ヘクシャー＝オリーンの貿易理論　38
　3. 貿易政策と農業保護　　　　　　　　　　　　　　　　　　39
　　　(1) 農業保護の根拠　39
　　　(2) 農業保護のための貿易政策　39
　4. 世界の農産物貿易体制　　　　　　　　　　　　　　　　　41
　　　(1) 欧米の農産物過剰と財政赤字　41
　　　(2) WTOと農産物貿易　42
　　　(3) EUとアメリカの農政改革　43
　　　(4) 地域経済統合の拡大　44

(5) 今後の農産物貿易の課題　46
　5. 要点の整理　48
II. 国際化の中での農業・環境政策 ……………〔出村克彦〕50
　1. 農政の目標：経済政策・社会政策としての農政　50
　　(1) 農業問題の政策　50
　　(2) 経済政策と農業政策　51
　　(3) 農業政策の目標と施策　52
　2. 農産物需給と生産政策　54
　　(1) 成長農産物の選択的拡大　54
　　(2) 農産物の自給率　55
　　(3) 農産物の需給調整　56
　3. 農産物価格および所得の政策　57
　　(1) 価格政策　57
　　(2) 価格政策の意味　58
　　(3) 新たな価格政策　59
　4. 農業構造と土地・担い手政策　60
　　(1) 農業構造　60
　　(2) 構造政策の変化　61
　5. 農業環境政策　62
　　(1) 農業と環境　62
　　(2) 日本の農業環境政策　63
　　(3) 農業の外部不経済　66

第3章　転機に立つ農業経営 …………………………………69

I. 農業経営学の系譜と原理 ………………………〔黒河　功〕69
　1. 農業経営研究の基調としての営農主体と収益概念　69
　　(1) 農業経営学の系譜　69
　　(2) 営農主体の性格と収益概念の一体性　70

(3) 大農論としての「農業純収益説」と小農論としての
　　　　　「農業所得説」 73
　2. 経営形態の成立　　　　　　　　　　　　　　　　　　75
　　　(1) 相対的有利性の原理 75
　　　(2) チューネン圏 78
　　　(3) 農法の展開 80
　3. 経営組織化の原理　　　　　　　　　　　　　　　　　83
　　　(1) 競合・補合・補完関係 83
　　　(2) 限界分析による組織化 86
　　　(3) 規模の経済性 90
　4. 経営管理のあり方　　　　　　　　　　　　　　　　　92
　　　(1) 企業的簿記会計の概要 92
　　　(2) 企業的農業経営の管理指標 95

II. 農業の経営管理 ……………………………………〔志賀永一〕98
　1. 対象の性格：経営管理の目標　　　　　　　　　　　　98
　　　(1) 農業経営管理とは何か 98
　　　(2) わが国農業経営の特色 98
　2. 経営管理の基本　　　　　　　　　　　　　　　　　　99
　　　(1) 農業経営管理の特色 99
　　　(2) 基 本 原 則 100
　　　(3) 経営者の成長と経営管理 102
　3. 管理手法・方向の多様性　　　　　　　　　　　　　102
　　　(1) 目標設定の多様性 102
　　　(2) 所得拡大と経営対応 104
　4. 経営管理の二側面：会計の基礎　　　　　　　　　　107
　5. 農業支援体制と経営対応　　　　　　　　　　　　　112
　6. 農業経営管理の課題　　　　　　　　　　　　　　　114

第4章　日本農業のあゆみと協同組合 ……………117

I. 協同組合の発達と日本型農協………………〔太田原高昭〕117
1. 資本主義社会と協同組合　117
(1) ふるい共同と新しい協同　117
(2) ロッチデール公正先駆者組合　118
(3) 協同組合の発達と分化　120
(4) 協同組合のグローバル化と協同組合原則　121
2. 日本における協同組合の発達　124
(1) 協同組合の前史　124
(2) 産業組合の時代　125
(3) 多様な協同組合の発達　126
3. 農業協同組合の組織と事業　128
(1) 日本型農協の特徴　128
(2) 農協の事業と経営　129
(3) 戦後社会と農協の変遷　131
4. 協同組合についての経済学的研究　133
(1) 協同組合研究の系譜　133
(2) 協同組合研究の新たな展開　134

II. 農業団体からみた日本農業史………………〔坂下明彦〕136
1. 農業団体史の視角　136
(1) 農業団体とは：その組織と役割　136
(2) 日本の「むら」の特徴：西ヨーロッパとの比較　137
(3) 系統組織としての農業団体：5段階制　139
2. 働く農民：農会と明治農法　140
3. 地主的土地所有と土地改良：耕地整理組合　142
4. 大正デモクラシーと小作争議：農民組合　144
5. 昭和恐慌と農村組織化：産業組合　147

  6. 戦後改革と自作農体制：農業委員会，農協，農業改良普及所，農業共済組合，土地改良区　151

第5章　農産物の価格と流通……………………………〔三島徳三〕155

 1. 「市場」に関する一般理論　155
  (1) 具体的市場と抽象的市場　155
  (2) 市場経済と資本主義　156
 2. 資本循環と農業関連市場　157
  (1) 資本循環と市場　157
  (2) 農業における資本循環と市場　158
  (3) 農産物市場と農業生産財市場　159
 3. 農産物の商品特性　161
 4. 農産物価格はどうして決まるか：農産物価格論　163
  (1) 農業の2つのタイプ：資本主義的農業と小農制農業　163
  (2) 土地条件の差異と限界原理　164
  (3) 資本主義的農業の価格形成　165
  (4) 小農制農業の価格形成　166
  (5) 市場価格と基準価格　168
  (6) 農産物価格政策論　169
 5. 生産者から消費者までの経路：農産物流通論　170
  (1) 複雑・多段階な流通経路　170
  (2) 流通過程と商業資本　171
  (3) 農民の共同販売と農協　171
  (4) 卸売・小売業の変動と農民・消費者　173

第6章　国際農業開発への発信……………………………175

 I. 日本の経験と農業開発………………………〔土井時久〕175
  1. 日本の経済成長と農業　176

         (1) 明治期以後の日本農業 176
         (2) 先行条件仮説に対する同時成長仮説 177
         (3) 農業成長の諸局面と停滞局面の特質 178
         (4) 朝鮮・台湾への稲品種移転の経済的意義 178
         (5) 非慣行的投入要素の農業成長への寄与 179
         (6) 一次産品輸出による経済成長 180
         (7) 日本経済の転換点 181
         (8) 戦後日本農業の技術進歩 181
         (9) 経済成長と農業 182
     2. デュアリズムの経済成長モデル   182
         (1) ルイスの無制限労働供給論 183
         (2) ラニス＝フェイ・モデル 183
         (3) ジョルゲンソン・モデル 186
         (4) トダロ・モデル 186
   II. 農業の国際化と技術移転 ························〔長南史男〕190
     1. 技術移転はなぜ注目されたのか   190
     2. 借用技術の経済的な選択基準   192
     3. 市場メカニズムによる農業技術の選択   195
     4. 研究開発主体と技術移転方法の変化   197
     5. 食料援助の重要性   200
     6. ネパールの村で   202
     7. ハートとハード   205

第7章 農業経済学の分析方法 ································207

   I. マルクス経済学と現代資本主義 ···············〔久野秀二〕207
     1. 社会科学としての経済学   207
         (1) 自然科学と社会科学 207
         (2) クリティカル・サイエンスのすすめ 208

2. マルクス経済学の社会観　209
　(1) 史的唯物論の考え方　209
　(2) 経済学の課題　210
3. マルクス経済学の基礎理論　212
　(1) 市場経済のしくみと価値法則　212
　(2) 企業活動と剰余価値法則　214
　(3) 資本蓄積と雇用問題　216
　(4) 資本の再生産と産業循環　217
4. 現代資本主義と経済学の課題　219
　(1) 競争と独占　219
　(2) 国家と財政　220
　(3) 世界経済と多国籍企業　222
　(4) 金融の自由化・グローバル化とカジノ化　223
　(5) バブル経済とその崩壊　224
5. 経済民主主義の実現のために　225

II. 新古典派経済学と計量経済学　〔近藤　巧〕228
1. 新古典派経済学と市場メカニズム　228
　(1) 生産者　231
　(2) 消費者　233
　(3) 市場均衡　236
　(4) 市場の失敗　238
2. 計量経済学　242
　(1) 計量経済学とは何か　242
　(2) 最小二乗法　243
　(3) 回帰係数の標本分布　246
　(4) 回帰分析の標準的仮定　247
　(5) 同時方程式モデル　249

III. 統計学と農業統計　252

1. 統計学の基礎　　　　　　　　　　　　　　　〔近藤　巧〕252
    (1) 母集団と標本　252
    (2) 推　測　統　計　256
    (3) 検　　　定　260
2. 農業統計とその活用　　　　　　　　　　　　〔志賀永一〕264
    (1) 農業統計の活用　264
    (2) 農業統計の種類　265
    (3) 主要統計の活用　266
    (4) 統計の活用と限界　267

知ってるつもり？　農業経済学の常識用語70 …………………271
何を読んだらいいの？　農業経済学の基礎文献 ………………292
索　　引 …………………………………………………………299

序章
いま，なぜ農業経済学か

1. 農業経済学はどういう学問か

(1) 農業・食品技術と経営・経済

　ほとんどの大学の農学部には，農業経済学にかかわる学科目がある．国立・私立の農学部には，農業経済学や農業経営学，あるいは食料経済学という名前をつけた学科や研究室も少なくない．農学部を理科系の学問分野と思って入学してくる学生が大部分であろうから，「農業経済学」と聞くと，何か異質な感じを受けるかもしれない．しかし，農業経済学は，農学において絶対に欠くことのできない学問分野である．

　農業経済学を定義するならば，農学の一分野として，農業と食料をめぐる経済的諸現象（生産，加工，流通，消費，需給），および農林業にかかわる環境問題について，経済学，社会学，法学など社会科学の成果を応用して解明する学問ということができる．

　農学部では，作物学，園芸学，畜産学，土壌学，食品学，バイオ・テクノロジーなど農学諸分野の個別的研究を行っているが，個々の研究成果や技術も，実業界で実際に役に立たなくては意味がない．農業は，土地を主要な生産基盤とし，人間の働きかけによって，農作物，家畜といった生物資源を有効に活用しようとする生産活動である．そのため，土壌肥料学，土地改良学，作物学，畜産学，病理学，農業機械学，気象学など，広い自然科学の知識と技術が必要である．これに加えて，農業は，現在では経済活動として営まれ

ているわけだから，農学の個々の科学技術を実際に応用するにあたっては，生産の増大，品質の改善，生産性・収益性の向上といった経営・経済の視点が欠かせない．すなわち，個別的にいかに秀れた技術でも，経営・経済的にみて採算がとれ，かつ人間にとって安全で効用のあるものでなければ使えない．それを判断するのは，実業界では**農業経営者**（生産者または農業者ともいう）であり，農学の中では農業経済学である．

農学部には農産物や畜産物の加工，微生物の応用といった，広く食品にかかわる分野もあり，そこでの近年の技術開発は目覚ましい．しかし，農業と同様に，いかに秀れた研究や技術であっても，実用化にあたっては，経営・経済的視点からの検討が必要である．それを行うのは，実業界では**食品企業**であり，農学の中では食品経済学あるいは**食料経済学**（これも農業経済学の一分野である）などの学問である．

(2) 環境資源の保全と経済学・政策学

農学が一般に対象としている農林業の主な機能は，人間に有用な食料や林産物の供給という点にある．同時に，農林業には自然，国土，景観を保全し，人間に快適な環境を与えるといった機能も存在する．森林は水資源を涵養し，西日本の山間地に多い棚田は，土砂崩れを防止する．わが国の水田や北海道の畑作は，景観的にも秀れ，都市住民に安らぎを与えてくれる．

農林業のこうした多面的機能は，**環境資源**とも言うことができる．だが，現代の経済機構の中では，環境資源は一部を除いて私的な営業活動の対象とはならない．そのため，環境資源を保全するためには，国や地方公共団体，その他の公的機関の役割が大きい．国際機関を通じての諸国間の協力も重要である．これらの公的機関の活動は，一般に政策官庁や財政資金によって支えられている．限られた資金の中で，何をどのようにして保全するかを判断するのは，最終的には国民であるが，直接には政策官庁や関係する公的機関の行財政的機能の果たす役割が大きい．政策化の過程において，農業経済学（および森林科学の中での林政学）は**環境経済学**と一体となって，環境資源

の基礎的なデータ分析や計量評価，構造分析や対策の提示などを行っている．環境資源の保全にかかわる個々の自然科学的分析も，経済学や政策学による検討を経なければ，実用化には至らないのである．

(3) 農学の中での「監督」的地位

このように農業経済学は，農学または農学部の中で，個別科学を統合し，経済的・経営的あるいは政策的判断を下す要(かなめ)の地位にある．いわば，農業経済学は，野球やサッカーでいう「監督」の立場にあるのである．これらのチーム・プレーにおいては，個々の選手がいかに秀れた技量をもっていても，監督の采配が悪ければ勝つことができない．名選手は必ずしも名監督ではない．フロントが何億円もかけて優秀な選手を集めたとしても，相手側のデータを無視してカンのみで選手起用を行ったり，得点差に見合った適切な作戦を立てることができなければ，最終的な勝利は得られない．

農業経済学には，農学の中での「監督」として，個々の科学技術を生かし，実用化をはかるための，適時適切な"采配"が期待されている．その点では，農業経済学の責任は重大であると同時に，つねに適切な判断ができる科学的分析力を身につけておかなければならない．

どの国も，歴史をさかのぼれば農業社会にいきつくが，その時代にあっては，経済＝農業経済であり，政治＝農政であった．日本では徳川時代までがこうした時代であったし，現在，発展途上国としてとどまっている多くの国では今でもそうである．

農学の諸科学の中でも，農業経済学はもっとも歴史が古い．学位を出す学校として，わが国で最初に設立された札幌農学校でも，農業経済学の学科目は最初からあった．それを担当したのが，北大の初代総長である佐藤昌介であり，戦前の日本を代表する国際人・教育者である新渡戸稲造であった．

このように歴史的にも，学問的にも重要な農業経済と，その科学＝学問としての農業経済学は，次に述べるように，混沌とする現代世界の現実の中でますます重要になってきている．

2. 世界の現実が農業経済学を必要としている

(1) 食料不足問題

20世紀後半は工業化と経済成長によって，世界の一部の国（先進国）は繁栄の頂点に立ったが，その一方で多くの国（発展途上国）は依然として貧困と食料不足にあえいでいる．先進国からの投資を基に経済の急成長を続けてきたアジアの中進国も，1997年7月以来の自国通貨の暴落を機に経済危機に陥り，手に職をもたない失業者が増大している．国民の生活は，国内農業の不振と輸入物価の高騰の中で，赤貧洗うがごとき状態である．1998年春にインドネシアは，国民の激しい反政府運動によって長年のスハルト独裁政権を倒したが，その背景には同国を襲った食料不足と物価高がある．この国は，いわゆる"緑の革命"によって，一時期，米の完全自給を達成した．その時には輸出産業も好調で，比較的豊富な外貨によって小麦その他の食料を輸入することができた．しかし，インドネシアの通貨であるルピアの下落は，外国からの借入金の返済額を著大なものとするだけでなく，輸入食料品の価格を急上昇させた．これに97～98年のエルニーニョ現象によると思われる干ばつが，主食である米生産を激減させ，輸入食料品の高騰とあいまって，庶民の食料不足を深刻なものとした．

インドネシアでは灌漑施設や道路など農業に必要な社会資本整備も遅れている．工業化・都市化による優良農地の減少の一方で，**農地開発**が思うように進んでいないといった問題もある．農産物価格も低く，農産物の流通体制も未整備である．農業投資を行いたくても，資材は高く，資金も不足している．農地は大地主や大農に偏在し，零細農や土地をもたない農業労働者との間の農地所有面の格差が著しい．これらは気象変動を除いて，いずれも農業経済の問題であり，**食料自給**を軽視した農政と工業化一辺倒の開発政策の結果である．

こうした農業経済をめぐる構造的問題は，ひとりインドネシアの問題だけ

ではなく，多かれ少なかれすべての発展途上国や旧社会主義国に共通している．国際的にみれば，先進国は一般に工業と農業，さらには商業・サービス業をバランスよく発展させてきた．だが，発展途上国では，先進国の投資や当該国の財政支出の重点が工業開発や軍事面におかれ，その反面で農業開発がおろそかにされてきた．この結果，不足する食料を先進国からの輸入によって確保する構造が定着した．これは他面では，先進国の農企業にとって重要な輸出市場の形成を意味した．旧社会主義国の**市場経済化**においても，財政資金と資材不足の中で国内農業は衰退し，必要な食料は先進国からの輸入によって確保する構造が形成されている．

このような世界の現実からみれば，各国の食料不足を，農業技術の遅れだけからとらえることがいかに不十分かがわかるであろう．先進国の農業技術を発展途上国に導入すれば，食料問題が解決すると考えている人がいるならば，それはたいへんな認識不足である．どの国にも，その国の地形や自然条件，労働人口に合った伝統的な農業技術がある．そうした技術の自主的な発展からは別物である先進国の技術を，外部から画一的に導入してもうまくいくはずがない．

世界の食料問題の解決を真剣に考えるならば，それぞれの国の農業の経済構造をよく調査研究し，問題点を明らかにし，適切な農政と援助の体制を整える必要がある．技術援助も農業経済という「監督」の分析と判断から，もっとも現地にあったものを行うべきである．この点では農業経済学の貢献の場は非常に大きいものがある．

(2) 環境問題

現代の農学においては，環境問題の領域が次第に大きくなってきているが，この点でも農業経済学の役割は大きい．

現代の環境問題は，砂漠化，熱帯林の乱伐，酸性雨，地球温暖化，オゾン層の縮小，海洋汚染，野生生物の減少など，地球規模の問題から，食品公害，環境ホルモン，ダイオキシン，大気汚染，水質悪化など，人間の生活環境レ

ベルの問題まで，実に広範な領域に及んでいる．これまでの農学が力を入れてきた**農業の近代化**（＝生産性の上昇）も，残念ながら環境破壊に一役買っている．農薬や化学肥料の多投入の結果，土壌や地下水，作物などの汚染が引き起こされたり，大型農業機械の導入や単作・連作の結果，土質の悪化や土壌流亡がもたらされた例は，世界各地にみられる．北海道の酪農では，急激な大規模化＝多頭化の結果，どこでも糞尿処理に困っている．その一部が自然河川を汚染する場合も少なくない．

これらの環境問題の背景には，それが20世紀後半に深刻になったことから明らかなように，基本的には資本主義経済システムの拡大，すなわ利潤の極大化と効率化を目標に，大量生産・大量消費を推し進めてきた近代社会の存在がある．とりわけ，資本主義を主導する**市場メカニズム**と**競争原理**は，"あとは野となれ山となれ"と言わんばかりに，資源の濫費や自然破壊をもたらした．コマーシャリズムに躍らされ，大量消費，使い捨て，簡便化を追求してきた先進国のライフ・スタイルも，環境問題の深化と無関係ではない．

"地球にやさしい"技術開発をすすめることも必要である．だが，環境悪化の基本的原因が資本主義の経済システムそのものにあるとするならば，まずもって利潤本位の資本の動きを，自然と人間環境を守る立場から規制しなくてはならない．同時に，人間と自然が共生し，人類が共存しうるような産業社会に世界を誘導していくことが必要であるが，これらの方向づけにあたって，農業経済学は，他の諸科学と学際的に協力しつつ，大きな貢献が求められている．

3. 21世紀はパラダイム転換の時代

以上のように，20世紀の後半は，工業化と経済成長によって，地球の一部の国と国民に史上かつてない物質的繁栄をもたらしたが，同時にさまざまなレベルの環境問題が深刻化し，人類生存の危機の前兆も見え始めている．その基本的原因については前述したが，大量生産と効率化・低コスト化を可

能にした近代の科学技術についても，今日，見直しが求められている．「Small is beautiful」の著者として1970年代に脚光を浴びた**シューマッハー**が言うように，「大量生産の技術は，本質的に暴力的で，生態系を破壊し，再生不能資源を浪費し，人間性を蝕む」（シューマッハー著『スモール イズ ビューティフル―人間中心の経済学―』講談社学術文庫，204ページ）からである．

　「タイタニック号の悲劇」を想起するまでもなく，いったん大型客船やジャンボ機，高速鉄道に事故があれば，大量の犠牲者が生まれる．人口とコンクリート建造物が集中した巨大都市ほど，地震で受ける被害は大きい．潮受け堤防は干潟をつぶし，コンクリート護岸は川からよどみを奪う．波打ち際にグロテスクな姿をさらすテトラポッドは，日本の海岸から白砂青松の風景を失わせた．

　農林業においても，大型機械，改良品種，化学肥料，農薬を駆使した大量生産技術は，土地と労働力の収奪，**自然生態系の破壊**というマイナスの効用ももたらした．施設栽培と低温・高速輸送は，スーパー・マーケットに1年中同じ品揃えを可能にした反面，食生活から旬を奪ってしまった．大型貨物船によって大量に輸入される農産物には，殺菌剤，防カビ剤，防虫剤などポスト・ハーベスト農薬の危険がある．

　大量生産技術は，野生生物の住処である緑の大地を，鉄とコンクリートのジャングルに変えた．これは人間心理の荒廃にもつながっている．人間にとって自然は征服の対象であり，従属するものではないという価値観は，いつか人間も自然の一部であるという現実認識を失わせた．人間の驕りは弱い者，小さい者，貧しい者に対する差別意識を生み，個人の尊厳は他のいかなるものにも増して守られるべきものであるという価値観を放擲してしまった．その結果，人間性は蝕まれ，弱肉強食の世界のみが残った．

　こうした近代の大量生産技術がもたらした弊害に対し，シューマッハーは人間の身の丈にあった「中間技術」を提唱する．だが，その普及にあたっては，生産と消費を抑制的にコントロールし，人間社会と自然との調和をはか

り，人類の共存を目指す方向での，世界システムの**パラダイム**（時代をリードする認識の枠組み）転換がなされなければならないだろう．

現実に，世界はハードの時代からソフトの時代へ，工学の時代から農学の時代へ，技術の時代から経済の時代へと向かっている．こうした地平にたって，将来の農業の方向を展望する時，これまでの大規模で効率一辺倒の農業から小規模でも合理的な農業へと，流れを変えていく必要性が見えてくる．とくに，アジアのモンスーン地帯に広く展開する**小規模家族農業**は，自然環境を生かした**循環的農業**であり，資源枯渇が必至な21世紀には再評価すべきものである．工業の行き詰まりが見え出した現在，小規模家族農業は，就業の場としても重要である．だが，こうした小規模家族農業を守る前提には，「大」と「小」，「南」と「北」が共存するような，農業の国際的協調システムの構築がなくてはならないだろう．

これからの時代は，21世紀のパラダイム，すなわち資源枯渇時代の新たな価値観と考え方に立って，多様な農業形態が共存する時代になるだろう．その枠組みをつくることが社会科学に求められている．農業経済学の役割は大きい．

4. 農業経済学の学問的性格

(1) 農学の中での前提的学問

農学もパラダイム転換がなされつつある．工学的に大規模化，効率化を一面的に追求した技術研究から，自然生態系に即した資源循環的な生物生産，および生物の多様な機能を開発する技術研究へと，農学の方向は転換しつつある．そうした農学の転換期にあって農業経済学は，これからの農業の方向づけを行ううえで規範的役割を負っている．

農業経済学をしっかり勉強すれば，いま，世界と日本の農業と食料がどうなっているか，環境破壊がどこまですすんでいるかが，ある程度理解される．「木を見て森を見ない」という言葉があるように，部分のみにとらわれて全

体を見なければ，物事の正しい認識はできない．専門的な研究に足を踏み入れる前に，その研究の社会進歩における位置づけを，まずもって行う必要がある．この点では，農業経済学は，農学を志す者にとっては，まず学ばなければならない入門的・前提的学問であると言える．

(2) 農業経済学徒に期待される人間像

ドイツの著名な社会科学者である**マックス・ウェーバー**は，20世紀の劈頭に書いた論文で，資本主義の精神的雰囲気と人間類型について，「精神のない専門人」「心情のない享楽人」と喝破している．資本主義が高度に発展した現代では，こうした傾向はますます強まっている．科学も時代の産物である以上，その影響を受ける．科学する者は，時代の流れにただ竿をさすだけではなく，しっかりした世界観，人間観をもって時代に対峙しなければいけない．

科学に携わる学徒は，その研究が「どのように用いられ，誰のためになるのか」という問題意識をもつ必要がある．科学技術は，人類が平和的に共存する手段にもなれば，戦争や環境破壊の手段にもなるからである．大学で学んだ科学によってサリンや鉄砲を製造することは，人道に外れることである．このため，科学に携わる者には，崇高な理想と社会倫理が求められる．

1888年に『農業本論』を著し，わが国農学の草分けでもある**新渡戸稲造**は，ユーモアたっぷりに「"専門センス"よりコモンセンス（常識）が重要」と述べた．また新渡戸は，第一高等学校校長や東京女子大学学長などを歴任し，教育者としても秀れた業績を残しているが，その教育には，一貫して人格と教養の重視がある．すなわち，「知識よりも見識，学問よりも人格を尊び，人材よりは人物の養成」を教育の方針にしたのである．大学において専門知識を得ることはもとより必要であるが，人間形成はそれ以上に大事である．実社会も，社会常識と礼儀を身につけ，人間性豊かな人物を求めているのである．

農業経済学は，ある意味では「雑学」である．農業経済学科では，次に述

べるように，文系の学科目を基礎としつつも，理系科目の選択も義務づけている．他の学科が専門店とするならば，農業経済学科は百貨店と言えるかもしれない．

ともあれ，こうした学科目を総合的に勉強することによって，学生は幅広い知識と科学的な世界観を身につけ，人間性が陶冶される．前述のように農業経済学は農学の中では「監督」としての役割を果たす．だが，「監督」の評価は，状況を的確に掌握し，適切な作戦を立てる能力があるかどうか，そして何よりも選手達に信頼されるような人間性の持ち主であるかどうかにかかっている．「雑学」としての農業経済学は，こうした能力と人間を養成するうえで，まさに格好な学問なのである．

5. 農業経済学の学問体系と研究方法

(1) 基礎学科目

農業経済学は応用経済学であり，経済学を応用（理論的武器とする）して農業・食料問題を解明し，対策を提示する学問である．冒頭述べたように，最近では問題解明の対象に，農林業とかかわりの深い環境問題も入ってきている．

農業経済学が応用経済学である以上，これを学ぶ者には，まずもって経済学の習得が必要である．それは理科系の学科では，物理学，化学，生物学などの習得が必須であるのと同じである．

ところで，現代の経済学には，①労働価値説に立ち，資本主義経済を構造的・批判的に分析する**マルクス経済学**と，②効用価値説に立ち，資本主義経済の動態を分析する**近代経済学**の二大潮流がある．さらに②はミクロ（微視的）経済学，マクロ（巨視的）経済学，計量経済学，新古典派経済学，公共経済学，環境経済学，など視角と対象を異にする諸学説がある（詳しくは第7章参照）．経済学の派生科学である経営学，マーケティング論も，農業経済学に用いられることが多い．

こう述べると，経済学の習得はたいへんなように思われる．だが，経済学そのものを研究する経済学部とちがい，農業経済学が必要とする経済学は，現状（歴史を含む）分析の武器だから，以上に述べた経済学の諸潮流，諸学説の1ないし2つを学べば十分である．その選択にあたっては，それぞれの経済学の目的や方法について一応の理解をもったうえで，主体的に判断すべきだろう．

農業経済学における経済学以外の基礎学科目としては，法律学，社会学，歴史学（とくに近現代史），統計学，などがある．これらの多くは，一般教育課程で修得できるが，農業経済学科ではこれらの応用科学を学ぶ．

さらに農業経済学科では，農学の基礎学科目の修得が重要であり，カリキュラムの中にも組み込んでいる．経済学その他の社会科学の勉強をしても，農業およびその生産物としての食料，さらには農林業と環境との関係等に対する自然科学的知識がなければ，現状の正しい把握はできない．農業は生物活動を利用する産業であるので，生物の生理や自然環境等の制約を受ける．例えば農作物の播種から収穫，家畜の繁殖から成畜までにはその動植物ごとに一定の期間を要し，需要があるからといって，すぐ生産物が供給できるわけではない．また，作物の生育過程では，季節や気候の影響を受け，収穫以前から生産量の完全な予測を行うことは困難である．

経済学その他の社会科学の理論を応用するにあたっては，以上のような農業の特殊な性格（自然科学的特徴）を頭に入れておかなければならない．世の中には，農業を工業や商業と同様に考え，単純に市場メカニズムや競争原理を導入すればよいと考えている者が少なくないが，これは前述した農業の特殊な性格を考慮していない誤った考えである．

このように，農業経済学では文科系と理科系の学問を，共に勉強しなければならず時間的にはたいへんだが，それだけにやり甲斐のある学問である．

(2) 農業経済学の諸分野

基礎学科目の修得ののち，いよいよ農業経済学の各分野の勉強に入る．こ

の分野は大学によって少しずつ違っている．北海道大学の場合は，**比較農政学，農業経営情報学，開発経済学，協同組合学，農業市場学** の5つの分野に分かれている．名は体を表すと言うが，農業経済学の分野の多くは研究の対象によって分かれているので，それぞれの内容をあらためて説明しなくても，だいたいのイメージはつかめる．北大では以前，この5つの分野それぞれを「講座」と称していたが，大学院改革によって，元の5つの「講座」を統合した農業経済学講座ひとつになった．そのため，以前に比べれば講座内分野間の相互参入と共同がすすんでいる．しかも，農業経済学自体が**総合科学**であり，分野は研究対象の一応の区分に過ぎない．そのため，学生諸君は「分野」にあまりとらわれない方がよいだろう．

(3) 農業経済学の研究方法（手順）

どのような科学でもそうだが，研究の遂行にあたっては，まず問題の発見と位置づけがなされなければならない．農業経済学が研究対象とする問題は，抽象的に言うと，農業の生産と流通，食品産業，食料消費，自然環境等における経済・経営・政治問題であるが，具体的にはグローバルな政治・経済問題から個々の農業者・食品企業の経営問題まで実に多岐にわたる．問題の範囲も，現状のそれに限らず，歴史や理論問題もある．いずれにしても，取り上げる問題は社会的に意義がなければならず，細かすぎて一般的でないような問題は，農業経済学の研究対象になじまない．

問題を発見したからといって，すぐそれが研究課題となるわけではない．研究を行う者の問題関心やその研究の重要度，さらには研究遂行の見通しや物的条件（研究スタッフ，研究費等）などによって，具体的な研究課題が設定されるからである．

研究課題を設定したならば，まず行わなければならないのは，既存研究あるいは関連した研究業績の文献的整理である．この作業を行うことによって，取り上げた課題がどこまで研究されているか，現在，何が未解明かが分かる．また，どのような視角と方法で研究を行えばよいかの予測もつく．

そして，いよいよ研究の着手ということになるのだが，問題の性格によって研究方法は多様である．現状分析では，まず研究課題に関連した統計・資料の分析を行うケースが多い．世界にも日本にも，公共機関が作成した農林統計，経済統計があるが，とくにわが国の農林水産省が毎年，あるいは定期的に作成する農業統計の対象・項目は多岐にわたっており，世界的にみても精緻で信用度が高い．こうした諸種の統計から必要な項目を取り出し，これを整理・分析することによって，問題の基本動向をつかむことができる．

統計分析によって問題の基本動向をつかむことができれば，一般的に次に行うのは実態調査である．これは自然科学の実験にあたり，分析のためのデータを入手することが目的である．調査対象は，課題によって異なるが，農業の生産現場に近い研究ならば，農家，農協，町村役場・市役所などが対象になり，流通面の研究ならば，先の農協のほか，流通業者，卸売市場，食品企業などが対象になる．調査方法は，インタヴュー，アンケート，機関からの資料収集などさまざまある．全国的なデータや国の農政の動きをつかむためには，農林水産省その他の公的機関からのヒアリングと資料収集が行われる．研究課題によっては，国内だけでなく外国の調査も行うが，それは研究の物的条件（前述）いかんによる．

ともあれ，農業経済学では"調査なくして発言なし"と言われるほど，これを重要視している．北大の農業経済学科では，**農村調査**はカリキュラムにも組み込まれており，ゼミでは随時，それが行われている．調査は実社会に触れる意味でも，よい経験になる．

調査が終了し，予定したデータが得られれば，次にそのデータ整理と分析が行われる．先述した統計分析を含め，農業経済学におけるデータ処理は，主にコンピュータを用いて行われる．その点では，コンピュータ操作をマスターしておくことが望ましいが，北大では，農業統計学の中でその学習がなされる．

研究過程の最後になされるのが考察である．これは，主に統計分析を通じて得られた全体動向と，実態調査とそのデータ分析を通じて得られた個別対

象の動向を総合的に考察し，その問題の背景や要因，動向の特徴，影響の程度などを解明し，対策を提示することである．すなわち，設定した研究課題に対して分析結果に基づいて見解を述べるのが考察であり，考察の最終的結果が結論（conclusion）と呼ばれる．

　以上の研究の手順は，一応，現状分析を念頭においたものだが，歴史や理論研究においては，これとはちがった手順をとることが多い．

おわりに

　この章を終えるにあたり，ひとつ蛇足を加えておけば，学生諸君からしばしば"農業経済学をやって実際に何に役に立つのか"という質問を受ける．農業経済学が現在行っている研究の多くは，国，地方自治体の政策や，農業者，食品企業，あるいは関連機関の対応戦略に直接間接に関係している．したがって，農業経済学の研究の成果は，実際にこれらの機関や組織，あるいは個人によって採用されなければ，実用化しない．この点は，他の科学研究においても同様である．通常は予算面の制約があり，研究成果の実用化は，どの分野でも一筋縄ではいかない．しかし，だからといって研究に対して消極的になってはいけない．

　農業経済学に関して言えば，**食料危機**が予想される21世紀には必ず大きな光が当てられる学問とみて間違いない．そのことに確信をもち，意欲的かつ真摯に農業経済学に取り組んで欲しい．

〔三島徳三〕

第1章
食料問題の過去・現在・将来

1. 激化する食料問題

　今日，残留農薬・食品添加物・O157・狂牛病・遺伝子組み換え食品やアトピー性皮膚炎・食物アレルギーなど食料に関わる話題にこと欠かない．それだけ食料問題は恒常化し広範囲化し深刻化してきているのである．

　今日の食料問題を概括的にとらえれば，おおよそ4つの問題領域に分けられる．その1つは食料の「量的」ミスマッチの問題である．国連の推計によれば，飢餓に苦しむ人々は発展途上国を中心に8億人（世界人口の7分の1強）を超え，その数はますます増えつつある．かたや欧米諸国やわが国等では深刻な過剰を抱え生産制限策が恒常化し，また過剰摂取や大量廃棄も問題となっている．一方に深刻な「不足」があり，他方に深刻な「過剰」がありながら，現代社会はその解決の糸口すら見いだせていない．2つは「安全性」疑惑などに代表される「質的」な問題である．この間，あらゆる面で効率化が追求され，農業生産過程は大規模化・機械化・化学化し，流通過程は大型化・長距離化・長時間化してきた．また食品工業や外食産業が発達する中で，加工・調理過程はますます複雑化・大規模化してきた．こうした中で，「安全性」が十全に確認されたとは言い難い食品添加物や農薬が膨大に使われてきたのである．3つは，巨大企業による価格支配と恒常的「高価格」問題である．カーギルやコンチネンタル・グレイン等の「穀物メジャー」がアメリカの穀物輸出の80％を握っているとされる．また巨大食品企業・量販

店等が加工・流通過程に蟠踞(ばんきょ)し食料市場を支配している．「穀物メジャー」や巨大食品企業・量販店等はますます「巨大総合食品企業」化し，価格形成機構を「内部化」し，価格支配力を強めるとともに巨利を得ているのである．そして4つに食料が外交等の手段化，すなわち「武器」化している点を挙げておきたい．旧ソ連のアフガニスタン侵攻時や湾岸戦争の時，外交を有利に進める手段として食料禁輸措置などが取られたことは記憶に新しい．

多くの国際諸機関や『地球白書』で名高いワールドウォッチ研究所，そしてわが農水省でさえ，爆発的な人口増大が進む中で21世紀が食料不足の時代になることを予測している．21世紀を希望溢れる時代とするために，われわれは一刻も早く現下の食料問題の発現の諸要因を解明し，解決の展望を見いださなければならない．

2. 食料問題の発生と展開・深化

(1) 食料問題はいつ，どのように発生したか：19世紀

食料問題はいつ，どのように発生してきたのだろうか．

現代経済社会（資本主義社会）以前にも，奥州での死者が10万人を超えたとされる天明の大飢饉（1783-88年）や全国を襲った冷害・旱魃害による天保の大飢饉（1832-36年）など，食料の絶対的不足に見舞われた時期はあった．しかし，これらは人智では如何ともし難い天変地異を原因とするもので，期間的にも一時的であった．当時，各自が農地や農具等の食料生産手段を占有し，自給自足的な生産が営まれていたから，現代的な食料の恒常的不足や過剰，品質や価格問題などは基本的に存在しなかったのである．

資本主義社会が成立すると様相は一変する．資本主義社会は直接的生産者と生産諸手段との分離，「二重の意味で自由な労働者」の創出を前提的条件とする．資本主義が最も早く確立したイギリスではエンクロージャー（Enclosure）と呼ばれる過程を通じて，わが国では地租改正の諸過程を通じてそれは進められ，多くの人々は食料調達手段＝土地を失い，食料購入者に転化し

ていった．残った農民は土地を兼併しながら，食料生産を自給的なものから"商業的"なものに転化していった．こうして，食料は自給するものから販売するもの，購入するものへと大きく変化したのである．「使用価値」生産から「価値」生産への転化と言ってよい．ここに，過剰と不足の同時存在や品質・価格問題などの食料問題発生の基礎的な条件がある．

協同組合の原点とされるロッチデール公正先駆者組合が19世紀中葉，結成されたことは当時，食料問題が広範に発現していたことの1つの指標と言える．同組合に集う人々は，前期的商人資本による不良小麦粉供給や不当な高価格が横行する中で，消費協同組合を結成して対抗しようとしたのである．

(2) 食料生産者＝農民の困窮化と植民地農業のモノカルチャー化：20世紀前半期

20世紀に入ると食料問題には新たな様相が付け加わる．食料過剰の慢性化と農産物の価格低下問題，すなわち食料生産者＝農家の困窮化問題がそれである．

1870年代から90年代の「**19世紀末大不況**」を挟んで資本主義は構造的転換をとげた．大不況期，諸企業は縦横に販売協定を結び，激しく提携や合併を繰り返した．20世紀初頭には巨大企業（独占資本）がその姿を現し，資本主義は「自由競争段階」から「独占資本主義段階」に突入する．諸独占資本は協調的な価格設定や生産制限を常態化し，販売価格を生産価格より常に高めに設定した（独占価格の成立）．しかし，独占資本はすべての産業部門で成立したわけではない．特に，土地を最重要の生産手段としていた農業部門では独占資本は全く成立せず，むしろ19世紀に成立していた資本主義的農業や「豪農」等の大規模農家は分解し「小農制」へと転換していった．

小農は，諸市場を通じて独占資本の価値収奪に容赦なくさらされ，農産物と工業製品との交易条件は悪化し（**シェーレ価格**），収益条件は悪化していった．耕地面積を拡大しようにも，「相対的過剰人口のプール」の役割を担わせられた農村にはその余地は乏しかった．こうした条件下での市場対応を

余儀なくされた小農は，限られた耕地面積からより多くの収入を得ようと増産に励んだ．収益悪化→増産→農産物・食料過剰→価格低下→一層の収益悪化→一層の増産というスパイラルが形成され，慢性的過剰状況（「長期農業恐慌」）が出現したのである．農村部には「前期的」性格の強い商人が蟠踞し，農産物を買い叩き，工業製品を不当に高く売りつけていたことも，それを加速した．各国の農民協同組合結成の動きや日本の産業組合結成の動きなどは，それらに対する小農の対抗と見ることができる．

　慢性的な「**農業恐慌**」状態は小農経営をますます困窮化させ，アメリカに端を発した「世界大恐慌」はそれを決定的にした．農産物価格は極度に低下し，小農経営は次々に破綻の瀬戸際に追いつめられていった．資本主義世界を震撼させたロシア革命の影響が都市勤労者・農民等に及ぶ中で，農民は急速に左翼化していった．今日に比べて就業人口に占める農民の比重は特段に高かったから，農民の左翼化は即資本主義の「体制的危機」に繋がり兼ねなかった．農民の左翼化を食い止めるために，政府が農産物市場に介入して価格安定を図り，小農経営の経済的状態を好転させる．こうして，農産物市場への政府の介入は必然化していく．アメリカの農業調整法（1933年）や日本の米穀法（1921年）を嚆矢とする**農産物価格支持政策**は第2次世界大戦後，各国で採用され，対象農産物も拡大していった．

　また，この期，アジア・アフリカ・ラテンアメリカなどの諸国が欧米列強諸国によって植民地化され，プランテーション農業へ強制的に転換させられた点は見落とせない．工業生産力が急上昇した欧米列強諸国は原料調達と販路を植民地諸国に求めた．自給自足的な現地社会を強制的に再編成し，土地を商品化し，大土地所有とモノカルチャー的なプランテーション農業を形成した．例えば，イギリスはイワラジデルタ（ミャンマー）やチャオプラヤデルタ（タイ）の大規模な水田開発，マレーシアのゴム・プランテーション造成を行い，フランスはメコンデルタの水田開発を行った．また，アメリカはフィリピンの砂糖・マニラ麻・バナナなどのプランテーション造成を行った．その他の植民地諸国でも同様の過程が進行し，欧米や植民地諸国への単品的

な農産物・食料供給国へと編成替えされた．現地農民は土地を失い，食料などの購買者に転化させられ，植民地諸国は食料自給の展望を失い，食料輸入国へと転化させられた．

こうして，食料問題は前期の消費側での問題に加え，食料生産者＝農民の困窮化問題，さらに「左翼化」防止，植民地支配という政治的問題を抱えるに至ったのである．

(3) 食料問題の世界化と巨大資本による支配の進行

農産物価格安定政策は農民の生産意欲を高め，特に第2次世界大戦後，農産物・食料生産量は増嵩していった．生産量増大は，やがてアメリカ・ECの小麦やECの乳製品，日本のコメなどに代表される深刻な過剰を引き起こし，政府の財政支出は急速に増大していった．過剰の累積と財政支出の増大は農産物貿易摩擦を激化させ，特にアメリカは強大な経済力と政治力・軍事力を背景に各国に農産物輸入増加と貿易自由化を迫っていった．中でも重要なターゲットとされたのはわが国であり，欧米諸国が軒並み食料自給率を上昇させた中で，わが国の自給率は急激に低落していった．その後も農産物・食料の「自由貿易」体制は，数次にわたるガット・ラウンド交渉や二国間交渉を通じて執拗に追求されたが，「工業における成功，農業における失敗」と言われるように，例外規定や祖父条項，各国の利害対立などによって容易に実現しなかった．それを根本的に転換したのはガット・ウルグアイ・ラウンドであり，7年余に及ぶ交渉の末，農産物・食料貿易の全面的自由化を謳う「農業合意」を採択し，**世界貿易機関（WTO）**が設立されたのである．

他方，旧植民地諸国は第2次世界大戦後，次々に政治的独立を果たしたが，大土地所有制とモノカルチャー的プランテーション農業は温存され，砂糖・コーヒー・ゴムなどの特定の農産物を輸出し，食料を輸入するという構造に変化はなかった．しかし，戦後の混乱が収まると輸出農産物価格は低落しはじめ，需給調整による価格上昇を狙った各種の「国際協定」も過剰基調が覆う中では効果は薄かった．こうした中で，旧植民地諸国は食料調達を

PL 480 に基づくアメリカの援助や先進各国の援助に依存していかざるをえなくなっていった．当初，無償だったアメリカの援助は1960年代に入ると次第に商業輸出的色彩を強め，旧植民地諸国の食料調達は困難になっていった．食料難と貧困にあえぐ諸国は次第に「社会主義」諸国に接近し「非同盟諸国会議」を結成するなど，先進資本主義諸国に対峙する姿勢を強めた．食料難と貧困を放置すれば「キューバ革命」の二の舞になりかねない．耕地面積増大が困難な中で食料増産を図り，食料難と貧困を克服するためには単収増の道しかない．こうして，高収量品種の開発と普及を主内容とする「**緑の革命**」は開始されたのである．「緑の革命」は確かに食料増産をもたらしたが，他方で灌漑や肥料・農薬の多投を必要とする資本集約的な農業であったため，農民層分解を一層押し進め，食料の一層の商品化と貧富差の拡大，都市スラムの形成などをもたらし，人口の爆発的増加の温床をもたらしたのである．

さらに，第2次世界大戦後，農産物・食料の生産や加工・流通分野に最新の科学技術の大規模な利用が進み，また巨大資本による農産物・食料市場への進出と支配が進んだ点は見落とせない．急速な科学技術の発達は様々な化学合成農薬や食品添加物を生み出した．農薬や添加物は農民の労働を軽減し，農産物・食品の保存性や輸送性，「食味」等を改善した．しかし，それらの「安全性」は100%確認されたわけではない．確かに急性毒性がないとは言え，慢性・蓄積・遺伝などの毒性の有無は明確に確認されたとは言い難く，使用許可後，安全性に疑義が生じた等の理由で許可取り消しになった例も多いからである．にもかかわらず，総資本による効率的な農業・食料生産の要請，すなわち低農産物・食料価格＝低賃金の要請はそれらの利用を野放しにし，農産物・食料流通の世界大の広域化と長時間化を押し進めてきたのである．

また，農産物・食料市場に蟠踞する巨大資本は，農産物・食料をますます利殖手段化し，国家の政策とも関連して「第三の武器」化してきた．巨大資本は「営業の自由」「企業秘密」の壁を巧みに利用し，不当な買い占めや売

り惜しみ，価格操作や情報操作，品質的ごまかしと「食品公害」の垂れ流しなどを常態化させてきた．無謀な農地開発や工場廃液の垂れ流しなどによって環境破壊を押し進め，世界各国の勤労消費者はもちろん生産者農民を苦しめてきた．

　こうして，食料問題はますます世界的な連鎖を強めながら，深刻化・広範囲化し，「有害食品」追放運動や企業責任の追求運動，「環境保全型」農業推進運動などの広範な展開，勤労者や農民の世界的連帯強化運動などに見られるように，先進諸国の都市勤労者や農民だけに止まらず，発展途上諸国の都市勤労者や農民の広範な連帯運動，抵抗運動を呼び起こしているのである．

3. 現代日本の食料問題の諸相

(1) 豊かさの中に危機的様相を深める食料消費構造

　現代日本の食料消費構造の表面的な特徴を簡単にまとめれば，「飽食化」「グルメ化」や食の「レジャー化・ファッション化」の進展と言うことができる．量販店やコンビニエンス・ストアには豊富な食料が並び，ファースト・フード店などの各種外食店が軒を連ねている．飲料等の自動販売機が乱設され，メディアでは料理番組が花盛りである．こうした中で，澱粉質過多の「一菜一汁」型消費構造は姿を消し，副食は多様化・新鮮化し，澱粉質・蛋白質・脂質のバランスが取れた「**日本型食生活**」（農政審議会「80年代農政の基本方向」，1980年）が実現されたとされる．

　しかし，問題がないわけではない．その1つは，地域農業に立脚した季節順応的な消費から遠隔地・海外産地に立脚した通年型の消費に変化したことである．食料の季節性は消え失せ，都市近郊産地は衰退した．北海道や九州が「食料基地」と呼ばれ，供給カロリーの過半を海外に頼り，食料自給率が急落してきたことが，それを示している．長距離・長時間輸送は輸送諸掛を増嵩させ，また**ポストハーベスト農薬**などの使用を常態化させる．2つは，生鮮食品中心から加工食品中心の消費になってきたことである．総務庁「家

計調査年報」によれば，加工食品＋外食の比率は70％近くに達し，通産省他「産業連関表」によれば，国民飲食費の70％超が加工・外食・流通分野に帰属している．加工食品・外食への過度の依存は食料消費の画一化，没個性化・没地域化を押し進め，食品産業による国民の味覚支配を深化させ，さらに創造的調理技術を国民から奪い，食品添加物使用を常態化させる危険性も高い．3つは，食文化の乱れである．多々指摘されるように，この間，間食化や個食化・銘々食化が急速に進行してきた．間食化を直接的に示す資料は与えられていないが，この間の清涼飲料水・スナック菓子の生産量激増やファースト・フード店，コンビニエンス・ストアの激増などが，それを示唆していよう．また，足立美幸著『なぜ一人で食べるの』に象徴されるように一家団欒の食事風景は遠のき，個々バラバラの食事が日常化している．そして，4つめに「豊かな食」が，膨大な食料廃棄の構造化によってはじめて成り立っている点を指摘しなければならない．外食・中食産業はもちろん，家庭の廃棄量も相当量に達している．廃棄量に関する統計は与えられていないが，農水省「食料需給表」と厚生省「国民栄養調査」の供給・摂取カロリー（1人1日当たり）の開差が600Kcal，摂取カロリーの30％程度にも達していることが，それを示唆していよう．

　こうした食料需要・消費構造の激変は，自然史的過程で起こったものではない．そこには強力な各種政策的な誘導があったのである．その1つは学校給食である．1947年に試行的に実施された学校給食は，1954年に法制度化（学校給食法）され，急速に全国の小中学校に普及していった．そこで採用されたのは，わが国伝来の米飯ではなく，MSA協定と連動したパン＋脱脂粉乳給食であった．以降，米飯給食の部分的導入や給食内容の「改善」なども行われたが，粉食基本と言う点は変わっていない．味覚・嗜好形成期でのパン食が，彼らのその後の食料消費行動に甚大な影響を与えていったのである．2つは時を同じくして，小麦・大豆油食賛美の宣伝が大々的に繰り広げられたことである．厚生省の外郭団体㈳日本食生活協会は，アメリカ農務省やアメリカ小麦連合会から様々な支援も受け，「キッチンカー」を全国的に走ら

せ，小麦粉や大豆油を使った料理を実演宣伝した（高嶋光雪『アメリカ小麦戦略』家の光協会）．また，米飯食に比べた小麦食の優越性がしきりに強調され，あげくの果てには「戦争に負けたのは米食のせい」式の宣伝もなされた．小麦・大豆油食が急速に国民の間に広がったのも，けだし当然と言わなければならない．3つは，農業基本法で畜産が選択的拡大作目に指定され，輸入飼料に依存した生産が振興されるとともに，食肉や牛乳・乳製品消費の増大が食生活の改善・「高度化」である式の言説が振りまかれたことである．今や，輸入飼料は2,000万トンを超え，食肉，牛乳・乳製品消費は相当量に達し，むしろその過剰摂取問題が取りざたされている．そして4つは，流通「近代化」の下，食料の流通機構が大型・遠隔地流通に適合的な形態に再編されてきたことである．

(2) 「輸入基本・国産補完」の食料供給構造

わが国は世界有数の食料「輸入大国」である．供給熱量自給率は40％余，穀物自給率は30％前後に過ぎず，世界各国から莫大な食料を買い集めている．自給率を品目別で見ると，大豆・小麦のように10％にも満たないものがある一方，米，野菜，牛乳・乳製品，鶏卵などは70％を上回り，その二極化は著しい．しかし，後者も輸入増大の中で，近年自給率の低下傾向が目立っている．

こうした食料供給構造は，わが国年来のものでも，宿命的なものでもない．この間，「輸入基本・国産補完」の食料供給態勢が政策的に徐々に作り上げられてきたのである．そのトップを切ったのは「MSA小麦」の受入れである．1954年に締結された「日米余剰農産物買付協定」に基づいて膨大なアメリカ余剰小麦が買付けられ，国内産麦，特に水田裏作麦を圧迫していった．

次いで，登場したのが1961年の農業基本法である．当時の日本経済は「高度経済成長」を持続するため，労働力・土地・工業用水を農業から調達する必要に迫られていた．それを，大胆な農民層分解を狙った「自立農家の育成」策と一層の食料輸入とリンクした「**作目の選択的拡大**」策によって実

現しようとしたのである．農業構造改善事業によって圃場の大型化と農業機械化・化学化が押し進められ，また，拡大作目と縮小作目との峻別が行われた．拡大作目は米，畜産物，青果物，甘味資源作物など，縮小作目は小麦，雑穀，大豆，なたねなどとされ，価格政策と輸入促進政策によって誘導された．米価算定では**生産費・所得補償方式**が採用され，また「畜産物の価格安定等に関する法律」(1961年)，「加工原料乳生産者補給金等暫定措置法」(1965年)，「野菜生産出荷安定法」(1966年)などが制定され，生産振興と一定の価格保障措置がとられた．反対に，縮小作目では生産費を大幅に下回る価格設定がなされ，各種施策の対象から外された．その結果，拡大作目に生産が集中し，単作・大型産地が生み出され，深刻な「過剰」を生み，生産調整を余儀なくされてきた．反面，縮小作目は急速に減少し，輸入量が急増してきた．縮小作目＝需要減退作目でなかった点は，基本法農政を評価する際の枢要点をなす．

また，1960年「貿易為替自由化大綱」が閣議決定され，農林水産物121品目の輸入が自由化された．以降，IMF 8条国・ガット11条国への移行，OECD加盟を契機に自由化は加速し，農林水産物の残存輸入制限品目数は1964年72，1970年58，1974年22，1990年17と激減した．経団連「食品工業白書」に典型的に見られるように，総資本・食品産業大資本は自由化を執拗に要求し，資本輸出と「**開発輸入**」，偽装的形態での輸入などを通じて食料輸入を増大させていった．また，一部の労働組合も自由化推進に与していったことは忘れられない．自由化を契機に一定の激変緩和措置がとられたもののほとんど効果のなかったことは，それら作目の急速な衰退が雄弁に語っている．自由化の積極的推進やガット・ウルグアイ・ラウンド「農業合意」の唐突な受入れ等から判断すれば，拡大作目とて積極的な意味合いを持って選択されたのではなく，農業激変への配慮や当時の国際市場状況，「キューバ革命」への対応などから消極的に選択されたのではないか，とも考えざるを得ない．

こうして，わが国の食料供給構造は輸入を基本とし，国内生産を補完とす

る構造へと編成替えされてきたのであり，**WTO体制**はそれを完成させる危険性がすこぶる高い．

(3) 量販店・大企業主導の食料流通構造

　流通過程は消費と生産を結び，主として価格形成機能と物的流通機能（輸送・保管・包装・選別規格化などの諸機能）を果たす．食料の場合，消費者・生産者の購入・販売規模が零細で分散的なため，収集・仲継・分散の諸過程を要し，多段階的な構造をとっている．卸売販売額を小売販売額で除した値（**W/R比率**）が多段階性の目安とされるが，わが国のそれは今でも2台後半であり，卸が3段階以上介在していることを示唆している．卸売段階では，腐敗性が高く規格化も困難な青果物・畜肉・魚介類などでは「**卸売市場**」形態がとられ，価格形成と物的流通が同時に遂行され，規格化が進んでいるとは言え豊凶変動の激しい穀物などでは「**商品取引所**」形態がとられている．

　さて，わが国の食料流通構造はどのような変化を遂げてきたのであろうか．1960年頃まで，零細小売店（八百屋・魚屋・肉屋など）が中心で，また産地規模も零細かつ近郊的で「零細・地域的流通」が中軸を占めていた．「百貨店と零細小売店の二極構造」が当時の小売構造の特徴とされるが，食料の場合，一部の加工食品を除いて百貨店の占める割合は極めて低かった．

　高度経済成長に伴う人口の都市への大移動は食料需要を飛躍的に増大させ，また農業基本法に基づく遠隔主産地形成も徐々に進んでいった．1960年代中頃には，品不足によって食料価格が騰貴するなど，従来の流通構造では対応できない事態も発生した．こうした中で，流通構造論，生産構造論，食生活改善論などの視点から流通「近代化」が提唱された．流通構造論的視点からは卸・小売の零細性・輻輳性が問題とされ，卸・小売の規模拡大と「近代化」が提言され，生産構造論的視点からは零細産地・副業的生産が問題とされ，主産地形成と専業的生産が提言された．また，食生活改善論的視点からは生鮮品に偏った食料流通が問題とされ，生産段階から消費段階まで の**コー**

ルドチェーン・システム導入が提言された．いずれも「大量生産・大量流通」システムの構築を狙ったものと言ってよい．

以降，「中小企業近代化促進法」による卸・小売業の再編や「卸売市場法」による中央卸売市場の整備，コールドチェーン・システムの導入，主産地形成と農協共販態勢の整備などが急ピッチで進められた．食品工業大資本による流通系列化，卸小売の手数料商人化や総合商社・飼料工業資本による畜産インテグレーション，巨大中央卸売市場卸売資本による「集散市場体系」化が進み，量販店による生鮮3品の取扱いも本格化した．

特に大手量販店は1980年代に入り急速な全国チェーン展開を遂げ，強力なバイイング・パワーの下に卸売市場や中小食品産業に対する支配力を強め，価格形成機構を「内部化」し，各種宣伝を駆使しながら消費編成を図り，小売段階での価格支配力を強めてきた．卸売市場では大手量販店主導の先取・予約相対取引が激増し，品目によっては過半はおろか80％強が先取され，価格形成力は弱化し，大手量販店の「物流センター」化している．また，中小食品産業から価格決定権を完全に奪い，「ジャスト・イン・タイム」的な配送を強要していると言われる．さらに，この間大手量販店がコンビニエンス・ストア全国本部を次々に設立し，フランチャイズ方式でコンビニエンス・ストア網を全国に張り巡らせたことは見落とせない．

以上の変化は同時に，長距離輸送の常態化と荷造・輸送諸掛の増嵩，配達頻度の上昇と廃棄の常態化，規格・選別の厳格化と規格外品の大量発生・廃棄などを伴っていたのであり，さらに中小零細小売店の激減と商店街の空洞化，食料輸入の激増などを伴っていたのである．

(4) 食料問題を一層深刻化させるWTO体制

食料消費・供給構造の今後のあり方に関連して，WTO問題に触れておこう．WTO結成を採択したガット・ウルグアイ・ラウンドで，わが国は，(1)米の関税化特例措置の適用とミニマム・アクセスの受入れ，(2)麦類，乳製品，澱粉，雑豆等の**関税相当量**の設定による自由化と平均36％，最低

15％の関税引き下げ，(3)国内農業支持（1986-88年基準で5兆円と算定）の20％，1兆円の削減（以上「WTOを設立するマラケシュ協定」附属書1A②「農業に関する協定」），(4)動植物検疫や食品添加物・残留農薬基準等の非関税障壁の国際的ハーモニゼーション（同附属書1A③「**衛生植物検疫措置の適用に関する協定**」）を約束した．一部にそれを評価する見解もあるが，本当にそうだろうか．

　問題は，1つに関税相当量が本当に「禁止的関税」たり得るか，である．確かに，現行国際価格水準が継続し，また「平均価格」前後で輸入されれば，関税相当量の水準からして「禁止的関税」たりえよう．しかし，国際価格変動や為替変動等で，その前提が崩れれば「禁止的」機能は果たせなくなる可能性も高い．また，「一物一価」の法則が国際食料・農産物市場で貫徹しているとは言い難く，実に様々な価格が同時存在している．関税相当量を付加しても充分に輸入可能な場合もあり得るし，各種調整品のように偽装的形態での輸入もあり得るのである．2つは輸入急増・国内市場混乱に際して，セーフガードを効果的に発動できるかどうかである．セーフガード発動には様々な制約条件が付けられており，また相手国との協議も必要とされる．これまでの経験からして，セーフガードを有効に発動できそうにもない．3つは「過剰」が深刻化したとしてもミニマム・アクセス量の輸入が義務化されたことである．WTOはわが国食料市場に「輸入増大・市場不安定化メカニズム」を組み込んだ以外の何ものでもない，と言うしかない．

　4つは，食料の「安全性」を確保できるか否かである．食品添加物・残留農薬の国際基準として極めて緩やかな**Codex基準**（FAO・WHO合同食品規格委員会（Codex委員会）で審議）が採用されようとしており，わが国はそれにハーモニゼーションしていかなければならない．それは厚生省基準を大きく上回り，とてもわが国の食料消費構造に沿った「安全性」を確保できそうにもない．また，わが国の輸入検疫体制も問題である．輸入検疫は書類審査が中心で，実物検査の比率は数パーセントと極端に低い．時折，不適格品の流通・販売が発覚するが，それは氷山の一角と言える．その輸入検疫をさら

に簡素化・スピード化しようとするのであるから，安全性に疑義のある食料やいかがわしい食料が出回る危険性は特段に高まろう．国際的ハーモニゼーションの受入れは，資本の「利潤原理」に食料の「安全性原理」が屈服した姿とも言える．

最後に，国内農業支持の削減の問題をあげなければならない．これまで，政府管掌作目の価格支持水準が大幅に引き下げられ，また食糧管理法廃止・食糧法制定を典型に，政府の役割と諸規制は急速に後退・廃止され，「市場メカニズム」活用型市場に編成替えされてきた．その結果，農家経済は疲弊し，農民の生産意欲は大きく萎え，耕作放棄地も増大してきた．WTOはわが農業をさらに追いつめ，瓦解させる危険性も高いと言わなければならない．

他方，WTO発足を受けて，食品産業大資本等は資本輸出と「開発輸入」を一層積極化し，輸入食料を梃子とした国内市場の再編，支配強化を狙った動きを活発化させている．それは，コメ市場に象徴的に見られたように，大資本の「したい放題の自由」の確立過程に他ならない．

ところで，ここで注意すべきは，上述の協定内容は2000年までの暫定的なものでしかないことである．貿易の「全面的自由化」を謳うWTOの趣旨からして，次期交渉では更なる自由化・関税引き下げ・国際的ハーモニゼーション等が要請されることは疑いない．わが国がその要請を受諾した時，わが農業の瓦解は決定的となり，食料の「安全性」は最後的に失われる危険性は高い．

4. 食料問題解決の展望

(1) 問題解決へむけた諸課題

今日，食料問題は国際的にも日本的にも激化の一途を辿っている．21世紀を飢餓の時代としないために，われわれはいかなる点に留意しながら問題解決を図っていかなければならないのであろうか．

その1つは，一方に深刻な栄養不足状態があり，他方に栄養過多，「飽食」

状態があることである．アフリカ・アジア・中南米を中心に飢餓人口はますます増えつつある中で，欧米諸国やわが国などでは「飽食」を謳歌し，栄養過多や肥満，青少年の成人病などが問題になっている．国内的に見ても事情は同じで，一方に栄養不足状態の人々がおり，他方に「飽食」を欲しいままにしている人々がいる．欧米やわが国などでは大量の食料廃棄が「豊か」で「便利」な食料消費を支えている．食料の分配が余りにも公平性に欠けると言わざるをえない．今，食料の行き過ぎた商品化・利殖手段化が，人間の倫理に照らして鋭く問われている．極限までの商品化・利殖手段化を押し進め，ますます巨大化し支配力を強めている食品産業大資本に対する「**民主的規制**」が求められているのである．その際，勤労者・農民等の国際的連帯や食品産業の「**適正規模**」問題を検討していくことが重要と言えよう．

　2つは上のこととも関連するが，本来"究極的"に安全であるべき農産物・食料がますます「安全性」疑惑を伴ったものになってきたことである．形状や色つやを余りにも重視した市場評価や長距離・長時間輸送のために大量の化学合成農薬や食品添加物が使われている．また，農業の生産性向上，コスト・ダウンのために遺伝子組み換え農産物・食品が大量に生産され，消費されている．遺伝子組み換え農産物・食品には未知数も多く，将来に禍根を残す危険性も否定できない．いかにして食料・農産物生産・流通に「安全性」第一の思想を取り戻すか．「効率性」とコスト・ダウンを一義的に追求する生産のあり方，過度の利便性や表面的形状，一面的味覚を追求する消費のあり方の変革をも含めて鋭く問われているのである．

　3つは，本来「環境保全的」であるべき農業や食料生産が，環境を大々的に破壊していることである．食品産業資本による環境破壊については先に触れたが，農業とて例外ではない．過作や単作化，農薬・化学肥料多投によって土壌劣化が進み，表土流出や砂漠化，塩害などによって耕地面積は減少の一途を辿っている．また，大型農業機械や各種生産資材を駆使する多エネルギー消費型農業は地球温暖化や異常気象の原因の1つをなし，農業・食料生産を脅かしている．灌漑や多肥・農薬，農業機械化を特徴とする「先進国型

農業技術」の発展途上国への強引な移転が，それに拍車をかけている点は軽視できない．先行文明の興亡が明確に示しているように，環境を破壊し，耕地を失うような食料生産を今後も続けていくなら，人類社会の未来は決して明るくない．耕地の生産諸力を永続的に高め，環境保全に資する食料・農業生産への転換が今，強く求められているのである．

　4つめは，先進諸国のエゴ的な農産物・食料輸出や商品輸出と絡んだ諸援助が，発展途上国の農産物・食料生産をますます困難にしてきたことである．アメリカのコメ・小麦やEUの乳製品・小麦などに典型的に見られるように，先進諸国はこの間，過剰処理のために補助金付き輸出を激増させてきた．補助金付き輸出は国際価格を低位水準に釘付けし，発展途上国の農産物・食料輸出を困難にし，途上国の国内生産の発展を阻害してきた．また，食料品や医薬品等の輸出とリンクしたいわゆる"人道的援助"やODA（政府開発援助）は，発展途上国の社会的成熟を待つことなく「多産多死」から「多産少死」への急激な構造転換を進め，人口爆発構造を作り上げてきた．人口爆発は焼畑面積を激増させ，年数を短縮させ，薪炭用森林伐採を増大させ，環境破壊，砂漠化等を加速してきた．"人道的援助"やODAに名を借りた農産物・食料・諸商品輸出ではなく，発展途上国の社会的成熟を進め，食料的自立化が達成できるような援助が望まれるのである．

　そして，最後にWTO体制＝農産物・食料「自由貿易」体制のもつ問題点を指摘しておきたい．「自由貿易」こそが公正な競争を実現し，農産物・食料の適地適産と効率的生産を進めると自由貿易推進論者は主張する．しかし，巨大資本が農産物・食料市場を支配し，情報独占や「企業秘密」の網の目を張り巡らしている中で，公正な競争も画餅に帰す可能性が高い．事実，Codex委員会には多数の多国籍食品産業資本の代理人がオブザーバーとして参画し，彼らに都合の良い極めて緩やかな国際基準を採択しようと画策している．こうしたことが，どれほど，勤労消費者や農民に理解されているであろうか．また，「自由貿易」や国際基準は農業・食料生産や食料消費の多様性・民族性を否定し，**食料主権**」や「**食料自給**」，そして計画的な国土利

用の道を奪う危険性も否定できない．「自由貿易」の更なる拡大ではなく，各国の「食料主権」「食料自給」を第一義に過不足調整として国際貿易を位置づけると言う方向にWTOの諸規定を改訂する必要がある．

如上の諸課題は，巨大資本に「したい放題」の自由を許し，さらに拡大しようとするこれまでの路線の延長線上では解決できない．勤労消費者・農民の国際的連帯，環境保護や食料主権等を唱える国際的環境保護諸団体や諸NGO，ICA等の連携を基礎に，巨大資本に民主的規制を加え，食料の供給・消費をその手に取り戻す必要があろう．

(2) 重要なわが国の役割

その際，「食料輸入大国」「経済大国」日本の果たす役割は特別に大きい．先に触れたように，わが国は食料消費構造を見ても，供給・生産構造，流通構造を見ても，問題が累積し先鋭化している．国内農業をますます苦境に追いやりながら食料輸入を増大させ，検疫制度・食品添加物基準等の不備等で食料の安全性を大きく損なってきている．また，巨大な経済力を背景に資本輸出を累増させながら途上国国民を搾取し，彼らから食料を奪っている．日本向けエビの養殖のために広大なマングローブ林を破壊し，環境劣化に拍車をかけている．膨大な熱帯材輸入によって環境を破壊し，さらにわが国ODAが環境破壊に一役買っている点は見落とせない．環境破壊が巡りめぐって，農業生産に否定的影響を与える危険性が高いからである．

わが国が「食料自給」方針を確立し，環境に配慮した農業生産と「安全性」重視の食料生産を展開し，発展途上国を含めた世界各国と「平等互恵」の食料交易，経済的・政治的諸関係を築いていくならば，「食料輸入大国」「経済大国」であるだけに，その世界的影響は極めて大きい．これまでの「有害食品追放」運動や生協・農協等の協同組合運動，有機農業運動等々の諸運動の伝統・成果の上に立ち，勤労消費者と生産者との協同・連携を深めながら，それを追求していくことが重要と言えよう．

われわれ農学徒は，これまでの省力化技術・増産技術等の開発が，農民の

苦汗労働を軽減し，食料増産を達成し，豊富な食料を供給してきたことに確信を持ち，21世紀が要請する環境に調和した新たな増産技術の開発，公正で透明な食料分配・流通機構の確立などのために，尽力していかなければならない．

〔飯澤理一郎〕

第2章
国際化の中での農業政策の針路

I. WTO体制下の農産物貿易と農業保護政策

　本節の目的は，世界の農産物貿易と農業保護政策について，主に1980年代以降の先進国を対象として概説することにある．まず1.では農産物貿易の動向を概観する．2.では国際貿易の基礎理論，3.では貿易政策と農業保護の関連について述べる．4.では，1980年代以降における世界の農産物貿易体制について論じる．5.では，本節の要点を整理する．

1. 農産物貿易の動向

(1) 世界の農産物貿易
　農産物貿易とは，国と国との間で農産物を取引することである．林産物と水産物を含めた農林水産物貿易の世界貿易全体に占めるシェア（1995年）は，11.8％となっている．
　まず，世界の農産物貿易の特徴を3つ指摘したい．
　第1に，農産物は，工業製品などに比べ，生産量に占める貿易割合が小さい傾向にある．世界の乗用車や工作機械の生産量に占める輸出割合は，5割前後といわれているが，世界の主要農産物生産量に占める輸出量割合（1994年）をみると，小麦が21.0％，コメが5.0％，とうもろこしが11.2％，大豆

が 22.0%, 牛肉が 9.7% となっている. 特に, 日本人が主食とするコメの生産量に占める輸出量割合が特に小さい点が注目される. このように生産量に占める貿易割合が小さいため, 農産物輸出国の豊作・凶作などによって, 農産物の輸出量や国際価格は, 大きく変動しやすい.

第 2 に, 農産物輸出国は少数に偏っているが, 農産物輸入国は, 農産物輸出国のような大幅な偏りは, みられない傾向にある. 主要農産物の輸出国シェア (1994 年) は, 次の通りとなっている.

・小麦(アメリカ 29%, カナダ 20%, フランス 14%)
・とうもろこし(アメリカ 56%, 中国 14%, フランス 13%)
・コメ(タイ 28%, アメリカ 16%, ベトナム 11%)
・大豆(アメリカ 60%, ブラジル 18%, アルゼンチン 10%)
・牛肉(オーストラリア 17%, アメリカ 11%, フランス 11%)

第 3 に, 農産物貿易をリードしているのは, 先進国である. 世界の食料輸出額の 7 割前後は, 先進国に占められている. また, 食料に関する貿易収支 (輸出額－輸入額) は, 70 年代後半から, 先進国では黒字基調だが, 途上国や計画経済国では赤字基調にある.

次に, 70 年代以降における食料貿易の動向を概観したい.

70 年代には, 世界の食料貿易の増加率が高くなっている. 従来, 自給体制を維持してきた旧ソ連が凶作を契機として 70 年代前半に穀物輸入国へ転じたこと, 著しい経済成長を開始したアジア諸国およびオイルショックによる石油価格上昇で所得が高まった産油諸国の食料輸入が増大したことなどがその理由である.

80 年代前半には, 現在のヨーロッパ連合 (EU) の前身であるヨーロッパ共同体 (EC) が穀物の純輸出国となった. **EC の共通農業政策** (CAP, Common Agricultural Policy) によって EC 域内で農産物が高価格に維持され, 生産量が増加したためである. EC は輸出補助金付きの輸出を行い, アメリカなどと激しい輸出競争を行うことになる.

(2) 日本の農産物貿易

　日本の農産物貿易の動向も概観しておきたい．1996年の日本の農産物輸入額は427億8,600万ドルで，日本の総輸入額に占める農産物輸入額シェアは，12.2%である．96年の品目別農産物輸入額シェアでは，肉類（22.0%）が首位で，次いで，穀物・穀粉（15.4%），果実・野菜（14.7%）の順となっている．農産物輸入額の国別シェア（1996年）では，1位がアメリカ（38.6%）で，次いで中国（9.0%），オーストラリア（8.0%）の順となっている．

　農産物輸入額は必ずしも食料輸入額を意味しない．農産物輸入額の中には羊毛などの非食料が含まれ，食料である魚介類は水産物輸入額に含まれるからである．そこで，96年の日本の食料輸入額をみると，518億9,300万ドルで，総輸入額に占める食料輸入額シェアは14.8%となっている．96年の品目別食料輸入額シェアでは，魚介類（32.3%）が首位で，次いで食肉類（18.5%），穀物（13.6%）の順である．食料輸入額の国別シェア（1996年）では，アメリカ（29.6%）が首位で，次いで中国（10.1%），オーストラリア（6.3%）の順となっている．

2. 国際貿易の基礎理論

(1) リカードの比較優位性の原理

　比較優位性の原理は，貿易の利益を説明する最も基本的な理論である．古典派経済学の完成者ともいわれる**リカード**による有名な数値例で，説明したい．

	ラシャ1単位を作るのに必要な労働量	ワイン1単位を作るのに必要な労働量
イギリス	100人	120人
ポルトガル	90人	80人
生産量の合計	2単位	2単位

まず次の仮定をおく．イギリスでは，ラシャ（地の厚い，目のつまった毛織物の一種）を1単位作るのに100人の労働を必要とし，ワインを1単位作るのに120人の労働を必要とする．一方，ポルトガルでは，ラシャを1単位作るのに90人の労働を必要とし，ワインを1単位作るのに80人の労働を必要とする．このように，ラシャとワインの生産には，1種類の生産要素（労働）のみが利用され，両国でラシャとワインの生産技術は，異なると仮定される．また，イギリスとポルトガルの両国とも，ラシャとワインをそれぞれ1単位ずつ生産しており，二国の生産量の合計は，ラシャが2単位で，ワインも2単位である．

ポルトガルは，ラシャでもワインでも，イギリスよりも少ない労働投入量で生産可能である．ポルトガルは，イギリスに比較し，ラシャでもワインでも**絶対優位性**を有していることになる．絶対優位とは，財1単位を生産するときに必要とされる生産要素（労働など）の絶対量を国の間で比較し，どちらの国がより少ない生産要素投入量で生産できるかによって，優位性を示す概念である．

労働者が国と国の間を自由に移動できるのであれば（イギリス人がポルトガルに出稼ぎに行く，移民する等），ポルトガルでラシャもワインも生産することによって，両財の生産量を増加できる．しかし，リカードの比較生産性の原理や次に述べるヘクシャー＝オリーンの貿易理論では，生産物は国と国の間で移動するが，労働などの生産要素は国と国の間で移動しないと仮定される．農業生産に最も基本的な生産要素である土地は，国と国の間で移動することは不可能である．

生産要素が国と国の間で移動しないという仮定のもとでは，絶対優位ではなく，**比較優位**の概念が重要となる．比較優位とは，それぞれの国で複数財を生産する場合に，ある国が他の国に比較して，どちらの財を相対的に効率よく生産できるかによって，それぞれの国の相対的な優位性を示す概念である．

いまの数値例で，1単位のラシャを犠牲にして得られるワインの量を両国

で比較すると,

イギリス		ポルトガル
100人/120人	＜	90人/80人
(0.833)		(1.125)

イギリスが0.833単位,ポルトガルが1.125単位となる.ポルトガルは,ワイン生産に比較優位性がある.逆に,1単位のワインを犠牲にして得られるラシャの量を比較すると,

イギリス		ポルトガル
120人/100人	＜	80人/90人
(1.200)		(0.889)

前の数値例の逆数(イギリスが1.200単位,ポルトガルが0.889単位)となる.イギリスは,ラシャ生産に比較優位性がある.

　各国が比較優位性をもつ財の生産を拡大することを特化という.また,各国が比較優位性をもつ財のみを生産することを**完全特化**という.イギリスが比較優位性を有するラシャ生産に完全特化し,ポルトガルが比較優位性を有するワイン生産に完全特化すると,次のようになる.

	ラシャ生産への労働量投入量	ワイン生産への労働量投入量
イギリス	220人	0人
ポルトガル	0人	170人
生産量の合計	2.2単位	2.125単位

イギリスのラシャ生産量は220/100=2.2単位,ポルトガルのワイン生産量は170/80=2.125単位となり,二国合計のラシャ生産量は,完全特化前よりも0.2単位だけ増加し,ワイン生産量は0.125単位だけ増加する.

　このように比較優位性の原理とは,各国が比較優位性をもつ財の生産に特化すれば,世界全体の生産量を増加させることが可能となるとともに,自国

で不足する財を貿易によって手に入れることで貿易の利益を得ることができるというものである．

(2) ヘクシャー＝オリーンの貿易理論

リカードの貿易理論では，生産要素は労働の1種類のみであり，また，国と国の間で生産技術が異なるとの仮定がおかれていた．北欧の経済学者であるヘクシャーとオリーンは，国と国の間の生産技術が同じでも，複数の生産要素が存在し，生産要素の存在量（賦存量）に国別の違いがあれば，貿易の利益が生じるとの理論を示した．オリーンは，この業績などで1977年度にノーベル経済学賞を受賞した．

次の仮定をおいて説明しよう．第1に，世界は，日本とオーストラリアの2カ国で，生産要素は土地と資本の2種類のみ存在する．第2に，日本はオーストラリアに比べて資本が相対的に多く，オーストラリアは日本に比べて土地が相対的に多い．第3に，両国では，自動車と牛肉の2種類の財だけが生産可能であり，両国で自動車と牛肉の生産技術に違いはない．ただし，自動車生産には，土地よりも資本が相対的に多く利用され，牛肉生産には，資本よりも土地が相対的に多く利用される．第4に，国内で相対的に多く存在する生産要素は，相対的に安く利用できる．

以上の仮定をおくと，日本は資本を多く利用する自動車を相対的に安く生産でき，オーストラリアは土地を多く利用する牛肉を相対的に安く生産できる．そこで，日本は自動車生産に特化して自動車を輸出するいっぽう牛肉を輸入し，オーストラリアは牛肉生産に特化して牛肉を輸出するいっぽう自動車を輸入すれば，両国で貿易の利益が得られる．

このように**ヘクシャー＝オリーンの貿易理論**は，自国内で相対的に豊富に存在する生産要素を集約的に利用して生産される財を輸出し，自国内で相対的に希少な生産要素を集約的に利用して生産される財を輸入すれば，国と国の間で生産技術に差がなくても，貿易の利益を得られるというものである．

3. 貿易政策と農業保護

(1) 農業保護の根拠

　国際貿易の理論は貿易の利益を示すが，ほとんどの先進国は農産物貿易になんらかの制限をくわえるなどの**農業保護政策**をとっている．先進国が農業保護政策を行う根拠の第1は，**食料安全保障**である．第2は，美しい農村景観や水田の洪水防止機能など農業が有する農業生産以外の**多面的機能**を重視するためである．第3は，先進国では農業が非農業に比べて所得が低い場合が多く，この所得格差を是正するためである．その他，貿易を制限する根拠としては，今後発展が期待されるがまだ幼年期段階にある産業を保護しようという**幼稚産業保護**などがある．

　農業保護政策は，農業生産に必要な土地が相対的に希少で，また賃金も高く，農業の国際競争力が弱い国（日本など）だけが行っているわけではない．土地が相対的に豊富な国（アメリカの穀物，オーストラリアの牛肉など）や労働が豊富で賃金が相対的に安い国（タイのコメなど）が農産物輸出国となっているが，これらの国でも国内全種類の農産物に国際競争力があるわけではない．これら農産物輸出国といえども，やはり国内に輸出競争力がない作目があり，これら作目について農業保護政策がとられているのが一般的状況である．

(2) 農業保護のための貿易政策

　貿易政策とは，輸出や輸入に政策介入することである．国内農業保護のための貿易政策では，おもに，外国からの農産物輸入を減らす政策手段がとられる．具体的には，第1に，輸入農産物の数量に上限をつけるという**輸入割当**である．第2に，輸入農産物に課税するという関税である．輸入農産物に関税をかければ，輸入農産物の価格が高くなり，輸入を抑制することができる．関税と類似したものに**輸入課徴金**があり，輸入農産物に課徴金をかけて，

輸入農産物の価格を高くする点は関税と同じである．異なる点は，課徴金の場合，徴収した課徴金が**輸出補助金**として使われることがあらかじめ決まっているなど，使途が限定されていることである．関税の場合は，政府の一般財源となり，使途が限定されないのが普通である．

　国内農業保護を目的とした貿易政策は，国内農業への直接的影響だけでなく，国内農業以外への間接的影響も及ぼす．輸入関税が課せられる場合，国内農民は関税がない場合よりも高い価格で販売でき，経済的利益を得ることができる．一方，国内消費者は，関税がない場合よりも高い価格で農産物を購入しなければならず，経済的損失をこうむる．また，政府は，関税収入を得ることができる．外国農民は，関税がない場合よりも少ない量しか輸出することができず，経済的損失をこうむる．

　農産物輸出国では，農産物輸出を増大するための貿易政策がとられる場合がある．具体的には，輸出農産物に補助金をつけるという輸出補助金である．輸出補助金がつくと，国内価格が高くなって，国内生産量も増え，輸出にまわる量も増える．このように，国内農民は，輸出補助金がない場合に比べ，高い価格でより多い量を販売できるので経済的利益を得る．国内消費者は，輸出補助金によって，より高い価格で農産物を購入しなければならず，経済的損失をこうむる．また，政府は，輸出補助金への財政負担を負うことになる．

　関税以外の貿易制限措置を**非関税障壁**という．輸入割当や輸入課徴金も非関税障壁の一種であるが，政府が国内製品を優先して調達するなどの国内規制，外国業者を結果的に排除してしまうような特殊な取引慣行，外国製品を結果的に排除するような品質・規格，農産物では特に輸入する場合の**検疫・衛生の措置**など，様々な形態のものがある．ある措置が非関税障壁であるかないかの認定をめぐって，国と国の間で見解が相違し，国際交渉が必要となる場合も多い．

4. 世界の農産物貿易体制

(1) 欧米の農産物過剰と財政赤字

　世界の穀物需給が70年代に異常気象による不作となって一時ひっ迫したため，80年代に入って，当時のECやアメリカは，国内農産物価格を高価格に支持し，農産物の増産に努めた．その結果，**過剰在庫**が深刻化し，輸出国間の競争が激化した．ECとアメリカは，農産物の過剰在庫解消のため，輸出補助金つき輸出も行った．このため，ECとアメリカの農業保護ための財政負担が増大した．

　1993年に欧州連合設立条約（マーストリヒト条約）が発効しECがEUとしてスタートしたが，EUはEC時代から域内の農業政策を統一した共通農業政策を採用している．共通農業政策は複雑な仕組みとなっているが，重要な点は，輸入農産物には輸入課徴金（ウルグアイ・ラウンド合意後，輸入課徴金は関税化）を課して域内農業を保護する一方，域内の過剰農産物には輸出補助金をつけて，輸出していることにある．このような農業保護政策の結果，80年代のECでは，「バターの山，ワインの湖」と比喩されるほどの過剰在庫をかかえるとともに，多大な財政負担に悩まされることになった．

　アメリカの農業政策は，ほぼ5年おきに制定される農業法に基づいている．アメリカも多くの農業保護政策を採用しており，ECがバターの山とワインの湖と比喩された80年代には，政府が支持する高価格とそれより低い市場価格の差を補塡する**不足払い制度**，過剰生産解消のための**減反計画**などの政策がとられていた．ECは80年代前半に穀物の純輸入国から純輸出国に転じて輸出補助金つきの輸出を開始したので，アメリカもECに対抗して輸出市場を守るため，輸出補助金つき輸出を拡大した．この結果，アメリカも大幅な財政負担に悩まされることになる．

(2) WTO と農産物貿易

　GATT（関税と貿易に関する一般協定）は，第2次世界大戦後の世界貿易体制のルールであったが，1995年1月1日より本格的な貿易紛争処理の組織を有するWTO（世界貿易機関）に改組された．

　GATTは，1930年代の世界恐慌時に，欧米諸国などが同盟国以外からの輸入に対して高い関税をかけるというブロック経済化政策をとったため，世界貿易は急速に縮小し，それが大恐慌を長期化させたとの反省を踏まえて成立したといえる．

　GATTは，ブロック経済化を避け，多国間で関税を引き下げることを主な仕事としてきた．このため，特定国を差別したり優遇したりせずに，すべての国に同じ貿易政策を行うという**最恵国待遇**，自国が関税などを引き下げれば，相手国も関税率を引き下げることを通商交渉の前提とする**互恵性**などが原則となっている．

　また，多国間で関税引き下げ交渉を行う多角（国）的交渉（ラウンド）が注目すべき機能である．この8回目が，1986年から1994年にかけて行われたウルグアイ・ラウンドである．ウルグアイ・ラウンドでは，はじめて本格的に農業分野が通商交渉の焦点となった．

　ウルグアイ・ラウンドは，93年12月に実質合意し，95年1月1日に「世界貿易機関を設立するマラケシュ協定」（WTO協定）が発効し，世界貿易機関が設立された．

　WTO協定で農産物貿易に関するものは，**農業に関する協定**（農業協定），**衛生植物検疫措置の適用に関する協定**（SPS協定）などがある．農業協定は，農業分野における貿易の改革過程を開始するために，食料安全保障および環境保護を含む**非貿易的関心事項**等に留意しつつ，各国が**市場アクセス**，**国内助成**，**輸出競争**の3分野において具体的かつ拘束力のある約束を作成し，1995年に開始する6年間の実施期間中にこれを実施することを定めるとともに，これらの約束の実施に関する規律を定めることを目的としている．市場アクセスでは，数量割当や輸入課徴金などのすべての非関税国境措置を関税にお

きかえるという**関税化**，輸出競争では，輸出補助金を実施期間中にわたり支出額の36％，補助金つき輸出量の21％を削減すること，国内助成では，農業生産者に対する国内助成措置のうち，**デカップリング**（生産増加と直接結びつかない所得支持政策）や環境対策などの削減対象から外される措置を除いたすべての措置について，**助成合計量**（AMS）により助成総額を計算し，実施期間中にその総額を20％削減することなどが主要な内容である．また，輸出補助金が付与されていないなどの条件を満たす農産物については，**関税化の特例措置**として，実施期間中に関税化を行わないことも可能とする条項も含まれている．日本は，コメに関して，この関税化の特例措置を適応し，関税化を行わず，輸入割当制度および国家貿易を維持することを選択したが，その後，1999年4月から，コメについても関税化を行うこととした．

SPS協定の目的は，検疫・衛生措置が国際貿易に係る不当な障害となることを防ぎ，偽装された制限となる方法で適用されないとのGATT条文の適用に関する規律を定めること，関連の国際機関によって作成された国際基準等に基づき各国の検疫・衛生措置の調和を図ることなどである．国際基準等が存在する場合には，自国の検疫・衛生措置を国際基準に基づかせることを原則とするが，**科学的正当性**がある場合には，国際基準より厳しい措置を採用かつ維持することができること，各国の検疫・衛生措置を通報することにより透明性を確保することが主な内容である．

(3) EUとアメリカの農政改革

EUは，農産物の過剰在庫と財政支出の削減を図るため，92年に共通農業政策の改革を行った．主な内容の第1は，支持価格を引き下げた分，その収入減に対してデカップリングを導入したことである．第2は，直接所得補償を受けるための条件として休耕を義務づけたことである．第3は，生産過剰解消だけでなく環境対策をも意図した政策を強化したことである．具体的には，限られた土地に多くの家畜を飼養する集約的な畜産が，糞尿の流出により地下水に悪影響を及ぼしている点などにも配慮して，一定面積当たりの家

畜飼養頭数の制限基準を設定し、この基準を満たすことを直接所得補償支払いの要件とする政策などである。デカップリングや環境対策などの国内助成措置は、先にみた WTO の農業協定における国内助成の削減対象から外されたものであるが、EC では、ウルグアイ・ラウンド合意前の 92 年に導入されている点が注目される。

アメリカは、ウルグアイ・ラウンド合意を受け、**96 年農業法**で大幅な農政改革を行った。主な内容は、不足払制度と減反計画を廃止し、農産物の作付を原則自由化した点、不足払制度を 7 年間の期限つきで生産と結びつかない**直接固定支払制度**に移行する点、従来からあった**土壌保全留保計画**（著しく侵食を受けやすい農地を長期間、草地や林地に転換して保全した場合には、補助金が与えられる計画）をさらに強化するなど環境対策を重視している点などである。

以上、90 年代に入ってからの EU とアメリカの農政改革に共通しているのは、第 1 に農産物価格支持政策からデカップリングへの移行、第 2 に環境対策の重視であり、いずれも WTO の農業協定で国内助成措置にはカウントされない政策へのシフトである。

(4) 地域経済統合の拡大

地域経済統合とは、経済活動に対する障壁を取り除く取り決めを地域内の多国間で結ぶことである。地域経済統合は、経済統合、地域統合、地域連携などと呼ぶ場合もある。

地域経済統合に対しては、GATT の最恵国待遇の精神に反し、1930 年代における世界恐慌後のブロック経済化の再来とみなして心配する見方もある一方、GATT の多角間交渉を補完するものとして前向きに評価する見方も多い。

地域経済統合は、通常、次の 4 段階に分けられる。第 1 は、地域内では関税その他の貿易障壁の除去を目指すが、地域外では各国が別々の貿易政策を行うという**自由貿易地域**である。第 2 は、地域外に対しても共通の貿易政策

を行うという**関税同盟**である．第3は，労働や資本などの生産要素の地域内での移動に関する障壁除去も目指す**経済共同体**（単一共同市場ともいう）である．経済共同体では，地域内各国の経済政策の協調なども行われる．第4は，地域内の通貨単位の統一まで目指すという**通貨共同体**である．NAFTA（北米自由貿易協定）やAFTA（東南アジア諸国連合（ASEAN）自由貿易地域）は自由貿易地域，EUは通貨共同体を目指すものといえる．

地域経済統合の経済効果には，**貿易創出効果**と**貿易転換効果**がある．貿易創出効果とは，関税同盟結成などによって，同盟国域内の関税が低くなって以前よりも域内からの輸入価格が安くなり，域内貿易が以前よりも増加する効果である．貿易転換効果とは，関税同盟などの結成前には同盟国域外から輸入を行っていたが，関税同盟結成などによって，域内の関税が低くなって域内から輸入した方が安くなり，域外からの輸入が域内からの輸入におき代わる効果である．関税同盟結成などが経済的利益をもたらすのは，貿易創出効果が貿易転換効果を上回る場合であるが，つねに貿易創出効果が貿易転換効果を上回るとは限らないことが理論的に明らかにされている．

日本は，これまで以上4つに分類されるような地域経済統合には参加していなかったが，2002年1月に，はじめて，シンガポールと経済連携協定を締結している．また，日本は，貿易・投資の自由化・円滑化および経済・技術協力を進めることなどを目的とする**アジア太平洋経済協力会議**（APEC）にも参加している．1989年にオーストラリアでの閣僚会議で始まったAPECは，93年のアメリカでのシアトル会合からは，首脳が会することとなった．94年のインドネシアでのボゴール会合では，APECに参加している先進国は2010年までに，途上国は2020年までに貿易・投資の自由化を目指すという**ボゴール宣言**が採択されている．先進国である日本も2010年までに貿易・投資の自由化を目指すことになる中で，APECにおける農林水産物貿易の自由化をめぐる行方が注目される．

(5) 今後の農産物貿易の課題

日本の食料自給率が先進国の中でも著しく低いのは周知の事実である．日本の食料自給率低下の要因としては，①国民1人当たり農用地面積が小さい点，②コメ消費が減少する一方パン食などの進展のために輸入小麦の消費が増加した点，③畜産物消費の増加にともなう飼料穀物輸入が増加した点，などを指摘できる．国民1人当たり農用地面積が小さく，水田中心の国が，小麦と畜産物の消費が増えれば，食料自給率が低下するのは当然といえよう．しかしながら，現在の日本型食生活は，カルシウム不足など一部を除き，欧米に比べて，タンパク質・脂肪・炭水化物のバランスは良いといわれている．

日本は，人口に比べて耕地面積が少なく，現状程度の食料消費を前提とすれば，今後とも相当程度の食料を海外からの輸入に依存せざるをえない．このことから，可能な限り日本国内で生産を確保できる体制を整備するとともに，輸入および備蓄も適切に組み合わせることにより，安定的な食料を国民に供給していく必要がある．

人口の急増，開発途上国の経済成長に伴う食料消費の増大，地球上の資源・環境問題への配慮などから，食料安全保障について，世界的な関心が高まりつつある．1996年11月に開催された**世界食料サミット**では，これらの問題に取り組む各国の政治的意思を確認したローマ宣言が採択されている．

さて，WTOは，関税引き下げ交渉や貿易をめぐる国際紛争処理などを通じて，今後も，自由貿易を推進していくとみられる．WTOは，2000年前後から農業分野における改革過程の継続に関する交渉を開始する予定といわれており，更なる輸出補助金の削減などが課題になると見込まれる．

WTO発足前後から，関税引き下げ以外の新たな農産物貿易をめぐる国際交渉の課題が取り上げられ，検討が行われている．

まず最も重要と見込まれる点は，貿易と環境との関連である．貿易と環境については，経済協力開発機構（OECD）が1970年代に，国際貿易上の各国の競争条件を均等化する枠組みを作ることを目的として，**汚染者負担原則（PPP）**を定めるなど，これまでも検討は行われてきた．本格的に関心が高

まったのは1990年代である．1991年にイルカ混獲率が高い漁法でメキシコが漁獲したマグロに対するアメリカの輸入禁止措置がGATT違反とする裁定が行われた点が1つの大きな契機となった．貿易と環境との関連は，ウルグアイ・ラウンドでも大きく取り上げられ，農産物貿易では環境対策が国内助成措置削減の対象外となる点などが決められた．欧米では，農業が**非点源汚染**（汚染源の特定が困難であること）の性質をもつ点などから，汚染者とみなされる農民に補助金を与える政策が広く実施されているが，この補助金政策と汚染者負担原則との関係も論点の1つである．

また，農産物を含む広く貿易一般についていえば，**労働基準と貿易，投資と貿易，競争政策と貿易**，地域経済統合などの新たな課題がある．

労働基準と貿易では，労働者の権利確保のために貿易制限措置をとること（例えば，児童労働で作られた農産物の輸入制限）の是非などが主要論点である．

投資と貿易では，モノの移動である貿易だけでなく，資本の輸出ともいえる**海外直接投資**などについてもルールを定めようとするものである．海外直接投資とは，現地で活動する企業の経営に関与する意図をもって行われる海外投資のことであり，海外での工場や販売会社の新設，海外企業の買収，海外企業との合弁などが具体的な内容である．日本が輸入する農産物は，現地の物をそのまま輸入するのではなく，日本人の嗜好にあわせて特別に作られた製品を輸入するという**開発輸入**の形態をとる場合が多い．開発輸入のために現地法人を設立することも海外直接投資の1つである．

競争政策と貿易では，各国でとられている国内政策についても，結果として外国からの財・サービス市場への参入を阻害すると思われる場合，輸出国が貿易上の問題として取り上げなければ市場参入機会は確保できないとの考え方が背景にある．日本にはないが，カナダ，オーストラリア，ニュージーランドなどにみられる**農産物マーケティング・ボード**のあり方などが，本論点に関連する．農産物マーケティング・ボードは，農民の販売交渉力強化などを目的とし，国内法などにより設立を認められている団体組織である．農産

物マーケティング・ボードの中には，事実上，輸出を独占しているものも存在するとの指摘がある．

地域経済統合では，先に述べた通り，地域経済統合はブロック経済化など多角的貿易体制を阻害しうる側面も有しており，**原産地規則**などについて，引き続き検討される見込みである．原産地規則とは，ある製品がどの国（地域）で作られたものかを認定する基準である．原産地かどうかの認定は，自由貿易地域において取引される域内製品が域外製品と比べて優遇措置を受けられるかどうかを決定するため，重要な論点となっている．原産地規則については，自動車などの工業製品だけなく，今後，高度に加工された農産物などについても問題となる可能性が高いと見込まれる．

5. 要点の整理

・農産物貿易とは，国と国との間で農産物を取引することである．

・農産物は，工業製品などに比べ，生産量に占める貿易割合が小さい傾向にある．

・比較優位性の原理とは，各国が比較優位性をもつ財の生産に特化すれば，世界全体の生産量を増加させることが可能となるとともに，自国で不足する財を貿易によって手に入れられるという貿易の利益を得ることができるというものである．

・ヘクシャー＝オリーンの貿易理論は，国内に相対的に豊富に存在する生産要素を集約的に利用する財を輸出し，国内では相対的に希少な生産要素を集約的に利用して生産される財を輸入すれば，国と国の間で生産技術に差がなくても，貿易の利益を得ることができるというものである．

・先進国が農業保護政策を行う根拠は，食料安全保障，農業がもっている農業生産以外の多面的機能，農業・非農業間の所得格差是正，幼稚産業保護などである．

・貿易政策とは，輸出や輸入に政策介入することであり，関税，輸入課徴

金，輸入割当，輸出補助金などの政策手段がある．

・80年代のECやアメリカは，国内農産物価格を高価格に支持した結果，農産物の過剰在庫が深刻化した．ECとアメリカは，農産物の過剰在庫解消のため，輸出補助金つき輸出を行ったので，財政負担も増大した．

・95年発効のWTO協定で農産物貿易に関するものには，農業協定とSPS協定がある．

・90年代のEUとアメリカの農政改革の共通点は，価格支持政策からデカップリングへの移行，環境対策の重視であり，いずれもWTOの農業協定で国内助成措置にはカウントされない政策へのシフトである．

・地域経済統合とは，経済活動に対する障壁を取り除く取り決めを地域内の多国間で結ぶことであり，自由貿易地域，関税同盟，経済共同体，通貨共同体の4段階に分けられる．

・関税同盟の経済効果には，貿易創出効果と貿易転換効果がある．

・WTO協定発効後の世界の農産物貿易をめぐる国際交渉の課題は，環境と貿易，労働基準と貿易，投資と貿易，競争政策と貿易，地域経済統合などである．

〔山本康貴〕

II. 国際化の中での農業・環境政策

1. 農政の目標：経済政策・社会政策としての農政

(1) 農業問題の政策

農業政策（農政）は農業に対する政策である．狭義に言えば，農業生産，農業経営に対する経済政策であり，広義に言えば，農業・農村における経済・社会政策である．今日では，加工・流通問題，消費者の厚生，安全性を含めた広い領域をカバーしている．小倉武一は「農業問題に対処して，農業を望ましい方向へ誘導して，その望ましい姿を実現しようとするのが，今日の農政の使命」（小倉武一『日本の農政』岩波新書）と定義している．「農政は農業に対する政策」というトートロジー（同義反復）の中身を考える時，次の点が重要である．

①政策は，その目標，そのための政策手段，その財源（予算），その政策の評価というセットとしての体系が備わっていなければならない．財源の伴わない政策は，単なる奨励的スローガンである．また，資本主義的経済の枠組みおいては，私有財産制を前提にした市場経済の下における経済政策であり，市場原理に基づく政策である．ただ，農業問題の解決のためには，農業の持つ特殊性から**社会政策**的な政策を必要としており，それは非市場メカニズムによる政策となる．

②農政が対処する農業問題は，T.W. シュルツによる定義に準じて，次のように区分して考えることができる．途上国における食料不足状態における「**食料問題**」（food problem）と欧米・日本における食料過剰下における「**農業問題**」（farm problem）である．日本の農業問題は食料過剰，農産物価格の低下，農業所得の低水準等が問題として発生してきた．さらに，日本では，

特に食料自給率の低下が深刻であり，これは欧米の農業問題にない課題であり，日本農業の零細経営構造に原因しており，社会政策を必要とする背景となっている．

③経済政策の目標としては，**効率**（effenciency）と**公正**（equity）の2大目標がある．効率目標は生産の効率性を追究する経済政策の目標であり，市場経済の下において，価格メカニズムを発揮させることにより実現可能であることが理論的に示されている．これに対して，公正目標は（所得）分配問題の領域に属しており，経済政策に社会政策を加えなければ，解決できない目標である．特に，所得分配問題は，貧困と社会的不公平の解決には不可欠な課題であり，**社会的正義**（justice）の実現として追究される目標である．

(2) 経済政策と農業政策

農業および農業経営は，戦前のような地主制の下における「生業」としての形態から，戦後に創設された自作農による経営組織に変化したが，しかしながら経営面積規模においては依然として平均1haという零細経営が解消せずに，現代まで継続し，日本農業を性格づけてきた．農業が産業として成立するには，農家が企業的な経営組織として成立することができるかにかかっている．企業的な農業経営が成立するには，単に面積規模の大きさによるものではないが，しかし経営規模が基礎となることは否定できない．日本の中で北海道農業は大規模経営であるが，それだけでは企業的経営であるとはいえない．

産業（農業）とそれを構成する企業（農家）の関係とその役割は，日本経済全体の成長の中で規定されていくことになり，したがって経済政策に対して農業政策は独自の目的と施策を持っているが，長期的には農政の特殊性（農業保護等）が貫徹するとはいえず，**市場原理**が働く政策への転換が必要となってくる．

国民経済に占める農業の地位の変化を1960年と95年の比較で見ると，国民総生産に占める農業総生産のシェアは9.0%から1.6%に減少，総世帯数

に占める農家戸数は29.0%から7.8%へ減少，総人口に占める農家人口は36.5%から12.0%へ減少，総就業人口は26.8%から5.1%へ減少してきた．このように産業としての農業の貢献（国民所得と雇用・就業機会）は経済成長とともに低下しており，このことは「**ペティ＝クラークの法則**」といわれる歴史的な傾向的法則であり，何も日本に限った現象ではない．この農業の変化の中で，農家がいかに対応し調整していくかが課題となり，そのための農政の目的と手段が問われる．農政の成果は農家段階において実現して，初めて実効性のあるものとなり，その成果は農家から広く国民（消費者）へ広がっていく．

　マクロ的な経済政策の目標は，完全雇用，物価安定，経済成長，国際収支の改善等が伝統的な目標であった．国際収支の改善目標は現在では解決されているが，農業においては農産物の貿易自由化により貿易問題として重要性を増してきた．政策手段として，財政政策と金融政策がある．特に財政政策はその機能として，資源の最適配分，所得の再分配，国民経済の安定成長がある．財政と農業の関係を見ると，国内固定資本形成に占める農業のシェアは1965年の5.3%から，94年は3.4%に低下，また一般会計予算額に占める農業関係予算は，70年の10.8%から95年の4.4%に低下してきた．具体的予算支出が，農業・農業生産者・農村の政策目標に対して，いかなる財政機能を発揮してきたかを検討することが重要である．**農業財政政策**，**農業金融政策** は，現在大きな変革が必要となり，**農業公共投資** の見直し，**農業制度金融**，**系統金融** に変更が進んでいる．

　1960年代の農業基本法，1970年代の「**総合農政**」，1990年代の「**新農政**」，そして **ガット・ウルグアイ・ラウンド** の農業合意を受けて，21世紀における，いわゆる「**新農業基本法**」という時代の変化を通して概観することが，農政を理解する上で必要である．

(3) 農業政策の目標と施策

　① **農業基本法** が1961年に制定された．1950年代半ばになると，日本経済

は高度経済成長を実現していき，農業と非農業間の格差問題（生産性格差，所得格差）が現れてきた．「農業の曲がり角」と言われ，戦後の農業政策の転換が必要となった．農業基本法の目標は次である．

　目標：「農業の発展と農業従事者の地位の向上」を図る．

　すなわち，イ.農業の自然的社会的制約による不利を補正，ロ.他産業との生産性の格差を是正し，農業生産を向上，ハ.農業従事者の所得を増大，ニ.他産業従事者と均衡する生活の実現，ホ.そのために，生産政策，価格・所得政策，構造政策の諸施策を実施する．

　施策のポイント：イ.農業生産の**選択的拡大**（成長農産物），ロ.農業の生産性の向上，ハ.農業総生産の増大，ニ.農産物の価格安定，ホ.家族農業経営の発展と**自立経営**の育成，ヘ.協業の助長.

　農基法に基づく多くの政策，施策は，コメ政策に代表されるように，その後大きな変化を遂げてきた．

　②新農業基本法である「**食料・農業・農村基本法**」が 1999 年 6 月に成立した．これは，ガット・ウルグアイ・ラウンドの農業合意（1995 年）により，日本農業は輸入自由化をした後，2000 年における WTO での新たな自由化交渉による本格的な国際化時代に向けて，21 世紀における日本農業の基本法である．農基法と対比して目標等をまとめると以下である．

　目標：（食料・農業及び農村に関する施策を総合的かつ計画的に推進し，もって）「国民生活の安定向上及び国民経済の健全な発展」を図る．

　すなわち，イ.食料の安定供給の確保，ロ.**多面的機能**の発揮，ハ.農業の**持続的発展**，ニ.農村の振興．

　施策のポイント：イ.**食料自給率**の目標，ロ.消費者重視の食料政策，ハ.効率的・安定的経営の育成，ニ.専業的農業者の創意工夫を活かした経営展開，ホ.**価格支持政策**から**経営安定政策**への転換，ヘ.**中山間地域**等の生産条件の不利補正．

　こうした新しい目標，そのための施策は，今後，国，地方レベル，さらに農業者段階で様々に具体的に展開されていく．これからは，農業・農業者の

ための農業政策から，消費者も対象にして，さらに海外との関係を深めた農業政策に変化していく．2000年から始まるWTO（世界貿易機関）における農業交渉が，日本農政の新たな枠組みを形成する．農業政策が経済・経営政策とともに21世紀において重要となるのは環境政策である．そのために新たな考え，仕組みの構築が必要となる．

さて，以下では，生産政策，価格・所得政策，構造政策という従来の政策的枠組みをかりながら，その要点を新たな農政の観点を踏まえて検討する．

2. 農産物需給と生産政策

(1) 成長農産物の選択的拡大

農業生産は耕種作物（コメ，麦，畑作物等），畜産物（肉類，牛乳・乳製品等），果樹，野菜，さらに花卉，油脂原料を含む動植物の生産であるが，狭義には人間の食料となる商品生産である．農産物の特徴は，生産の特徴と商品の特徴から規定される．生産の特徴はいうまでもなく，自然を対象とした植物，動物の生産であり，気象，土壌や生物的個体条件の影響を受けており，工業製品のような一定した生産や製品の管理が十分に及ばないことである．商品特徴としては，農産物は食料という人間が生きていく上で欠くことのできない「必需品」であり，鮮度が劣化する生鮮食品であり，貯蔵が効かない商品である．もっと基本的な点は，需要に関する「**価格弾力性**」「**所得弾力性**」が低い商品である．このことは，価格の変化に対して，需要の変化が少なく，また所得が上がっても農産物の需要が増えないことを意味する．

経済成長により所得が増え，生活水準が向上するにつれ，食料品に支出される所得割合が減少してくる．また消費する食料品の内容が変化してくる．これは「**エンゲルの法則**」と言われ，旧くから経済生活の経験則として有名な現象である．生産政策の重要な点は，消費動向の変化に対して，生産をいかに適応させていくか，政策的にいかに誘導していくかである．農基法では，「選択的拡大」として特に所得弾力性の大きな成長農産物である，果樹，牛

乳（乳製品），肉類，野菜等の生産拡大が目的とされた．生産拡大を支える政策的対応は，生産基盤の整備や機械化などの経営の近代化，市場流通制度の整備等の，いわゆる「ハード」面の充実がある．加えて，もうひとつ重要な政策は価格政策である．作る作物が高い価格で売れることが，生産を拡大する誘因（インセンティブ）となる．経営学で言うところの農産物の「地代負担力」という概念である．地代が高いのは，そこで作られる農産物の価格が高いからであり，地代が高いから農産物の価格が高いのではない．農基法の制定に合わせ，「米価決定における**生産費・所得補償方式**」の採用，「**農産物行政価格**」の各種価格支持制度の制定が行われてきた．価格支持政策と輸入制限政策が，これらの農畜産物の生産を支えてきた．特に，北海道の畑作，酪農は，これらの政策によって発展してきた．

(2) **農産物の自給率**

生産政策のその後の展開は大きく計画，予想を外れた．その背景は，日本を含め世界的な農産物の過剰問題が深刻化した中で，国内的には，農業経営の零細構造がそのまま存続したこと，米価による所得確保と兼業化による農家所得の向上が，裏作（麦類，豆類）の減少を招いたこと，海外要因として輸入農産物が増加したことなどであった．数値の上で見ると，農基法の時期から石油ショックまでの高度経済成長期間（1960年から75年）の比較において，農業生産は，コメは変わらず，麦類は1/8に，雑穀は1/10に，豆類は45％，いも類は48％に減少したが，野菜は2倍，果実は4倍，畜産は総合で4倍（豚は7倍，鶏卵は4倍，牛乳5倍，ブロイラー26倍）に拡大した．しかしながら，コメをはじめ成長農産物はいずれも国内で過剰生産となり，**生産調整**が実施されてきた．

農産物の自給率を，75年と96年を比較して見ると，コメは一貫して100％であるが，小麦は4％，その後国内自給向上策により，17％（1989年）と増えたが，97年は7％となる．いも類は60年代は100％で，その後減少し85％，しかし，でんぷんはコーンスターチ等の輸入増加により，1975-84

年代20%から10%となる．豆類の自給率減少は著しく，同期間に10%を割り，5%（大豆3%，その他豆類30%）である．

肉類は76%から56%，中でも牛肉は81%，自由化された1991年は52%，そして39%，豚肉は86%から59%，鶏肉は97%から67%と自給率の低下が著しい．牛乳乳製品は，81%から72%へ減少してきた．野菜は99%から86%，果実は84%から47%となっている．

わが国の自給率を考える時，より深刻な事態は，熱供給自給率が1995年で42%，主食用穀物自給率は64%，穀物（食用・飼料用）自給率が30%という数値であり，欧米諸国に比べると極端に低く，食料安全保障の観点から問題とされている．いずれも土地利用型農産物であり，日本農業の構造的特徴を反映している．逆に考えれば，外国の農地を借りて日本が必要とする穀物を生産し，輸入していることになる．

(3) 農産物の需給調整

先の自給率の推移は需給調整の上からいかなる意味を持つか見てみよう．コメをはじめ，乳製品，畑作物は過剰生産が発生しているが，生産調整や輸入制限により需給調整を図ってきた．他方価格政策により価格の維持を図り，生産者の収入を確保している（その水準に対して，生産者から不満があるが）．そのために，国際価格と国内価格の間には**内外価格差**が拡大し，消費者サイドからは価格政策に対する批判が出ている．ここに素朴な疑問がある．過剰生産であり，輸入が制限されているなら，自給率は高いのではないかと．過剰（過小）生産は，生産・供給と消費・需要の相対的な大小関係である．生産された物が消費されなければ過剰が発生する．日本が必要とする農産物の供給は，国内生産と輸入によっていた．日本で生産された農産物の需要は，国内需要と緊急の海外援助であった．一般的には，国内需要は，消費・加工需要と備蓄であり，海外需要は輸出と援助である．しかしながら，日本の農産物生産は，国内需要のみを賄い，賄いきれない分は輸入による供給に依存してきたが，海外需要は人道的な緊急の食料援助，開発援助のみであった．

ここに日本の農産物の需給の偏った関係ができてきた．

個別品目についてみると，コメは1960年代に水田面積317万ha，生産量1,250～1,300万トン，消費量1,200万トンで，20～50万トンの輸入があった．消費は1人1年間130kg台であったのが，現在では70kgを下回り，かつての半分になっている．しかし，60年代になると生産過剰が顕在化し，70年には720万トンの過剰在庫が累積し，生産調整の時代となってきた．水田面積は減少し，96年では198万haになっている．コメは唯一国内自給100％の作物であるが，消費量は減少し，生産調整を行い，輸入自由化を認めず，世界一高価格の作物である．しかし，99年から自由化が行われ，世界を含めた市場競争の時代に入っていく．

酪農・畜産を見ると，生乳生産は1960年194万トンであったのが，95年は839万トンと飛躍的に増加している．しかし，この間数度の生産過剰に見まわれ，80年代から，生産調整が始まってきた．牛肉は枝肉生産量は60年14万トンから95年59万トンと増加しているが，自由化により輸入肉が増え，自給率は50％を割っている．

野菜，果実は国内生産量の減少と輸入量の増加により自給率が減少してきた．果実は輸入果実の増加により，自給率は50％を割っている．

新農業基本法の目標は，国内自給率を高めることである．安い輸入農産物の自由化と国内自給率の向上をどのように調和させていくのか，農業政策の重要な課題である．

3. 農産物価格および所得の政策

(1) 価格政策

1995年，ガット・ウルグアイ・ラウンド農業合意により，コメを除くすべての農産物は自由化された（コメは1999年より自由化された）．価格政策は，つまり市場での需給動向により価格が決まるのではなく，政策的に価格を支持することは，WTOの取り決めでは削減の対象とされている．それは，

価格が支持されることは，それだけ生産増加を刺激することになり，過剰生産を促進することになる．また，自由な貿易を阻害することになるという理由である．したがって，現在日本で行われている価格政策は，大きな変更を余儀なくされ，その変更のための取り組みが進んでいる．従来の価格制度とその変更点をまとめる．

①コメ：自由化されなかったコメが，市場原理を採用した新たなコメ政策にいち早く転換し，国内自由化が進んだことは皮肉なことである．食糧管理制度が廃止され，「新食糧法」が制定された．その後，「新たな米政策」が制定された．自主流通米は，価格形成センターにおいて需給動向により価格が形成される．政府米は備蓄用に買い入れされる．

②指定食肉（豚肉，牛肉），繭・生糸：「**安定帯価格制度**」，豚肉は早い時期に自由化され，牛肉は1991年より自由化となる．

③指定乳製品：「**安定指標価格制度**」，乳製品は関税化による自由化となる．

④甘蔗・バレイショ，テンサイ・サトウキビ（砂糖）：「**最低価格補償制度**」

麦類：2000年から民間流通による「**新たな麦政策**」となる．

⑤加工原料乳，大豆・なたね：「**交付金制度**」

加工原料乳の「**不足払い制度**」に代わる，市場原理による新たな乳価政策が検討されている．

⑥野菜：「**安定基金制度**」

(2) 価格政策の意味

市場原理あるいは価格メカニズムという価格の機能が市場経済の中で重視される．価格の機能として，所得形成，資源配分，需給調整があり，さらに計算，集計の単位としての役割がある．農産物価格政策は本来，短期的に供給量，需要量が変動し，それが価格の乱高下をもたらすことによる消費者への影響と農家の収入の変動を緩和するために機能する対策である．これは，農産物の需要の価格弾力性が小さいこと（その逆数である**価格伸縮性**の大きいこと）に原因している．農家にとって価格の変動は販売収入を変動させる．

つまり，収入＝価格×(販売)数量．数量は農産物では生産量であり，需要量と考えてよい．農産物の数量は，価格が変動しても変化が少ないし，また所得が増えても一般に（購入）数量の増え方は少ない（中には減少する作物がある）．したがって，経済成長に伴い所得が増えていっても，農産物への需要は増えていかず，価格変動が生じるために，農産物販売による農家収入は変動し，非農業に比べて低い所得となる．こうした市場変動を緩和するために一定の農産物価格を支持する政策が必要となる．価格の変動がなくなっても，数量が増加しなければ収入は増えていかない．したがって，収入を確保し，増加させるには，価格の引き上げが必要となる．米価の引き上げはこうした典型的な例である．農産物価格決定は，市場における需給による決定ではなく，農家の生産費と所得を保証する水準をもとに行われてきた．さらに，国内価格を維持するために輸入を制限しなければならない．市場で決まる価格と乖離した割高な農産物の需要量は減少していく．一方，生産費と所得を保証された農産物は生産量を増やしていく．これが，価格政策の生産刺激効果である．この需要と生産の乖離が，割高な価格と過剰生産をもたらし，今日内外価格差として消費者や諸外国から批判を受けている．

　WTOのルールでは，生産を刺激し，自由貿易を阻害する財政支出による価格支持政策は削減の対象とされており，その支持水準を引き下げていかねばならない．ここに自給率を高める政策と輸入自由化を進める政策が対立することになる．

　市場原理による需給均衡で価格決定を行い，なおかつ農家所得を維持していくには，生産性を高める必要があり，そのためには**構造政策**が必要となる．

(3) 新たな価格政策

　農産物価格には市場の需給均衡を図るパラメータ機能と所得形成機能があることは述べた．輸入自由化の中で安い農産物の供給と過剰生産の回避を図るために新たな価格政策が登場した．それは，価格機能と所得機能の分離である．その代表的な「**新たな米政策**」と市場ルールについて見よう．

自主流通米は価格形成センターの公設市場において入札で価格が決められる．これまでは価格変動に対して，値幅制限が設定されていた．**値幅制限**は米価上昇時においては，価格の抑制効果があったが，コメ過剰期では入札価格は需給を反映した実勢価格とかけ離れた高い価格水準を下支えすることになる．このことは様々な問題点があり，値幅制限が撤廃され，**計画外流通米**も**減反政策**への参加を条件にセンターへの上場が可能となった．価格は市場の需給による実勢価格形成となり，価格による農家の収入確保は別な手段で行う．それが「新たな米政策」（**稲作経営安定対策**）である．自主流通米の価格下落に対して80％の補填をする制度で，銘柄米ごとの自主流通米の基準価格を過去3カ年の（移動）平均価格を求め，その価格が基準価格を下回った時，その80％を補填する．原資は国と農業者で負担する．

この仕組みは，近年カナダ等で注目されている「収入保険」制度の考え，仕組みである．ただ，問題があり，それはWTO原則では作物毎の価格補填は禁止されており，したがって経営全体の収入を補填することになる．現実には経営全体を対象とすることは技術的にも困難であろう．価格と切り離した所得の確保である「**収入保険**」のアイデアは今後の課題である．

このように，これからの価格政策の方向は，価格と収入を分離し，価格は市場で決まり，経営の収入は事後的な補填となる．これは，平地の農業経営を対象とするが，中山間の条件の不利な地域では，生産と分離した直接所得支払い（いわゆる，日本型**デカップリング**）が政策として検討される．

4. 農業構造と土地・担い手政策

(1) 農業構造

農業構造とは何か．生産関数でいうところの投入要素，資本，土地，労働の関係を示すのが構造である．一般経済関係では，資本と労働の関係が重要であるが，農業生産においては，土地（農地）と労働の関係が特に重要である．分かりやすく言えば，土地における経営耕地規模の問題であり，機械化

と技術の問題である．労働は日本農業において相対的に多すぎることが問題であった．その後若年層を主に労働力の流出が起こり，さらに離農の増加が問題となった．最近は労働（質・量）減少の問題がより深刻になってきている．農業人口が減少することは，経済の発展から当然のことであり，「ペティ＝クラークの法則」といわれることは前述した．問題は，農業労働力の減少が，農家戸数の減少を通じて規模拡大に結びつくか否かである．

規模拡大は**農地の流動化**であり，日本農業の最大の課題である．農地は生産手段であるとともに，重要な資産であり，日本社会の基本的経済基盤が土地担保を土台に成立している中で，経済原理だけでは流動化しない，社会的，経済的背景があった．もうひとつ構造問題で重要なことは，農地の面的な広がりとともに，農地の質的向上であり，**土地改良事業，農業基盤整備事業**という農業公共投資のあり方である．

構造政策では土地と労働の生産性を高めるための政策であり，農基法制定当時においても，今日においても根本は変わっていない．これからの日本農業において，経営耕地規模の拡大を図り，優秀な経営感覚に優れた企業的農業者をいかに確保していくのか，つまり土地生産性と労働生産性を高めることが求められる．これまでの日本農業は，土地生産性は先進欧米諸国に比べて遜色ないが，労働生産性は極端に低かった．優良農地を確保し，専業農家に農地を集積し，また**新規就農者**，法人経営の新たな多様な農業経営の担い手を育成していくことが構造政策の課題となる．そのために農地流動化は不可欠である．

(2) **構造政策の変化**

①農基法制定当時の構造政策：イ.農地流動化の促進，ロ.土地基盤整備の充実，ハ.経営規模の拡大に対する助成，ニ.協業等集団的生産組織の助長，ホ.機械化技術の確立・普及．

具体的施策として，「農業構造改善事業」が展開され，その後名称を変え，対象とする範囲をより広く，時代に合わせた内容になってきている．

②新農基法において指向される構造政策：経営規模拡大と担い手農業者の確保．

新農基法では，効率的，安定的な農業経営が農業生産の相当部分を担う「望ましい」農業構造を目指す．つまり，営農の類型，地域の特性において，農業生産の基盤の整備，農業経営の規模拡大，農業経営基盤の強化である．

イ．もっぱら農業を営む者，その他経営意欲ある農業者の条件整備，ロ．家族経営の活性化とともに農業経営の法人化，ハ．農地の確保と有効利用，効率的，安定的な農業経営者に対する農地の利用の集積，ニ．人材の確保，経営管理能力の向上，新たに就農しようとする者の育成．

すなわち，経営能力のある専業農業者（法人を含む）を担い手として育成し，この階層に農地を集積して規模拡大による生産性向上を目指す構造政策である．これまでは，平等主義ですべての農家を対象としていた施策が，担い手農家に集中されていくことに新たな方向がある．

5. 農業環境政策

(1) 農業と環境

農業・農村が環境問題・政策と結びついて論じられることは近年の顕著な趨勢であるが，農業・農村と環境を，ことに自然環境の汚染・保全と農業を関係づけて論じることは極めて現代的なスタンスである．農業・農村政策と環境政策とは本来別個なものである．確かに農基法において都会に比べて整備の遅れた農村生活環境の改善が政策として掲げられたが，これとて今日でいう環境政策ではない．農業・農村と環境問題（政策）が結びついた契機は，環境悪化（負荷）による環境問題である．そこには，農業が持つ環境保全機能の十全な発揮と環境負荷の軽減の必要性が要請され，さらに農業自由化時代における新たな農業政策の目標として，欧米，日本の農政課題として登場してきた背景があり，日本農業においては新たな課題である．

日本の農業および環境に関する学問的，政策的な関心ないし焦点は，本来

調和してきた農業と環境の関係に対して,現代の環境悪化の改善,環境保全の維持に,農業の貢献をどのような方法で追究することが可能かを求めていることにある.農業の環境負荷を押さえ,さらに多面的機能の発揮により農業の社会的存在意義の確立を目標としている.それは,日本型「デカップリング」の政策的根拠となるものでもある.農業と環境は,本来対立する関係にあることを前提に,農業の環境負荷をいかに押さえ,将来に「持続的に」引き継いでいくかを追究する欧米の態度と日本のそれとは異なるものである.この理由としては,ひとつに農業形態,つまり水を利用した稲作と,畑作,畜産の農業形態の違いにある.

「新農業基本法」において,農業に対する期待として,「農業の**自然循環機能の発揮**」や「農業・農村の多面的機能の発揮」が挙げられ,政策目標として掲げられている.具体的政策方向として,「食料の安全性の確保・質的向上」が盛られ,さらに,「農業の自然循環機能の発揮」として,農業の持続的発展に資する農法の推進,環境に対する負荷の低減が明示されている.環境保全型農業は,食料の安全性や多面的機能発揮,環境負荷の軽減を目指した具体的,政策的取り組みとして今後の日本農業の基本的方向となっていく.当然環境を考慮した農業,農業経営を推進していくには,全国の農業関係者が地域にあった独自の取り組みが必要であり,そのための行政の施策や農協組織等の支援と生産者の実践,努力に負うところが大きいし,その取り組みを支持する消費者の理解と協力が不可欠である.

(2) 日本の農業環境政策
①環境保全型農業

日本における環境保全を考慮した農業は,**環境保全型農業**,持続可能な農業,低投入型農業,あるいは**クリーン農業**(**環境調和型農業**)等々様々の呼称があるが,基本的には同一である.環境保全型農業は1992年「新農政」(「新しい食料・農業・農村政策の方向」)において農政の新たな目標として登場した.そこでの基本認識は,農業は食料の安定供給という本来的な役割が

あるが，農業は環境と最も調和した産業として水と緑の豊かな国土の形成とその保全にも貢献しているとして，環境保全型農業を「農業の持つ物質循環機能を活かし，生産性との調和などに留意しつつ，土づくり等を通じて化学肥料，農薬の使用等による環境負荷の軽減に配慮した持続的農業」と定義している．その上で，この環境保全型農業を進めることで，農業・農村が持っている食料安定供給機能以外の国土・環境保全機能等の多面的あるいは公益的機能維持，増進につながるだろうし，またそれが消費者と生産者の交流を通じて地域の活性化につながっていくという認識である．

なぜ今，環境保全型農業なのかという問いは，農業の持続的成長の観点から，環境負荷を軽減しながら，次世代へ農業の生産性とその成果を引き継いでいくという環境保全と資源の持続的利用の要請が，農業において求められている理由にある．農業と環境の関係の捉え方はいくつかの観点があるが，次のように整理する．まず，イ.農業資源（土地，水）の維持，生態系保全，物質循環メカニズム，ロ.安全性の確保（消費者，農業従事者，地域生活者），ハ.農業・農村景観の保全，活用（文化的・社会的視点）である．特にハ.では，農業・農村の多面的機能として，数多くの経済評価のケーススタディが行われてきた．環境保全型農業の実施を進めるには，生産者においては，農法の改良，改善が具体的実践課題としてあり，その実践は消費者にとって理解され，受容されることが要件となる．

②低投入持続型農業

低投入持続型農業は，1985年よりアメリカにおいてLISA（Low Input Sustainable Agriculture）が実施され，またEU諸国では農業の粗放化政策が実施されてきた．これは，農業生産における大規模化，単作化，機械化・施設化等により，大量の農薬，肥料，化石エネルギーの使用が農業生産環境や人間生活環境の悪化をもたらしたことに対する対策であった．一方，欧米諸国における農産物の生産過剰問題の対策としても一定の効果を狙う対策でもあった．

LISAは以下のように定義されている．

・農産物需要増加に農業が対処できるよう自然資源が持つ生産性と農法の改良．
・安全，健康的，栄養に富んだ生産物供給による社会的厚生福祉の増進．
・土地・水その他の資源の生産性の改良投資に対する農業所得の確保．
・地域社会の行動様式に沿った社会的期待に合致すること．

　農業が環境に及ぼす影響の認識は，日本，欧米ともに共通しているが，その対策は各国の農業の置かれている状況に応じて異なっている．LISAにおいて重要なのは，それを実施する農業者のインセンティブを活かすことであり，そのためには農業投資の手当，農業所得の確保が必要である．この条件は有機農業においても共通する．

　具体的には，化学肥料，農薬の施肥量や回数の節減に置かれている．重要な点は，これら資材投入の節減によって，生産物の品質低下や所得減少をもたらさないことである．低投入型農業の一層の推進のための課題としては，イ.低投入型農業技術の開発・普及，ロ.低投入型農業技術の評価手法の確立，ハ.地域的取り組みの必要性，ニ.啓発普及の取り組みである．

　③有機農業

　有機農業は環境保全型農業の一形態であるが，特に有機栽培と称する農法や有機農産物の販売として生産者と消費者の連帯を伴った運動として長い歴史を持ってきた．その背景には，農薬による環境汚染，人体の被害，食品公害，食品の安全性，健康志向といった現代社会の環境問題があり，1970年代半ばから始まった．当初は一部の関係者の運動であり，ともすれば「イズム」による活動と見なされ，共同購入や自然食品ルートに限定されていたが，大手スーパー等が有機農産物を扱うようになり，普及してきた．しかし，消費者からは，有機栽培や低農薬の表示に対する不信，疑問が出され，また有機栽培をする生産者と地域の農業者との軋轢があるなど問題が多かった．農薬の節減や有機肥料使用，環境に負荷を与えない様々な試み（例えば，アイガモ稲作など）等は，生産者の自主的取り組みや消費者の賛同を得ており，環境保全型農業の先導をつとめた役割は大きいものがある．

(3) 農業の外部不経済

　農業・農村の多面的機能あるいは公益的機能といわれる **外部経済効果** があり，その経済評価の研究が日本においても数多く蓄積されてきた．環境保全型農業を進める背景は，言うまでもなく農業の環境汚染，負荷問題である．工業の経済活動に比べ，農業が外部経済効果を有する利点を積極的に評価し，主張することは，農業・農村に対する国民のコンセンサス醸成に重要なことであるが，併せて外部不経済の対策を徹底して実施しなければ，環境にやさしい農業というコンセンサスを得ることは困難である．

　環境保全型農業は化学肥料，農薬の投入資材削減を通して，自然環境の汚染を防止することに具体的施策のポイントがあるが，農業から排出される廃棄物の処理，リサイクル対策は，今後の環境保全型農業の中心となる課題である．自然環境汚染防止という点からは，農業からの廃棄物の処理は効果が大きいが，そのための費用負担を誰がするかということが最大の課題である．農業からの廃棄物では，家畜糞尿，農業用ビニール・プラスチックが最も重大である．この他に，農産物の滓類等の残滓物，稲わら等や廃材がある．これらは産業廃棄物として扱われてきた．「廃棄物の処理及び清掃に関する法律」では，家畜糞尿は産業廃棄物とされている．しかし，家畜糞尿は放置すれば産業廃棄物であるが，それは資源であり，堆肥化することにより資源として有効活用することは可能であり，地力対策には不可欠である．

　1997年にこの法律は改正され，廃ビニール，廃プラスチックを農家で焼却処分はできなくなり，罰則も強化されている．さらに加えて，野生動物の対策も課題となるが，人間と動物の共存，共生は，広義の農業と環境の調和を図る課題である．

①畜産糞尿と環境汚染問題

　家畜糞尿による水質汚染，悪臭等が環境問題となり，その被害が深刻になっている．これは，家畜頭数の増加，住民の居住地域の広がりが進む中で，糞尿処理施設の整備が追いつかないなどが原因である．酪農では頭数規模拡大が進む一方で，労働力不足がある．その対策として，フリーストール

牛舎による群管理方式が増加しているが，糞尿が液状化することから処理が困難になる．また，たとえ糞尿を堆肥化しても，それを還元する草地が狭隘であったり，運搬，散布が労働加重であったりするために適切の処理，利用ができなくなっている．

家畜糞尿処理，利用は基本的に個別農家の責任おいて実行されているのが原則であり，現状であるが，都道府県，市町村段階で推進体制を整備し，糞尿処理，利用の啓発，指導を図るとともに，そのための施設整備に対して，補助・融資制度，リース事業の活用がある．また，処理施設整備にあたっては，環境保全林，緑地帯，花壇の造成の整備など，農家の居住周辺環境の美化など，景観に配慮することが重要である．

②廃ビニール，廃プラスチック問題

花卉，野菜等の園芸作物の生産拡大，酪農のラップサイレージの普及により，使用ビニールの排出量が増加してきた．農業用廃ビニール，廃プラスチックは産業廃棄物として排出者の責任で処理されることが義務づけられている．ただ，生産者には産業用廃棄物としての意識が薄いことや埋立場所を確保することが困難であること，またリサイクルした製品の販売不振などにより，適切な処理が進んでいない．最近は焼却処分はダイオキシン発生のために禁止されてきた．

国では「園芸用使用済みプラスチック適正処理基本方針」（1995年策定）を定めて，これによって地域に推進の組織を作り，適正処理推進体制の確立や代替資材の開発，導入の検討を実行している．

③野生動物による農業・環境問題

野生動物による農業被害は決して小さくはない．北海道では，ヒグマ，エゾシカの被害があり，都府県ではイノシシ，野ネズミ等が加害動物となっている．ただ，これら野生動物は単に駆除するだけでは問題解決にならない．人間と動物の棲み分け，共存の方策をさぐる必要がある．野生動物が棲息することは，危険であるという認識ではなく，生物の多様性という観点から，豊かな自然界が形成されているという考え方に立ち，不要な接近ではなく，

棲み分け手段を講じることである．例えば，北海道ではヒグマのために，川を遡上する鮭をすべて捕獲することなく，上流まで遡上させる試みがある．また増え続けるエゾシカを単に狩猟によることで減数するのではなく，飼育することで自然界に一定の頭数を維持する試みもある．

　これに加えて，農業農村のもつ**アメニティ**を発揮する環境政策がある．農業農村の公益的機能あるいは多面的機能を発揮する農村政策である．農業農村に賦存する，森林，河川などを含めた自然環境の循環機能の十全な発揮である．自然生態系は閉じた循環機能の場である．大は地球そのものが，小は「**ビオトープ**」が閉鎖的自然生態系である．この中で人間がかかわっている．農業を学ぶことは自然を学ぶことに通じるのである．

〔出村克彦〕

第3章
転機に立つ農業経営

I. 農業経営学の系譜と原理

1. 農業経営研究の基調としての営農主体と収益概念

(1) 農業経営学の系譜

農業経営学は"農業経営の収益性に影響を与える諸決定"を行うに対して必要な諸原理の体系化である．すなわち経営合理化のために必要な分析と計画にかかわる諸原理の体系化を行う「管理の科学 (the science of management)」であり，なによりも「実践性」を重んずるものである．

農業経営学の世界的な潮流としては，ドイツ農業経営学とアメリカ農業経営学をあげることができる．ドイツ農業経営学においては，農業経営学の目的を「個々の経営はその最高の純収益を追求する」という一般的命題すなわち経営学の私経済学的性格から出発しているが，同時に，国民経済の発展段階や農場の自然的・交通的条件に対応しながら，個別経営がどのような集約度，経営方式・生産方向をとり，かつどのように立地配置せしめられるかを追求するなど，純粋な私経済的経営学とは範疇を異にして，マクロ的国民経済や歴史的経済発展とのかかわりをもたせて農業経営の姿を説明しようとしているところに特徴がある．

それに対して，アメリカ農業経営学は「最大持続的な純収益を獲得するために必要な農業経営の組織と管理とを取り扱う学問」と定義し，成功的農業者となるために，直接生産者たる農業者が私経済的利益を追求する際に，何よりも必要である「所得形成要因（factors-affecting-farm-incomes）」の実証的分析と体系化が農業経営研究の課題であるとし，そのような経営学の体系構築にとって骨組みとなる農場管理に関する諸原則（the principles of farm management）の秩序立てが重要問題としている．

そのためには，農業調査法（農業経営調査法 farm business survey）が重要であるとされ，調査は研究者にとって，経営合理化という実践的要請に基づいて農業と農業者の問題状況（problematic situations）を把握するための実験の場であり，調査をとおして獲得される知識は再び実践の場面に還元され，そこで有用であり，かつ経済行為を成功に導く指針として確認されたとき，初めて「体系づけられた知識」＝原理の域に達すると考えられた．

農業経営研究の課題が農業経営の成敗を決定づける諸要因を明らかにすることにありとしたコーネル学派は，農業調査を軸として，単に事実が如何にあるかの実在分析（positive analysis）を越えて，収益的な経営のあり方を追求する規範分析（normative analysis）の領域にまで及んでいる．

(2) 営農主体の性格と収益概念の一体性

社会経済条件，自然条件などによって農業そのもののあり方は多岐にわたることはいうまでもないが，とくに歴史的段階に実際に営農を担当するもののおかれた条件によって，営農主体の性格も多様な性格をもつものであり，それぞれのおかれた性格の相違ゆえに営農にたずさわる目的も異なってくるといえる．すなわち，封建時代の地主は地代を最大に獲得しようとし，労働者は自分の労働に対する報酬すなわち賃金部分を最大に獲得しようとする．また資本家は資金投下に対する対価すなわち資本利子を最大に獲得するという経営目的をもつ．

ここで経営の収益概念を一般的に純収益と表現し，「純収益＝粗収入－経

I. 農業経営学の系譜と原理

営費」とするならば，粗収入および経営費の内容は一般的に以下のような科目と費目を含むものとなっている．

純収益 ＝ 粗収入 － 経営費

$$\begin{Bmatrix} 農産物販売額 \\ 農業雑収入 \\ 資産増加額 \\ 家計仕向額 \end{Bmatrix} \quad \begin{Bmatrix} 物財費 \\ 雇用労賃 \\ 経営主および家族労働評価額 \\ 資産減価額 \\ 自己所有地および借入地地代 \\ 自己資本および借入資本利子 \\ 租税公課 \end{Bmatrix}$$

ドイツ農業経営学が成立する背景には，地主階級による農場経営を研究対象としてきた経緯から，例えばチューネンやブリンクマンにおいては，利子控除の利潤プラス地代との混合所得を総称して地代（Reinertrag, Grundrente）とし，これを収益概念（純収益）の中身として論述している．地主の主たる経営目的は，自己所有地を小作に出しそこからえられる小作料（地代）を最大にすることにあるので，上述の経営費目のうち自己所有地の地代を費用として費目に含めない．したがって，その場合の純収益の中身には地代部分が含まれるといえる．

労働の大部分が主として経営主（operator）を中心とする家族によって提供されるという本来的家族経営が支配的である場合，日本を含めアジアに多くみられてきた家父長制下においては，家族労働を費用として評価しないという行動様式であるので，その場合の経営成果の中身として家族全員の労働評価額を含むものとなり，その場合の家族経営の目的は，家族労働による賃金を最大限にえようとする，いわゆる労働者的性格をもつともいえる．

他方，同じ家族経営であっても，アメリカなどの家族経営にみられるように，経営主を除く家族の農業労働に従事した対価として賃金が支払われる場合，すなわち家族労働を費用とみなす場合には，その収益概念としての純収

益の中身は，経営主1人に帰属する労働対価（実際の農作業労働に対する対価と彼の農場管理者としての頭脳的・精神的労働に対する対価が含まれる）として，経営者労働（管理）報酬（operator's labor and management income）というべきものとなる．

一般的にアメリカで使われている純収益の内容としては，以下の如きものがある（和泉庫四郎『最新農業経済学』明文書房，14ページ，1968）．

 a 農業所得（farm income）
  ＝経営主労賃見積額＋投下自己資本利子見積額＋企業者利潤
 b 労働所得（labor income）
  ＝経営主労賃見積額＋企業者利潤（＝経営者労働管理所得）
 c 労働報酬（labor earnings）
  ＝労働所得＋家計仕向現物評価額＋住宅費評価額
 d 純収益（net gain）
  ＝労働所得－経営主労賃見積額
 e 投下資本収益（returns on capital investment）
  ＝農業所得－経営主労賃見積額
 f 投下資本収益率（per cent return on capital）
  ＝投下資本収益／投下資本額
 g その他　家族農業所得，家族労働所得，家族労働報酬など

アメリカでは，最終的な目標である経営収益追求に対する農業経営のあり方にかかわる農場の組織上の決定に，農業者の妻が大きく関与してきている．このような企業的な家族経営と，アジア諸国で支配的な前近代的な家族経営との相違は，前者が夫婦と独立前の子女とのみから構成され，したがって，一代ごとに更新されていく夫婦家族を基礎としているのに対し，後者では直系親族の縦の系列によって結ばれている直系家族を構成員としていることが，決定的な違いである．

またアメリカの家族経営では，イエ関係ではなく，家族関係も個人の関係として解消されつつも，夫婦間の紐帯は堅固であり，経営者が成功するため

には妻もまた農業と農場での生活を好み，積極的に夫に協力することが重要であると考えられている．また，そのことによる（労働投入）報酬がえられることを強く認識しており，そこから自らの労働投入とマネージメントへ駆り立てる動機付けがある．したがって雇用労働者とは労働の質が異なる．

このように，現在でも農業経営は世界的にも家族農業経営の形態として圧倒的に多く存在するのであるが，近年では，外部環境の変化，商業化，商品化，商品経済化，他人資本，経営運営費の外部調達，内給から外給化など，経営環境の外圧的条件が高まっており，また，家族的農業経営であっても実質的にはワンマン・ファーム化しており，さらに日本においては圧倒的な兼業農家の存在の反面，自らの農業を法人経営とする動きもあり，経営目標として，一般的企業経営と同様に明確に「企業者利潤」を追求するという行動もみられるようになっている．

(3) 大農論としての「農業純収益説」と小農論としての「農業所得説」

以上のように，農業経営の目的設定に関する議論は，農業経営がおかれた歴史的社会経済的条件によって規定された農業経営の性格によってもたらされてきた，いわゆる内発的経営目標のあり方として様々になされてきたといえる．しかし，札幌農学校の大農論の流れを汲む矢島武は，相変わらず零細経営のままにある日本の農業経営の姿に対し，現実（sein）としての農業経営の姿をそのまま是認するのではなく，今後のあるべき姿・方向（solen）を示すことが必要であるとの認識から，収益概念について理論的に考察している（矢島武『現代の農業経営学』明文書房，1-10ページ，1967）．

すなわち，「農業粗収入は労賃以外の物的支出 C ＋労賃 V ＋利潤（あるいは余剰に当たる部分）M の和として一般的にあらわすことができるが，経営の問題はいかにしてこの M を最大にするかにあるが，元来，V と M とは相互に対抗関係にあり，V が増加（減少）すると M は減少（増加）する．そのような相互に矛盾した性格のものを一括して（$M+V$），その最大を求めるといったことは，それ自体が無意味でないか」と主張するものである．

$$農業粗収入 = C+V+M \begin{cases} C；労賃以外の物的な支出 \\ V；労賃 \\ M；利潤あるいは余剰に当たる部分 \end{cases}$$

すなわち，農業経営においてもあくまで目標となるものは M の最大化であり，V は費用としてみるとする．このように純収益 (M) 説の特徴は，端的には「自家労賃を評価して，それを費用としてみる」にある．

というのは，実際にわが国農民の大多数が「小農」であり，小農というものはそれ自体の中にいろいろな性格を未分化のままに混在させている．すなわちすべてが零細なものであるにもかかわらず労働者的であり，地主的でもあり，資本家的であるという三位一体的に存在しているといえる．しかし，そのような三位一体化の状態は過渡的存在であり，一般的には分化・分裂を余儀なくされるのであり，自らの中にある相矛盾した性格を純化させていくのであり，そのような純化過程が小農の発展の方向であるといえる．相矛盾した性格が混在したままの状態，すなわち小農を小農のままにしておいて，農業経営の発展を考えるということはできないと主張するのである．

このような農業純収益説に対する考え方は「農業所得説」である．すなわち，小農は家族労働賃金を費用とみなさず，$V+M$ を最大にする行動をとっているとする主張である．確かにこれまでの日本の農業経営をみると，家族経営といっても内実は家父長制下でごく零細な生産手段しかもたない小農であったといわざるをえず，sein として把握すれば正しく小農であったといえる．

小農とは，「自分の家族とともに通常耕作することができるよりは大きくはなく，そして家族を養えないほどには小さくないところの土地所有者あるいは小作人」（エンゲルスの定義）をいう．このような経営は，利潤を目標にして他人を雇用して行う資本家的経営とはまったく違って，自家の生活を維持することが経営の目的であり，そのような状態の経営が広汎に存在した封建制期の諸条件に最も適合した農業経営である．単なる小企業的経営ではなく，生業的な経営でありまたそれがゆえに小規模経営であることに注意を要

する.

　すなわち，このような範疇に属する経営が今なお残存していることに問題があり，小規模家族経営であるからむしろ「強靭性」を発揮するとする小農論者（自家労賃を評価しない，すなわち社会的に自己労働を評価しないこと）によって，農業においては小経営がむしろ大経営に優越する（チャヤノフなど）ので，小農を維持することが得策であると考えられた．

　しかしながら，農業経営学は目的論的な構造をもつ学問である．「如何にあるべきか」という中心的な問題に対する答えは，現実をそのまま肯定する立場からは生まれてこない．実際に小農として現在の農業経営をみたとしても，労働者的性格の動きとしての「労農提携」は低調であるし，仮に自家労賃を犠牲にすることがあっても，それはむしろ経営者としての自己が優越しているといえる．自分がもつ労働について，自家労働力と雇用労働力とのコストによる選択的行動がみられる（コスト・プリンシプルをもつゆえに兼業化が進展する）．また，このような説において最大の難点は，農業経営学が課題とする「農業生産力」を高めるという命題にとって，農業所得説では矛盾をもつことにある．

2. 経営形態の成立

(1) 相対的有利性の原理

　農業を取り巻く自然的条件，社会経済的条件によりその地域に成立しうる経営形態は異なっており，選択される作物も異なってくる．

　農業を取り巻く自然的条件とは，土地の属性として気象条件，土壌条件，地力条件，地形条件などがある．このような条件は，その地域，場所により異なっており，同じ作物，同じ品種を作付したとしても，この自然条件により作物に与える影響も異なってくる．また，作物の属性，つまり暖地性の作物か寒地性の作物か，あるいは深根・浅根の別，土壌肥沃度への反応特性，土質・土性への対応力，通常の栽培様式の特色などである．この土地と作物，

表3-1 例―地域ごとの1ha当たり収量

	地域A	地域B	地域Aに対する地域Bの比率
生産物I (t)	5	3	60%
生産物II (kg)	2	1	50%

両者の属性を吟味して作付作物が選択されていく．

また，農業を取り巻く社会経済的条件とは，農産物価格やその作物からもたらされる農業所得の収益性，あるいは経済的安定性がそれにあたる．

つまり，このような自然的条件と社会経済的条件を吟味し，その土地を利用して「最大の利潤」をあげるように経営形態は成立していく．

利潤は，投下資本に対して得られる**社会的平均利潤**，投下資本に対する社会平均利潤以上に得られた部分すなわち超過利潤，および，ある豊度の土地を利用することによって社会平均以上にもたらされる特殊な超過利潤すなわち差額地代と整理することができ，最大の利潤追求とは，第2と第3の超過利潤を追求することになる．

かくして経営形態は，ある農業経営において利用できる土地，労働力，その他の生産要素を有効に利用して，最大の利潤つまり超過利潤を達成するために，他と比較して最も有利な作物選択がなされることによって成立していく．このことを一般的には，相対的有利性の原理という．

この相対的有利性の原理を簡単に例示すると，つぎの通りである（農政調査委員会編『体系農業百科辞典』第V巻，207ページ，1967）．

いま生産物Iと生産物IIが地域Aと地域Bで生産され，同一投入額に対し，表3-1のような1ha当たり収量をあげたとする．

この場合，地域Bは生産物Iについても，生産物IIについても，その1ha当たり収量は，地域Aに劣っている．しかし，相対的には地域Aは生産物IIにおいて，地域Bは生産物Iにおいてまさっている．相対的有利性の原理は結局，地域A，Bの間で生産の分化が行われ，地域Aはそこで相対的有利性をもつ生産物IIに収斂し，地域Bでは生産物Iの生産に収斂することを示している．

これは，地域A，Bという，いわば異質的な2地域の間で生産物の交換

が行われるものとすれば，地域 B は自ら 1kg の生産物 II を生産する代わりに，生産物 I を 3 トン生産し，これを市場で生産物 II と交換すれば，1.2kg の生産物 II を入手できることになり，より安価に入手できるはずである．同様に，地域 A では，5 トンの生産物 I の代わりに 2kg の生産物 II を生産し，これを地域 B の生産物 I と交換することにより，6 トンの生産物 I を入手することができる．すなわち，その土地において相対的有利性を有する作物が基幹作物として選択されることになる．

　ある作目の相対的有利性は，相当長期的に固定していて，毎年のように変動するものではない．このため，ある時代，ある地帯に特定の経営形態が成立していくのである．このことは経営の立地条件，とりわけ土地条件の固定性に照応する現象である．一方，相対的有利性をもつ作物が特定の経営に対して，原理上，同時に 2 つも 3 つも現れるものではない．異なる作物は異なる有利性をもつのが原則だからである．また，ある作物の相対的有利性が，その作付や**集約度**の変化によって変わると考えるのも誤りである．というのも相対的有利性を問題にする場合，ある一定の土地において，生産要素のすべてを生産物 I という作物の生産に投入するか，生産物 II という作物の生産に投入するかという二者択一的な関係を取り扱っている．したがって，例えば，一定の土地のうち，1/3 は生産物 I に，2/3 は生産物 II に振り分け，土地以外の生産要素も 2 作物に振り分けをするというような内容を持つ問題ではない．また，追加的投入，つまり集約度の増加により収穫逓増・逓減の法則が働き，生産物 I と II の相対的有利性の関係が変化するという意味内容の問題でもないからである．

　相対的有利性の原理が働くためには，一定の条件がある．すなわち，第 1 に，農産物に対して広範な市場が成立し，個々の農企業の間で自由競争が行われていること．第 2 に，それぞれの個別生産者が自給を主目的とするものではなく，商品生産を目的としたものでなければならないことである．したがって，以上の条件を欠く場合，すなわち農産物市場の成立が不十分であり，また農業生産が自給を主とする零細過小経営からなっている場合，この原理

はよく作用しない.

(2) チューネン圏

どのような地域にどのような経営形態が成立するのか．この命題を差額地代に注目し，土地利用方式の側面から理論的な解明を試みたのがチューネンである．

チューネンはその著『孤立国』において，肥沃な平野の中央に農産物販売市場および経営手段の供給市場として唯一の大都市があると想定した．これを中心に肥沃な平野で囲まれており，その平野には舟航できる河川や運河が一切ない．またその平野はどこでも同質の土壌であり，周囲は未耕の荒地によって他の世界から隔離されている．チューネンはこのような「孤立国」を想定して，中央の都市より遠ざかるにつれて，各地域でどのような農業生産が配置されるかを問題とし，地代を市場距離の関数として次の式より地代を算出している（『体系農業百科辞典』第Ⅴ巻，396ページ）．

$$R = E(p-fk) - \{Ar(p-fk) + Aq\}$$

ここで，R：土地単位面積当たり地代（純収益），E：生産物の単位面積当たり収量（重量），p：生産物単位重量（または1載貨）当たり価格，f：生産物単位重量（または1載貨）の単位距離当たり運賃（運賃率），k：都市（市場）からの距離，Ar：生産費の穀物部分（ライ麦量），Aq：生産費の貨幣部分である．

この式に自己の経験に基づき，実例的数値により地代を計算し，その結果，都市を中心とする同心円的な6つの圏域，すなわちⅠ自由式，Ⅱ林業，Ⅲ輪栽式，Ⅳ穀草式，Ⅴ三圃式，Ⅵ畜産という諸形態が序列的に形成されるとした．これがいわゆるチューネン圏である．

なお，図3-1は，チューネン圏を図示したものである．これは上図に地代と市場からの距離の関係を示しており，そこに描かれている直線は各経営形態における地代線であり，先に示した地代の算出式に一致する．また，下図は各経営形態が立地できる地帯を同心円として示したものである．この図か

I. 農業経営学の系譜と原理

地代

I
II
III
IV
V
VI

0 ─自由式
I
II 林業
III 輪栽式
IV 穀草式
V 三圃式
VI 畜産

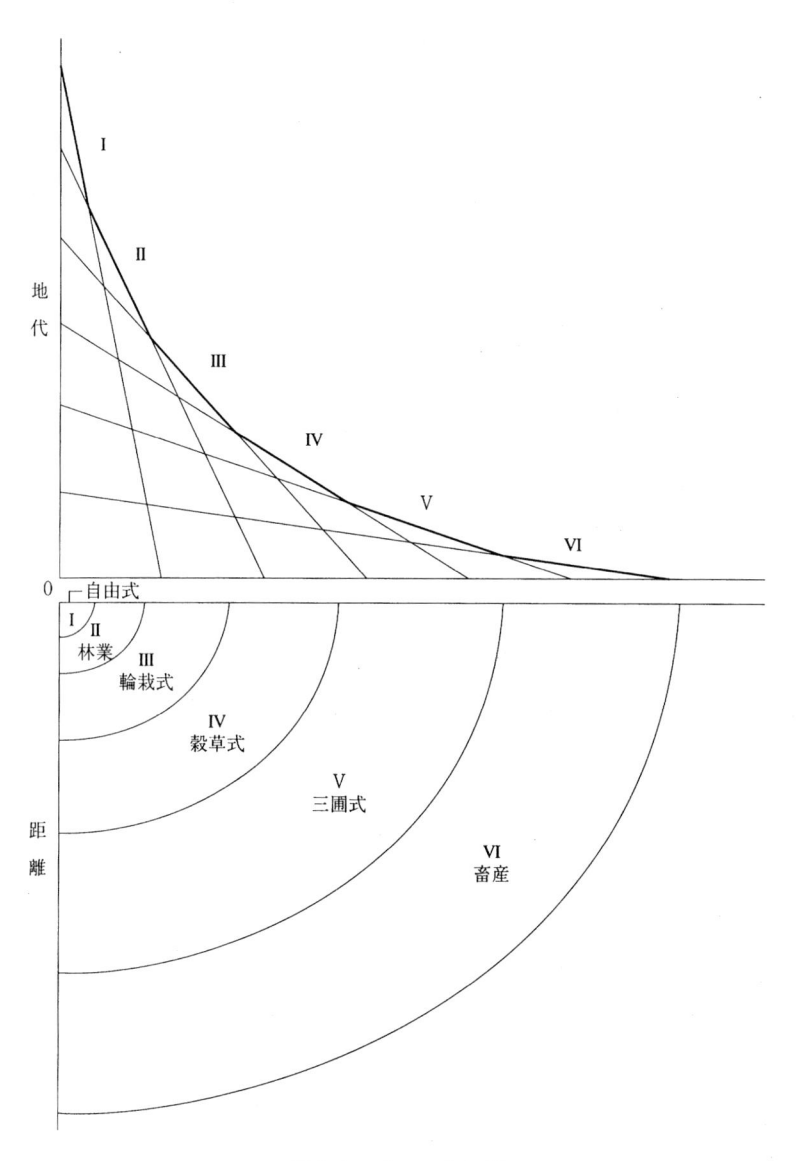

距離

図 3-1 チューネン圏

らもわかるように，市場からの距離，または各地帯において，最も地代が高い経営形態がその地帯に立地しており，経営形態が太実線で描かれた軌跡によって立地していくことが示されている．

チューネンは差額地代を考慮にいれて，チューネン圏を提示したが，チューネンのいう差額地代の概念は，市場からの距離が庭先価格を決めるのであり，その市場価格と庭先価格の差，つまり市場からの距離差が地代をつくりだしていると考えている．そして結局，この市場からの距離差から生じる地代の差は，輸送費に集約されている．したがって，チューネンは，輸送費を生産立地の決定に対する最大の変動要因としているのである．

このチューネンの理論は，現在，いくつかの本質的な論理的欠陥を持つことが指摘されている．例えば，経営の規模についての考慮が少ないこと，また経営の内部構成，特に耕種と養畜との有機的な連関関係についての考慮が少ないことなどが特に重要であるとして指摘された．また，矢島はチューネンが**豊度**を同一視していることを批判し，「農業においていたるところ肥沃度が同一であるとみることは，農業の本質を没却し，実体を遠ざかること遥かなものがある」（矢島前掲書，103ページ）とし，さらに運河，河川が存在していないことを「その前提をおくことによって，各地帯の穀物価格に及ぼす運賃の比重を過大視する結果をもたらしている」（同上）と批判している．つまり，農業において土地の豊度を含めた自然条件を抽象化して論じても，それは意味をなすことではなく，また現在では，輸送費は輸送手段の発達によって農業形態の形成にあまり大きなウェイトをもたらしておらず，現在において，差額地代の形成に輸送費はあまり影響を与えてはいないのである．

したがって，現代においてチューネン圏を適用するには，土地の豊度からもたらされる差額地代を考慮して展開する必要があるし，また，河川などの自然条件を加味して考える必要がある．

(3) 農法の展開

農法とは，「これまで漠然と農業のやり方という意味の範囲でいろいろ用

I. 農業経営学の系譜と原理

いられているが，学問的に一定の概念規定が与えられているわけではない」（『体系農業百科辞典』第Ⅴ巻，9ページ）．しかし，土地利用の形態や構成を「生産力＝技術的視点からみた農業の生産様式」（加用信文『日本農法論』御茶の水書房，7ページ，1972），つまり農業経営方式の歴史的な展開過程を追跡する研究の流れとして **農法論** という分野が存在する．

この分野の代表的な業績として，18世紀後半から19世紀後半にかけてのイギリスにおける農業革命の時期を対象にして，イギリスにおける経営方式の展開を示したものがある．

その研究において，イギリスの各農法段階における土地利用方式の展開は図3-2としてまとめられている．

以下，加用信文『日本農法論』によれば（6-9ページ），「封建制度における農法は，冬穀→夏穀→休閑という三圃式の土地利用方式がとられていた．これは麦の2年連作ののち，1年間の休閑によって消耗した地力の回復を待つという土地利用方式であった．これは，封建的土地制度——西欧では一般に共同体的な開放耕地制（open field system）——と結合的に形成された農法

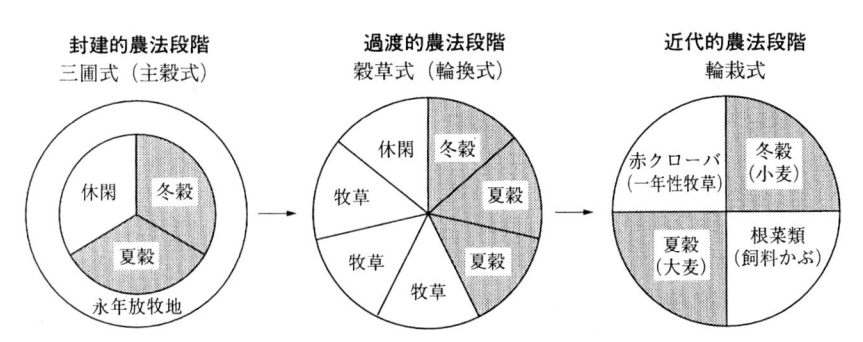

〔備考〕1. ブレンターノ（Lujo Brentano）の作付方式の模型図に拠り，若干の補正を加えたもの．
2. 耕圃の年次的作付順序は，いわゆる時計回りの進行を示す．
3. 冬穀（秋播き穀物）は小麦・ライ麦，夏穀（春播き穀物）は大麦・燕麦またはところにより蚕豆・豌豆等を含む．牧草は穀草式では主として多年性禾木科牧草，一部白クローバ等の荳科牧草を含む．

出所：加用信文『日本農法論』御茶の水書房，1972年，8ページ．

図3-2　各農法段階における土地利用方式（模型図）

で，その主体的な担い手である生産者は封建的農民層（husbandman, peasantry）であった．

その後，17世紀中葉の市民革命を経て，過渡的農法段階に移行してくる．これは，封建的な共同体的規制の漸次的な弛緩過程に伴う事実上の「個」の確立によるいわゆる分割地的土地所有のうえに形成された農法で，その主体的な担い手である生産者は封建的農民層から**独立自営農民層**（yeomanry）へと移行した．ここでは，小農的エンクロージャー（enclosure by peasantry）による囲込み耕地内への多年生牧草の導入——レイ（ley）の出現——を起点として穀草式の農法が展開されていく．この土地利用方式は，穀物の連作による地力消耗に対し，牧草を作付することによりカバーしており，また牧草から穀物への切り替えのために休閑を設定している．しかしこの農法は，そのよってたつ技術的基盤は，未だ中世的技術を徹底的に変革するものでなく，つぎの輪栽式への展開の過渡的なものであった．

これに続き，独立自営農民層の階層分解による資本家的成熟（資本蓄積）をまって，近代的農法段階といえる輪栽式農法が出現してくることになる．これは，旧来の封建的・共同体的土地規制を全面的に止揚する大規模な土地清掃（clearing of estates），いわゆる大規模な**囲込み**（イギリスでは第2次エンクロージャー）を通じて実現された近代的土地所有の上に形成された農法であった．この農法は冬穀（小麦）→根菜（飼料かぶ）→夏穀（大麦）→赤クローバ（一年性牧草）という土地利用方式で，規則的な作物交替によって地力の維持・増進が図られ，地力回復のための休閑を設定する必要がなくなった．しかも豊富な飼料基盤の下で家畜の安定的飼養が可能になったという点で，まさに画期的な近代的農法として，生産力の発展と企業的農業者・資本家的借地農業者（farmer）の確立をもたらしたのである」．

このように土地制度の近代化，担い手たる生産者の「個」の確立，画期的な労働手段の導入の上に立つ近代的な農業技術の展開により農法は大きく転換していくことがわかる．またこれに付け加えて，農法の展開は，農業をめぐる経済環境が極めて重大な影響を及ぼしていることがいえる．

このことに関連して，七戸長生『日本農業の経営問題』（北大図書刊行会，56 ページ，1988）を引用して北海道の十勝畑作を事例に挙げてみる．それは，1960 年代から 70 年代にかけてトラクターの導入という機械化の進展により，旧来の馬耕段階による豆作中心の経営方式から，トラクターを利用した根菜作中心の経営方式へと急激に転換していった過程がある．

このような急激な経営方式の転換の要因としては，トラクターによる機械化に即応した作付方式の形成という画期的な技術革新もあるが，それと同時につぎのような経済環境の変化があったことに注目する必要がある．

すなわち，1 つに豆類の多年にわたる連作による地力の減耗，2 つにそれと同時に冷害ならびに病虫害による被害の増大，3 つに農産物貿易自由化の圧力による市場価格の低迷により，豆類の収益性は著しく低下していった．逆に，寒冷地向き作物であっても，機械化以前は多肥多労的であったため容易に取り入れることができなかった根菜作（てんさい並びにばれいしょ）が，トラクターによる機械化による省力化と同時に画期的な収量増加が可能となり，さらに政策的にも価格条件が優遇されるといった条件が加わって，両者の収益条件が逆転するにいたった．

さらに，このトラクター導入による根菜作中心の経営方式の転換を志向せず，農業に見切りをつけて離農離村して他産業に従事するものが，高度経済成長という経済環境の下で進行し，その結果，わずか 15〜20 年の間にかつての農家戸数が半減し，その跡地はトラクターを装備していっそうの規模拡大を志向する根菜作経営によって担われることになったのである．

以上のような要因により，北海道の十勝畑作は，急激な農法の展開が行われたのである．

3. 経営組織化の原理

(1) 競合・補合・補完関係

経営の組織化とは，経営の目的である利潤の最大化を目指して，農業経営

の運営のために調達した土地,労働,資本などの諸要素を有効利用していくように諸要素を結合していくことである．また，この諸要素の有効利用とともに，豊凶変動が著しい農業生産にあっては，収入の保全も併せて考慮に入れる必要性から，一般には農業経営組織が様々な部門を有する複合体であることが当然である．

この農業経営内の諸部門の一般的な関係は，競合，補合，補完の諸関係に整理される．

競合関係とは，農業経営内における生産諸要素の利用関係において，諸部門の間に競争的関係が成立する場合である．つまり，有限の生産諸要素を諸部門間で奪い合う関係である．例えば，作付時期などにより，労働力や作業機械の利用がかち合う場合がこれである．このような競合関係にある部門の調整は，相対的有利性の原理から選択的に決定していく必要があり，競合状態にある諸部門を同一経営内に共存させることは，生産要素の利用度を相対的に悪化させることになる．

補合関係とは，諸部門間で生産要素が競争的な関係になく，たがいに補足しあって，その利用効率を高めている関係が成立する場合である．この関係にある場合の特徴としては，生産諸要素に対する諸部門の季節的な需要度が互いに衝突しないことである．例えば，稲作用のコンバインや乾燥施設は秋にフル稼働するが，それ以外の時期は全く稼働しない．しかし，アタッチメントを交換することにより，夏の秋まき小麦の収穫や，冬の大豆の乾燥に利用することができる．また各種の輪作は，補合関係の原理の上にたてられているとみることができる．

補完関係とは，諸部門間で諸部門の生産物や副産物を利用しあうことにより，諸部門における生産能率がいっそう高まるような場合であり，相互依存，あるいは相互援助的な関係が成立している場合である．例えば，飼料作物と家畜の関係がこれにあたり，家畜は飼料作物を需要することにより育成され，飼料作物は家畜の堆肥を利用することによりその収量を高めることができる．

いま2部門の生産量を Y_1 と Y_2 とし，その変化量を $\varDelta Y_1$, $\varDelta Y_2$ で表す

ならば，競合，補合，補完関係はそれぞれ，

　　競合関係　　$\Delta Y_2/\Delta Y_1 < 0$
　　補完関係　　$\Delta Y_2/\Delta Y_1 > 0$
　　補合関係　　$\Delta Y_2/\Delta Y_1 = 0$

となる．つまり，競合関係では，一方の生産量を増加させると他方の生産量を減少させ，補完関係では，一方の生産量を増加させると他方の生産量も増加する．また補合関係では，それぞれの生産量には影響を与えないことを示している．

　以上の関係を図によって示せば，図3-3のようになる．つまり AB, EF 区間において，2つの生産物は補完関係にあり，BC, DE 区間においては補合関係，CD 区間においては競合関係にあることを示している．

　このように諸部門は競合，補合，補完関係にあり，このような諸部門の関係を吟味し，農業経営組織確立のための一般的な方向は，「競争的関係にある諸部門を可及的に整理し，補足的ならびに補完的諸関係にある部門を最高度にとり入れる点にある」（矢島前掲書，113ページ）といえる．

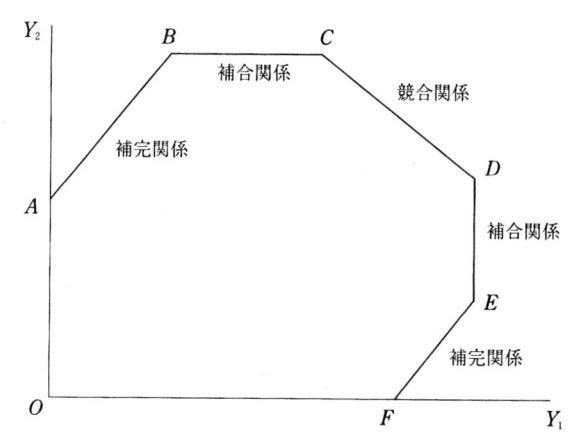

図3-3　競合，補合，補完関係と生産可能曲線

(2) 限界分析による組織化

農業生産を考えていく場合，先に述べた生産物と生産物の結合関係のほかに，生産要素の結合関係と生産要素と生産物との関係も考慮する必要があり，それらの関係に生産要素や生産物の市場価格を加味して検討していく必要がある．

まず，生産要素と生産物の関係をみていく．図3-4は，ある1つの生産要素 X を投入したとき，生産物 Y の生産量がどうなるかを示した図である．図に示された曲線を一般的に，**生産関数** あるいは総生産性曲線と呼ばれるものである．この曲線上にある点は，ある生産技術下において，その生産要素を投入すれば，最大得られるであろう生産量の点の集合であり，当然，ある生産要素の投入量では，それ以下の生産量も得ることができる．

この図に利潤曲線

$$\pi = py - wx$$

ここで，π：利潤，p：生産物価格，y：生産量，w：生産要素価格，x：生産要素の投入量である．この利潤線を引くと傾き w/p の線が何本も引けることになる．またその切片は π/p となるので，ある利潤線では，すべて同じ利潤を得ることができるので，これを等利潤曲線と呼んでいる．当然，こ

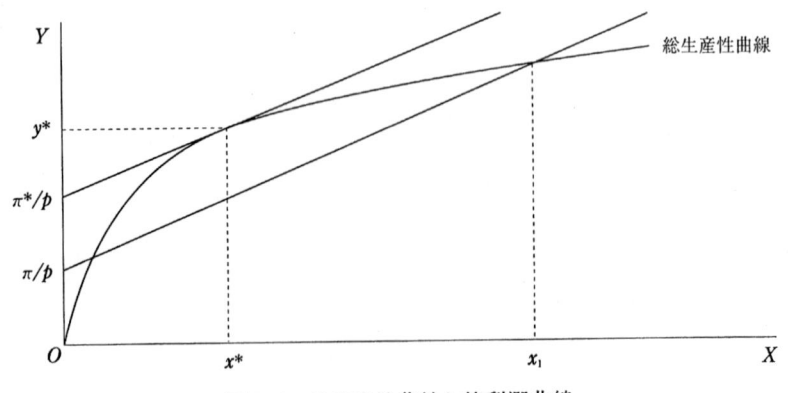

図3-4 総生産性曲線と等利潤曲線

の等利潤曲線が上に行けば行くほど，高い利潤を取得することができる．

さて，生産者はどこで投入量を決定するであろうか．それは，生産者が経済合理的に行動しようとするならば，最大に利潤を取得できる点，つまり，総生産性曲線と等利潤曲線とが接する点で，生産要素の投入量を決定するはずである．仮に x_1 だけ生産要素を投入したとする．しかし，それより少ない投入量によってより多くの利潤を獲得できる点 (x^*) が存在していることがわかる．このように考えていくと結局，総生産性曲線と等利潤曲線が接する点において最大の利潤が獲得できることがわかる．

つまり，追加的投入量に対する追加的生産量，いわゆる限界生産性と生産要素と生産物の価格比が一致する点で生産要素の投入量が決定されるのである．それを数式で示すと，

$$w/p = \Delta Y/\Delta X (= MP)$$

の時，最大の利潤を獲得することができる．

つぎに，生産要素と生産要素の関係を考える．ある1つの生産物を生産するにしても，労働や資本など様々な生産要素を必要としている．その限られた生産要素を利用して，いかに利潤を最大化するか，言い換えるならば，獲得できる粗収益が等しい時，いかに最小の費用で生産できる生産要素の組み合わせを考えるかである．

図3-5は，**等生産量曲線** を示しており，これは同じ生産量を生産するための生産要素 X_1 と X_2 の最小投入量の組み合わせの軌跡を示したものである．つまり，その曲線上では，常に同じ生産量を生産できていることになる．

では，どのような組み合わせで，生産要素 X_1 と X_2 を投入したらいいのだろうか．それには投入要素の価格比を考慮する必要がある．いま直線 AB を示している．これは**等費用曲線** と呼ばれるものである．つまり

$$C = w_1 x_1 + w_2 x_2$$

ここで C：総費用，w_1：生産要素 X_1 の価格，x_1：生産要素 X_1 の投入量，w_2：生産要素 X_2 の価格，x_2：生産要素 X_2 の投入量である．これを x_2 について変形すると，

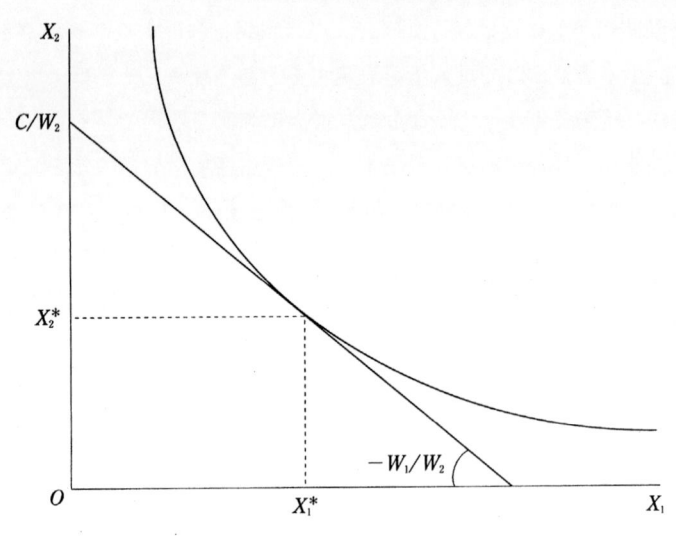

図 3-5 等生産量曲線と等費用曲線

$$x_2 = (-w_1/w_2) \cdot x_1 + C/w_2$$

となる．つまりこの直線が上に向かえば，費用が増加し，下に向かえば費用が減少することになる．

したがって，$X-Y$ の関係と同様に考えると，ある生産量を生産するための生産要素の費用最小の組み合わせは，等生産量曲線と等費用曲線が接する点 (x_1^*, x_2^*)，つまり，生産要素の価格比と生産要素 X_1 の追加的減少量に対する生産要素 X_2 の追加的増加量，いわゆる2生産要素の**限界代替率**が等しい点で決まることになる．式で示すならば，

$$w_1/w_2 = \Delta X_2/\Delta X_1 (= MP_1/MP_2)$$

となる．ここで MP_1 とは，生産要素 X_1 の生産物 Y に対する限界生産性であり，MP_2 は生産要素 X_2 についてのそれである．これから，最小費用になる生産要素の組み合わせは，生産要素の価格比とそれぞれ生産要素の限界生産性の比率が一致する点で決まることがわかる．

さらに，生産物と生産物の関係を考える．つまり生産物の組み合わせを生

I. 農業経営学の系譜と原理　　　89

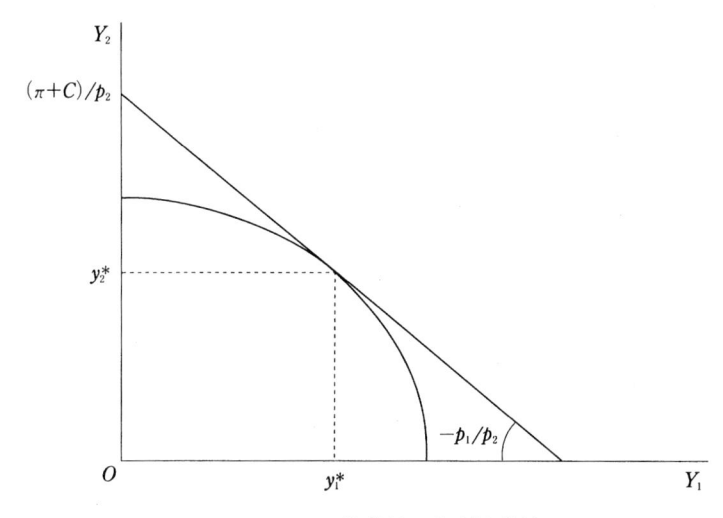

図3-6　生産可能曲線と等利潤曲線

産物価格を考慮して，利潤最大化になる生産物の組み合わせを考えるのである．

図3-6は**生産可能曲線**，つまりある生産技術下において2つの生産物を生産する時に，生産することができる組み合わせの点の軌跡である．そして直線は利潤線

$$\pi = (p_1 y_1 + p_2 y_2) - C$$

ここで，π：利潤，p_1：生産物 Y_1 の価格，y_1：生産物 Y_1 の生産量，p_2：生産物 Y_2 の価格，y_2：生産物 Y_2 の生産量，C：総費用であり，y_2 について変形すると，

$$y_2 = (-p_1/p_2) \cdot y_1 + (\pi + C)/p_2$$

となる．

先ほどと同様の考えに基づいて，最大の利潤を獲得できる生産物の組み合わせを考えると，生産可能曲線と等利潤曲線が接する点 (y_1^*, y_2^*) で生産物の組み合わせが決定される．つまり，生産物の価格比と生産物 Y_2 の追加的減少量に対する生産物 Y_1 の追加的増加量の割合，いわゆる限界変形率が等

しい点，式で示すならば，

$$p_1/p_2 = \Delta Y_2/\Delta Y_1$$

の点で，生産物の組み合わせが決定される．つまりこの点において，技術的に可能な生産物の組み合わせにおいて最大の利潤を獲得することができる．

(3) 規模の経済性

生産費用の中には，大きく2種類の費用が存在する．1つは生産量に比例して増加する費用と，2つは生産量とは無関係に，ある技術体系下において一定に発生する費用である．一般的に前者を変動費，後者を固定費と呼ばれる．したがって，ある技術体系下において生産量規模を拡大することによって，その固定費部分だけ1単位あたり生産量規模に関する費用，つまり平均費用は逓減することになる．このことは，同じ1単位生産するために，少しの費用で生産できることを現しており，このように規模を拡大することにより平均費用が減少することを規模の経済性があるという．

図3-7は，平均費用曲線を示している．これによって説明すると，つぎのようになる．いま，生産量規模が y_1 にあるとする．その時の平均費用は c_1 である．そこで，生産量規模を y_2 までにすれば，平均費用は c_2 まで下がる

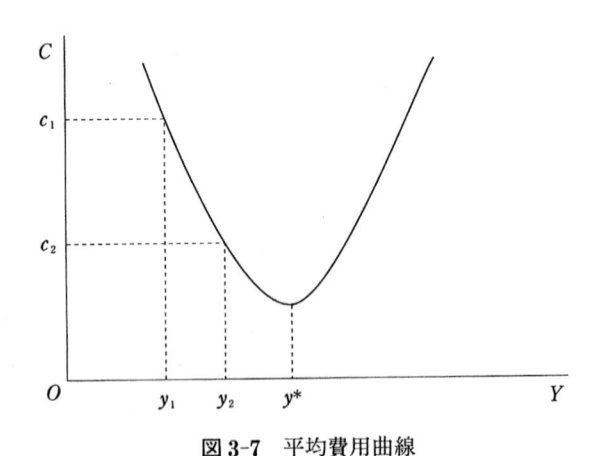

図3-7 平均費用曲線

I. 農業経営学の系譜と原理　　91

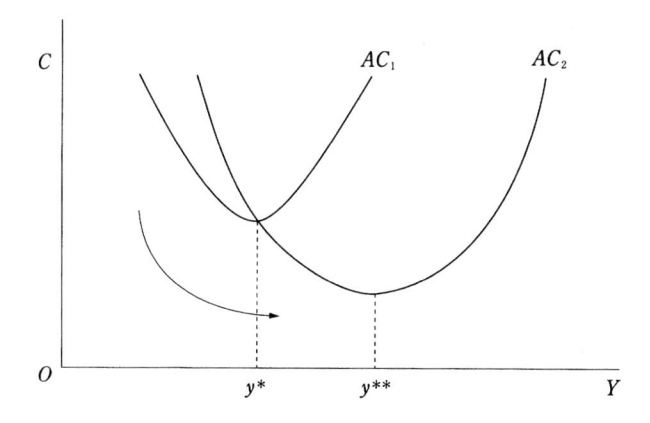

図 3-8　技術革新による平均費用曲線の変換

ことになる．そして，この技術体系においては，y^* まで生産量規模を拡大すれば，最も平均費用を逓減させることができる．そして，これ以上の規模で生産しても平均費用は逓減せず，逆に逓増していくことになる．

これ以上の規模による生産を志向するなら図 3-8 のような平均費用曲線を想定する必要がある．そして，y^* からの規模拡大は，AC_1 から AC_2 の平均費用曲線上に移って規模拡大を進めていく必要がある．すると，AC_2 では，y^{**} まで，規模拡大しても平均費用を逓減できることがわかる．

この平均費用 AC_1 から AC_2 への変化とは，生産の **技術体系** の変化である．例えば，前項の農法の展開で述べたような，三圃式から輪栽式への転換や農耕馬を利用した生産からトラクターなどの機械利用による生産への転換などである．つまり技術革新あるいは **技術進歩** といった要因により AC_1 から AC_2 へ変化することになる．

したがって，ある技術体系においては，平均費用の頂点を目指すように規模拡大を行っていき，操業度の適正化を図る必要があり，それ以上の規模，あるいは規模の経済性を求めるのであれば，技術革新により技術体系自体の転換を必要とし，そのようにすることにより，さらなる規模拡大を志向できることになる．

4. 経営管理のあり方

(1) 企業的簿記会計の概要

　日本のなかでも北海道は，農業を専業的に展開させてきた地域である．府県のように周囲に兼業機会のないことがその主たる理由であるが，また北海道は比較的大きな面積規模を確保することができたからともいえよう．しかし開拓以来，100年足らずの短期間において大規模農業を樹立させるためには，多大な投資を必要としてきた．

　昭和36年以来，政府の主として農業構造改善事業による農村への助成は，その大規模農業展開を支えるものであったが，反面，事業補助残額・付帯事業額も多額であり，またそのような大規模農業を展開するための機械化・施設化に要する投資も多額に上るものであった．当然，自己資金のみでは足らず外部資金に頼る場合がきわめて多くなっている．

　さらに，WTO体制の下での農産物自由化に対して所得確保を行うためには，さらに経営規模拡大あるいは農産物の付加価値化が必要とされ，いずれにしても経営転換のための新たな資金調達が必要とされている．したがって今後ますます，資金の調達・運用の場面を中心とする経営管理のあり方がきわめて重要なものとなっており，その基礎となるものが簿記会計といえる．

　現在では，青色申告あるいは法人化の普及や農家の企業的経営管理の意識の高まりによって，多くの農家は企業的会計管理をなぞらえて簿記記帳を行っているといえる．企業簿記は，個別資本の運動すなわち企業活動を記録・計算によって把握する必要から生み出されたものである．すなわち以下のように，個別資本は最大限の利潤獲得を追求するために資本を循環させるが，その中で資本は，

$$G \rightarrow W \cdots P \cdots W' \rightarrow G'$$

　　　（元金）　（原料・材料，機械・施設）　{生産過程}　（生産物，商品・製品）　（売上金）

①貨幣，商品など，諸資産という具体的諸形態をとり，それぞれ各様に機能

I. 農業経営学の系譜と原理

する価値をもつ，②同時にそのことによって，自らを維持しつつ自己増殖する運動体として機能することになる．したがって，資本の担い手である資本家（企業的農業経営）は，姿態変換を繰り返す資本の運動形態を把握すると同時に，自己増殖する資本増加分を把握する必要があることから，資本の「管理統制的計算」と「利潤計算」という二面的計算をするための「複式記入」，いわゆる複式簿記の技術が必要とされている．

このような**資本運動の二面的性質**は下図のようにあらわされるが，資本の姿態変換を把握するものが「貸借対照表」，資本の自己増殖過程を把握するものが「損益計算書」といわれるものであり，会計における各種財務諸表のうち最も基本となるものである．

この表中の左右両辺は等価の関係にあるとし，資産と資本（他人資本＋自己資本），および資産転化形態としての費用と資本増殖分としての収益において，各構成要素にいかなる増減変化があっても等価関係が崩れないように記録されなければならない．そのような構成要素の増減変化（それを「取引」という）のうち，以下のようなとくに基本的取引といわれる8つの形がある．左右（貸借）一方が変動すれば，必ず同額だけ他方の変動を伴うことになる（取引の二面性）．

	資　　産 （資本のとる具体的 諸形態の価値）	資　　本 （負債＋自己資本） （諸形態の価値の源 泉＝所有形態）
投下資本 G ──期首貸借対照表		
	↓	↓
回収資本 G' ──{期末貸借対照表 　　　　　　　　損益計算書	資　　産 ↓ 費　　用 （資本のとる具体的諸 　形態の価値喪失分）	資　　本 ↓ 収　　益 （資本の増殖分）

基本的取引

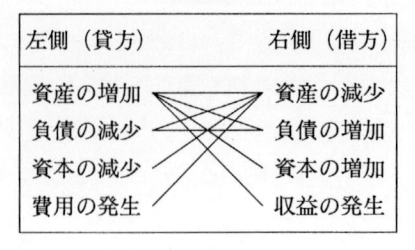

左側（貸方）	右側（借方）
資産の増加	資産の減少
負債の減少	負債の増加
資本の減少	資本の増加
費用の発生	収益の発生

取引例
①資産の増加―資産の減少；備品○円を現金で購入した
②資産の増加―負債の増加；商品○円を掛けで仕入れた
③資産の増加―資本の増加；現金○円を元入れした
④資産の増加―収益の発生；手数料○円を現金で受取
⑤負債の減少―資産の減少；借入金○円を現金支払
⑥資本の減少―資産の減少；事業主が現金○円を払戻した
⑦費用の発生―資産の減少；給料○円を現金支払
⑧負債の減少―負債の増加；買掛金○円を借入金と相殺

　先に示した資本運動のとる二面性をあらわす図から，以下のような「残高資産表」を図示できるが，それをさらに二分すると「貸借対照表」と「損益計算書」が導かれる．

残高資産表

資　産	負　債
	自己資本
純利益	純利益
損　費	総利益

→

貸借対照表

資　産	負　債
	自己資本
	純利益

損益計算書

純利益	
損　費	総利益

I. 農業経営学の系譜と原理

しかしながら,以上のような会計理論のありかたは,一般の経済界の実態を反映して,貸借対照表を中心とした静態的理論(財産のストック重視)から,損益計算書を中心とする動態的理論(損益過程の重視)へと発展し,今日ではもっぱら損益計算書へ重点が移されている.

(2) 企業的農業経営の管理指標

農業経営における資本調達は,近年ますます **外部資本**(負債)に依存する割合が高まってきている.多くの場合,**自己資本** のみでは経営転換を図るにはあまりにも小規模すぎるため,経営革新に必要な投資の機会を逸することになる,あるいは資本運動の逼塞化を招き,経営の縮小再生産過程の途を辿ることにもなりかねないからである.

経営展開においては展開の画期あるいはタイミングがあり,それに応じた迅速な資本運用が必要な場合がある.また近年のように,本格的経営転換の前にそれまでの累積負債を解消しておくなど経営の基盤整備に専念しなければならない時期もある.したがって簿記会計の様式に則り自家の経営の記録を積み重ねておき,それに基づいて,次のような経営の収益性に関わる側面と資本の 調達・運用 における経営財務の安全性にかかわる側面の双方が,常にバランスが保たれているように,総合的な観点から慎重に検討される必要がある.

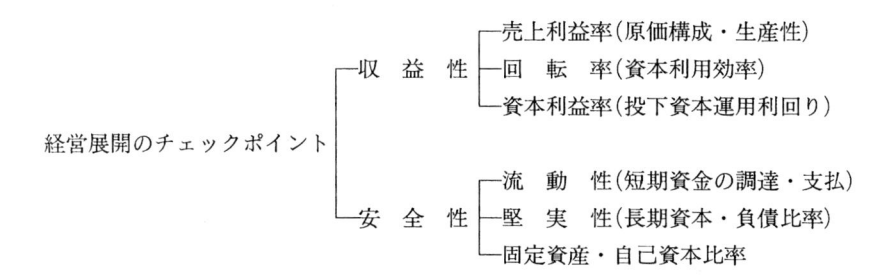

```
                          ┌─売上利益率(原価構成・生産性)
                ┌収 益 性─┼─回 転 率(資本利用効率)
経営展開のチェックポイント   └─資本利益率(投下資本運用利回り)
                │        ┌─流 動 性(短期資金の調達・支払)
                └安 全 性─┼─堅 実 性(長期資本・負債比率)
                          └─固定資産・自己資本比率
```

さて,経営転換のための資金の調達にあたっての基本的な考え方は,とりあえず自家の経営がこれまで蓄積してきた農家経済余剰部分など,内部源泉

を優先させるべきであろう．自己資本であれば，支払資本利子が実質的に必要としないし，利子，元金の**償還**が強制されることがないためである．借入金など外部調達によれば支払資本利子を必要とするのは当然である．

外部資金を調達する場合には，まず，長期的な経済性の検討が不可欠である．近年，一般預金金利は超低利で推移しているが，そのような低い金利水準にも満たない投資効率しかもたらさない投資は，思い切って計画を見直すことが当然である．投資に見合う利益の見込み，資金コスト以上の利益率水準の達成が新規投資の大前提となる．すなわち，

追加投資の経済性；資本利益率（追加資本利益／追加投資）

$$\geqq \text{借入金利子（or 預金金利）}$$

である．

このように，農業経営においても種々の経営効率指標のなかでも最も重要視しなければならない指標は，一般企業経営と同様に，**資本利益率**（**資本収益率**）である．この利益率を分解すると，次にように，「売上高利益率」と「資本回転率」という2つの要素からなっていることがわかる．

資本利益率 ＝（利益／売上高）×（売上高／資本）

＝ 売上高利益率×資本回転率

農業生産は，他産業に較べて，一般的に年1回の生産であるなど資本の回転は長期にわたること，また生物生産であることから売上げにおける変動が著しいなど，両要素とも低くなる傾向をもたざるをえない．

売上高が伸びないとすれば，例えば「低投入型農業」などのような固定投資を控える方向での経営転換を行うか，また，**資本の有機的構成**（固定資本比率）を高め生産技術体系の高度化を図る方向での経営転換は，酪農経営におけるフリーストール＋ミルキングパーラー方式への転換のように，飼養頭数規模の拡大を必然化させ，投資に見合った売上高を確保することが不可避となる．もう一方の売上高利益率を高めるためには，利益＝売上高－費用であるので，とくに費用の節減のための工夫が凝らされる必要がある．

このように，いずれにしても投資にあたっては将来費用および将来収益に

関する予測・情報（需要，価格，生産技術等）が必要であり，同時に，自家の経営条件の客観的認識とこれまでの経営展開にかかわる資料・データの記録・蓄積・分析作業は必須条件となっている．

〔黒河　功〕

II. 農業の経営管理

1. 対象の性格：経営管理の目標

(1) 農業経営管理とは何か

現在の農畜産物生産は単なる生産にとどまらず大規模な市場流通に対応するとともに，輸入農畜産物との市場競争の中で低価格競争を余儀なくされている．こうした中で農業経営は単なる農畜産物の量的生産にとどまらず，品質，規格，定量出荷，さらには低価格生産が要請されている．また，これら市場からの要請に対して，農業経営は多額の資金投下による機械や施設の装備を行ったり規模拡大を進めており，自らの農業経営の経営・経済的管理の必要性も高まっている．したがって，農業経営管理は農業経営が行う購入—生産（肥培管理）—販売という農業生産にかかわる一連の再生産を円滑に，かつ安定的に行うための管理問題を扱うものであり，単に1つの農業経営の経済的計数処理を行うものではないのである．

(2) わが国農業経営の特色

わが国の農業経営は一般的に**農家**と呼ばれており，家族労働力を主体とする**家族経営**として広範に存在している．この家族経営を経済主体に即して考えると，土地所有者，資本家，労働者の性格を併せ持つ**三位一体的性格**を有しているが，この家族経営は生活の単位でもあって，**小農**としての性格を有していると考えることができる．家族経営が生活の単位であることは，家族数や家族構成員の年齢構成等によっては再生産（家計の維持）に必要な経済的成果（例えば収入額）が異なっても経営の存続が可能である点に特色をもっている．家族経営としての性格をより端的に指摘すれば，所得額の水準が

個々の農家の事情によって異なっていることである．

　さらに兼業農家が大半を占めるという家族経営の特色は，たとえ同じ家計費を必要とする家族経営をみても，農業に求める経済的成果の水準を異なるものとさせる．たとえば，世帯主がサラリーマンとして会社等に勤務し，その給与で家計費を充足させることができる場合には，農業生産から得られる農業所得の額自体は大きな意味を持たない場合もある．こうした兼業農家が存在する一方，農業所得のみが所得源である専業農家も存在しているのである．このようにわが国の農業経営は農業生産の結果を経済的成果としてとらえようとするとき，一律の経済指標で把握できない多様な行動目標をもつ農業経営として存在している点に留意しなければならない．

2. 経営管理の基本

(1) 農業経営管理の特色

　現実の農家は経済的に多様な目標を設定できる存在であるが，農業生産が土地を活用し，動植物を対象とした生物生産を行うことから，自然気象を含めそれら生物生産の生理条件に規定されることは共通している．この自然の生理に規定されながら，それを活用し生産を行うことは **肥培管理技術** と呼ばれる．この肥培管理技術は収量や品質を左右するものであって，農業経営管理の基本となる．

　農業経営はこの生物の生産物を商品として販売し，その経済的成果によって再生産を行う経済体であるから，その肥培管理のあり方も商品の価格や消費動向といった経済動向に左右される．そのため，肥培管理のあり方は農学研究の成果によりつつも，経済状況によって変化（場合によっては変質）せざるを得ないのである．こうした技術と経済のせめぎ合いの場が農業経営であり，しばしば農業経営は「技術と経済の結節点」であるといわれている．

(2) 基本原則

農業経営管理の第1は，**作目選択**の問題である．それは特定の作物をどれくらいの規模（面積，頭羽数），どれほどの資材を投入して生産するかという問題につながっていく．これらの問題を順にみていこう．

作物の選択を規定する要因として，①気象や積算気温等に代表される**自然的条件**，②生産物・生産資材価格や市場までの距離，生産物の需要変動といった**経済的条件**，③農地移動や食習慣，水利慣行といった**社会的条件**，さらに④農業経営が保有・利用できる土地，労働力（量と質），資本という**主体的条件**（個別的条件ともいう）をあげることができる．これらの規定要因の中でより高い収益性（**地代**）を取得できる作物が選択されることになる．ここで注意すべき点は，一般的には施設野菜経営や花き経営は単位面積当たり収益性は高いが，これらがすべての地域で選択されないことである．一定の需要量のもとでは遠隔地域では競争ができず，その作物選択が行われないのである．そのかわり農地取得価格や労働力調達価格などの優位性に基づき他の作物や同じ野菜であっても露地栽培といった方法が採用されるのであり，作物選択は上記要因の**相対的優位性**によって決定されるのである．

こうして特定の地域ではほぼ同一の自然・経済・社会的条件にあるため同一の作物生産が見られ，この特定地域内での作物選択の違いは主体的条件の違いによることが多いと考えることができるのである．

続いて選択された作物をどの程度の**規模**にまで拡大するかという問題が生じる．国際競争力強化が課題とされているわが国の農業では，その具体的対策として規模拡大による生産コストの低減が求められている．

規模拡大が問題となるのは経営耕地の拡大に応じて，単位生産物あたりのコストが低減するという**規模の経済性**（economies of scale）が念頭にあるためである．これは特定の技術水準を前提にすれば，耕地面積の拡大によって比例的に増加する費目（これを**変動費**という．例えば種子，肥料，農業薬剤など）と，ほとんど増加しない費目（これを**固定費**という．農機具，建物，各種負担金など）が存在し，単位生産物あたりを考えると変動費はほぼ一定，

固定費は逓減する．この固定費の逓減によってコスト低減がもたらされるからである．

この規模の経済性には次のような問題点もある．①変動費と固定費の割合が問題であり，固定費の割合が小さい場合には規模拡大によるコスト低減効果が小さくなる．②どの規模まで固定費が一定で可能かという規模の問題である．稲作などを念頭に置けば経営耕地の拡大に伴って機械の大型化が必要になって固定費額が大きくなるからである．これは技術水準の変化と考えることができる．このため特定の技術水準の下では最も単位生産物あたりコストが低下する**適正規模**が考えられるのであって，一方的な規模拡大に疑問を投げかける「適正規模論」が主張される論拠ともなっている．③農業における単作化への疑問である．農業の場合，同一の作物を連作すると「いやち現象」や病害虫の発生といった「連作障害」が発生する．また，生物生産のため植付時（田植・移植や播種作業）や収穫期に「農繁期」を形成するとともに，その他の期間は労働力が相対的に遊休化する「農閑期」がみられる．こうした土地利用や労働力利用面から農業生産は「複合化」した方が有利であると考えられる．これは経営の**多角化**（diversification management）の論拠の１つでもあり，一般企業で業務多様化によって利益を追求しようとする**範囲の経済性**（economies of scope）の議論とも関連してこよう．④大規模単一化の弊害である．これは上記②，③に整理してもよいが，近年環境問題として指摘されている，家畜糞尿問題や農業薬剤過剰投入問題などをあげることができる．また，大企業では組織機構が大きくなりすぎ，組織・機構が柔軟性を喪失し弊害を呈する**過大規模の非効率**も指摘されている．

他方，資材をどれほど投入するかという問題もある．一般的に肥料投入量を増加させると単位収穫量（単収）は増大するが，投入を継続的に増加していくと単収の増加割合は減少し，ついには単収自体が減少することもみられる．このように資材投入量の増加によっても単収（産出）の増加が次第に少なくなることを**収穫逓減の法則**（law of diminishing returns）という．そこでは資材投入量は資材と生産物の価格比で決定されることになるのである．

(3) 経営者の成長と経営管理

　農地法により農地の取得は農業者に制限されており，多くの場合 **農家継承** は農家の後継者となっている．この後継者が就農し父から経営の移譲を受け経営者となっていくうえで，様々な能力を身につけなければならない．家族経営で行われる農業経営の経営主は労働者であるとともに，管理者であり，社長でもあり，また農家世帯の世帯主でもある．こうした多様な性格に応じた能力は就農に際して身につけているものではなく，経験を重ねることによって身につけていくものである．その **成長過程** は作業見習・補助→農作業専従→農作業計画・管理，農作業遂行→生産資材購入，購入計画・使用計画，生産資材調達→生産物販売，販売先・販売量・単価等選択→財務管理，資本の調達・運用→資産（家産）保全となり，生産過程の管理→経営的資金管理→長期的財務管理→財産管理へと経営管理機能の水準を高めていくと考えられる．そして，その過程で作業日誌・運転日誌→圃場別作付図→個体別繁殖・生産記録→生産資材投入記録，雇用労働力使用管理記録→生産物販売記録→資金借入記録→財産台帳→資産（家産）目録といった各種の記帳・記録が行われるようになる．農業保護が後退し市場競争が激化している現況において，これらの経営者能力をいかに早期に身につけるか，あるいは従前以上に早期に身につけなくてはいけない能力は何かなどが課題になっているのである．

3. 管理手法・方向の多様性

(1) 目標設定の多様性

　農業経営は農畜産物の生産を行う経済体であるが，わが国における農業経営である農家は実に多様である．農家は農業統計において定義されており，それによれば経営耕地面積が 10a 以上または販売金額 15 万円以上である．この農家は耕地 30a 以上または販売 50 万円以上の「販売農家」とそれ以外の「自給的農家」に区分される．この販売農家の下限の定義では農業生産を

通じて得られる「農業所得」で生計を維持することはできない．よく知られているように農家の大半は兼業を行い，それら兼業農家は兼業による所得と農業生産による所得を合わせて生計を維持しているのである．

　ここでは兼業の是非は問題ではなく，農業生産による農業所得を中心に生活している農家と兼業収入によって生活をしている農家では，**農業生産の目標**が異なり，経営管理を行う目標指標が異なることが問題となる．稲作を例に端的に指摘すれば，コメを販売して所得確保を考えなくても生計を維持できる兼業農家はコメ生産のコスト水準を問題にせず，自家消費する美味しいコメ生産を考えればよい．しかし，コメ販売だけで生計を維持しなければならない専業農家は美味しく，安全なコメをしかも低価格で販売するために低コストで生産するという課題を背負い，しかもそれによって農家家族員の生活を維持するに足る所得額を確保しなければならないのである．このような農家の行動目標をどのように把握するかは，農業経営の**管理目標**の設定という課題にとどまらず，農業政策でいかなる性格の農家を育成するか，農業協同組合においていかなる性格をもつ組合員（農家）の利益のために活動を行うかなどの基本的問題となるのである．

　さらに問題は複雑になるが，同じ農業所得で生計を維持している専業農家を考えても，多額の農業所得の獲得を目標にする農家とそこそこの農業所得額があればよいとする農家が存在する．これは農家の目標設定自体の考え方の相違による場合と農家家族員の構成の違いや生活の問題による場合（例えば家族数が多い，子弟が就学中で教育費がかかる，家が古くなり新築しなくてはいけないなど）がある．また，前者の農家の目標設定を考えるなら，農業所得の絶対額ではなく，生産に投入した資金（これには単年度の生産資材調達と長期的な機械，施設投資資金がある）に対する利回りが得られたか否かを目標とする農家まで存在するのである．

　以下では，より多額の農業所得を獲得する，さらには企業としての利潤確保を目標とする農家を念頭に経営管理を考えるが，これまで述べてきた農家の多様な目標を整理しておこう．

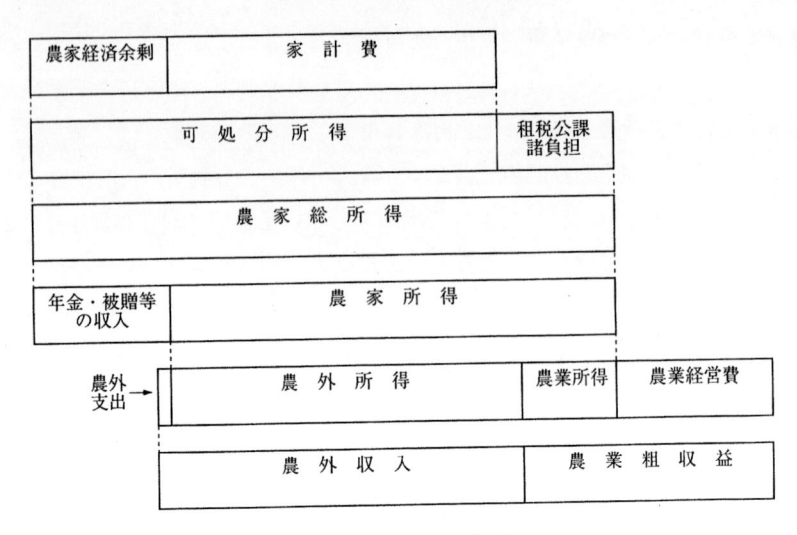

図3-9　農家経済の仕組み

①農業生産を行った成果としての生産物の獲得
　　農業生産物の獲得が目標（農外所得で家計費をカバーできる状況）
②生産物と農業所得の獲得
　　農業生産物となにがしかの農業所得が目標（農外所得で家計費をほぼ充足）
③より多くの農業所得の獲得
　　より多くの農業所得額の獲得（農外所得で家計費を充足できない）
④企業利潤の獲得
　　農業所得額の大きさとともに，農業所得から家族労働費を差し引いた農業純収益額が問題となる

(2) 所得拡大と経営対応

すでに指摘したように，現実の農家は所得の変動に対して生活費を切りつめるといった対応でしのぐことも可能であり，「小農」的性格を有していると考えることができる．しかし，恒常的な低い生活費での生活は農業を職業

として選択する，つまり農業経営の後継者確保を困難にすることから，最低でもあくまでも社会的，地域平均的な所得の確保が課題となる．さきに農家によって所得額の目標が異なると述べたが，世代交替を含めた農業経営の存続・継承を考えるならば，社会的な農業所得額の確保，すなわち家族労働費が社会的に評価された後の収益である**農業純収益**の確保が農業経営の目標と考えなくてはならない．

農業純収益は次のように示される．

農業純収益 ＝ 農業所得－家族労働費

この農業純収益は資本利子，地代（自作地），経営者利潤が混在化したものである．また，**企業利潤**の獲得とは投下資金の利回り（たとえば農業純収益／農業経営費）が平均利潤率（たとえば銀行利子）を上回っていることである．

ここで農業純収益＞0，家族労働費＞社会的，地域平均的な生活費あるいは労賃（社会的・地域平均的な時給）であり，この条件の実現には農業所得額の大きさが問題となる．農業所得は

農業所得 ＝ 農業粗収益－農業経営費（家族労働費を除く）

であるから，農業粗収益の増大と農業経営費の節減が農業所得を増加させる．これはさらに次のように示される．

＝ 単位当たり収穫量×規模（面積）×生産物単価
－単位当たり資材投入量×規模（面積）×資材単価

これからわかるように農業所得を増加させるためには，単収と規模を増加させ生産量増加を図ることである．単収の増加は肥料などの資材投入量の増加やより周到な肥培管理などの集約的対応によってもたらされるが，前者は収穫逓減の法則を考慮しなければならず，後者は家族労働力の保有条件や臨時労働力の導入条件が検討されなくてはいけない．また規模の拡大は同じく労働力の問題と農地取得や新たな機械・施設導入に関わる資金調達問題などが検討されなくてはならない．拡大によって農業粗収益が増大したにもかかわらず，農業経営費も増加し農業所得の増加がもたらされない事例もみられ

るのである．さらに，農業所得の増加がもたらされたとしても，その経済効率が低下している事例もみられる．これは**農業所得率**（農業所得／農業粗収益）の変化で簡易的にみることができるが，この低下はいわゆる薄利多売の対応であり，その後の集約的対応を制限し，さらなる拡大という対応に進ませるので注意が必要となる．

　以上のように農業所得増加は農業粗収益の増加と農業経営費の節減が求められるが，現況の農業経営は様々な条件の中で営農を行っており，経営の対応も制約を受けている．農業粗収益を増加させるには，単収，作付面積，販売価格が増加（上昇）すればよいが，1980年代半ば以降各種農畜産物の価格は停滞・引き下げ基調にあり，同時に生産調整や計画生産と呼ばれる生産量抑制施策が行われており，農業経営として農業粗収益を増加させる取り組みは大きく制限されている．こうした状況下で農業経営は品質向上・製品差別化による販売価格の向上，農業経営費の減少に向かわざるを得なくなっている．ここで農業経営費の減少といっても，各種資材は過去の経験や試験研究成果によって一定量の投入が必要であり，また資材投入量の減少が労働時間を増加させてしまうこともあって投入量を大きく減少させることは難しい状況にある．そのため，農業経営の関心は購入単価に向けられることになる．これら価格の改善は，販売面では安定的な販売先の確保と従来の地域的・集団的な販売行動（例えば北海道的規模で行われている共同計算方式）からより個別的な販売方式を採用する方向に動くことになる．また，生産資材購入価格の引き下げも共同購入方式からより個別性を重視した行動に進ませる側面を持たせることになる．こうしてこれまでの農協中心の販売，購入という経営行動からより個別的な経営行動へと向かわせる要因を提供しているのである．そしてこの個別的な経営行動は農畜産物市場，農業生産資材市場への関与という経営管理の領域を経営内部に持たざるを得なくなるとともに，これまで協同することによって分散していた**リスク回避**の機能が失われ，販売物の代金回収，販売・購入先の安定確保といった新たな問題を抱え，経営としてのリスク負担を増大させることにもなるのである．

4. 経営管理の二側面：会計の基礎

　農業経営は農業資材等を購入し農畜産物の生産を行い，それを販売する活動を行っている．この活動を経済的な損得勘定として検討するのが，農業経営の経済管理である．商品生産を行い，その経済的成果（所得，純収益など）で生活を行うという再生産を可能にするには，すでに述べたように経済的成果の如何が問題となるのである．農業経営管理は多岐にわたるが，この経済的な損得勘定は**農業会計**と呼び，慣行的にこれを「経営管理」と呼ぶことも多く，農業経営管理の重要なポイントになっている．

　この経済的管理を単年度の収入と支出（より正確には資金回収）の側面からみたのが**損益計算書**であり，資産・財産の増減をみたものが**貸借対照表**である．後者は長期的な視点である．この2つの側面で検討する必要性は次のようなことがあるためである．先に示した農業粗収益，農業経営費，農業所得の関係をみるのが損益計算であるが，農業経営費の中には次年度に使用する肥料や飼料を購入した場合，またまだ販売していない商品，販売はしたが代金回収が行われていない場合がある．さらに，農業機械や建物施設は高価である反面，毎年購入するものではなく長期間使用するもの（固定資産という）である．これら固定資産の購入代金を単年度に支払ったことにすると，当該年度は赤字であるが次年度はどうなるかという問題が派生し，農業経営の経済状況を正確に把握することが困難となる．そこでこれら固定資産については耐用年数がしめされ（土地を除く），その期間内で資金を回収していくという会計手法（減価償却という）が採用されているのである．さらに会計期間は1年という期間が採用されているが，肉牛が出荷できるようになるまでや果樹の収穫ができるようになるまでといった農業の生産期間は会計期間の1年を越えることがある．そこでは販売はないが，費用だけかかる赤字状況が継続するのである．会計ではこれを資産の増加として把握するのである．

会計の代表として簿記がある．簿記は農業経営の取引を肥料費や飼料費といった勘定科目毎に整理するが，**複式簿記**の場合その支出源が現金なのか買掛なのかといった勘定科目との相互関係を同時に把握する．複式簿記では1つの取引について，ある勘定の借方に記入された金額は必ず貸方の他の勘定に記入される．これにより借方と貸方の合計は等しくなる．これを**貸借平均の原則**という．

　簿記では取引→(仕訳)→仕訳帳→(転記)→総勘定元帳作成を行い，損益計算書と貸借対照表が作成される．ここで仕訳とは，個々の取引について借方，貸方のそれぞれの勘定科目と金額を決定することをいう．この一連の作業を行うことによって，損益計算書と貸借対照表を作成するが，それは次のよう

損益計算書
(P/L: Profit Loss Statement)

借　方	貸　方
費　用	収　益
純利益	

貸借対照表
(B/S: Balance Sheet)

借　方	貸　方
資　産	負　債
	資　本

費用＋純利益＝収益：損益計算書等式　　資産＝負債＋資本：貸借対照表等式

な関係を持つ．

　この原則に基づき農業経営を想定した損益計算書と貸借対照表の科目事例は図3-10に示すとおりである．こうした記帳記録によって農業経営の経済状況の検討を行うが，農業経営の経済管理は生産量などの記録を含めて**収益性，安定性，生産性，成長性**の側面から検討する必要がある．ここでは各側面の主要指標と算出式を示すにとどめる．

　これら分析から次年度の計画を樹立するが，そのためには問題点・反省点をあきらかにし，それらを解決する行動計画を見いださなくてはいけない．このように会計は記録→診断→問題把握→設計→実施という手順を繰り返すのであって，記録にとどまってはならないのである．

II. 農業の経営管理

損益計算書

《借方》		《貸方》	
〈費用〉		〈収益〉	
農業費用	種苗費	農業収益	稲作収益
	肥料費		畑作収益
	農薬費		野菜収益
	燃料費		畜産収益
	水道光熱費		共済受取金
	小農具費		農業雑収益
	作業衣料費	農業外収益	受取利息
	飼料費		受取地代
	種付費		受取配当金
	診療衛生費		農業外雑収益
	もと畜費	特別利益	固定資産処分益
	諸材料費		共済保険金
	減価償却費		補助金
	修繕費		
	共済掛金		
	雇用労働費		
	専従者給与		
	貸借料		
	租税公課		
	販売費		
	一般管理費		
	農業雑費		
農業外費用	支払利息		
	支払地代		
	農業外雑費		
特別損失	固定資産処分損		
〈純利益〉	当期利益		

注：支払利息を農業外費用とするか否かは議論が分かれる．

図 3-10(a)　損益計算書の例

収益性指標

① 農業所得率％　　農業所得／農業粗収益

② 農業純収益　　　農業所得－家族労働費

③ 農業純収益率％　　農業純収益／農業粗収益

④ 固定資本回転率　　農業粗収益／農業固定資本額

⑤ 固定資本純収益率％　　農業純収益／農業固定資本額

貸借対照表

《借方》			《貸方》	
〈資産〉			〈負債〉	
流動資産	当座資産	現金	流動負債	当座貸越
		借方残高	(短期負債)	貸方残高
		普通預金		買掛金
		当座預金		未払金
		売掛金		組合員勘定
		未収金	固定負債	長期借入金
		組合員勘定	(長期負債)	
		貸付金		
	棚卸資産	未販売農産物		
		繰越資材	〈資本〉	
固定資産	有形固定資産	土地		資本金
		家畜		当座利益
		大農具		
		建物		
		構築物		
		永年植物		
		育成永年植物		
		育成家畜		
	無形固定資産	水利権		
		電話加入権		
投資資産	投資, 出資等	農協出資金		
		利用組合出資金		
繰延資産		土地改良など		

図 3-10(b) 貸借対照表の例

⑥労働 1 時間当たり所得　　農業所得／労働時間（家族労働力）
⑦固定資本千円当たり所得　　農業所得／農業固定資本額
⑧10a 当たり農業粗収益　　農業粗収益／作付面積
⑨10a 当たり農業所得　　農業所得／作付面積

　畜産経営の場合，10a 当たりは飼養頭羽数におきかえて検討する
〈企業〉
　　総資本利益率％　　　利益／総資本
　　売上高利益率％　　　利益／売上高
　　総資本回転率　　　売上高／総資本

総資本利益率　　売上高利益率×総資本回転率

生産性指標
⑰付加価値額　　農業所得＋雇用労賃＋支払小作料＋負債利子
⑱付加価値率　　付加価値額／農業粗収益
⑲労働1時間当たり付加価値額　　付加価値額／労働時間
⑳固定資本千円当たり付加価値額　　付加価値額／固定資本額
㉑10a 当たり付加価値額　　付加価値額／作付面積
㉒労働1時間当たり固定資本額　　固定資本額／労働時間
㉓10a 当たり生産量　　総生産量／作付面積
〈企業〉
　労働生産性　　付加価値／従事者数（あるいは労働時間）
　資本生産性　　付加価値／資本額
　付加価値率％　　付加価値／売上高

安定性指標
⑩売上高負債比率　　負債／農業粗収益
⑪農業所得負債比率　　負債／農業所得
⑫農業純収益負債比率　　負債／農業純収益
⑬農業固定資本負債比率　　負債／農業固定資本額
⑭損益分岐点　　固定費（含家族労働費）／（1－変動費／売上高）
⑮経営安全率　　（農業粗収益－損益分岐点）／農業粗収益
　⑭，⑮については家族労働費を除く農業所得レベルでの検討も可能である
⑯10a 当たり負債額　　負債／作付面積
〈企業〉
　流動比率％　　流動資産／流動負債
　当座比率％　　当座資産／流動負債
　固定比率％　　自己資本／固定資産
　固定長期適合率％　　（自己資本＋固定負債）／固定資産

自己資本比率％　　自己資本／総資本

成長性指標
㉔売上高成長率　　本年農業粗収益／前年農業粗収益
㉕付加価値成長率　　本年付加価値額／前年付加価値額
〈企業〉
　売上高成長率　　本年売上高／前年売上高
　付加価値成長率　　本年付加価値額／前年付加価値額

技術指標等
　１日当たり所得　　農業所得／家族労働時間×8時間
　　　　　　　　　　　　　　　　（１日を8時間と見なす場合）
　家族労働報酬　　農業粗収益－（生産費総額－家族労働費）
　10a当たり労働時間　　投下労働時間／作付面積
　労働１時間当たり生産量　　生産量／投下労働時間
　耕地利用率　　作付延べ面積／経営耕地面積
　経産牛１頭当たり出荷乳量　　出荷乳量／経産牛頭数
　平均産次数　　産次数別経産牛頭数（各産次数×頭数）／経産牛頭数
　乳飼比　　購入飼料費／乳代収入
　１日当たり増体重　　（販売時体重－もと畜体重）／肥育期間
　１日当たり増価額　　（販売価額－もと牛価額）／肥育期間
　回転率　　ブロイラー：年間出荷回数

5. 農業支援体制と経営対応

　すでに指摘したように近年の農業経営を取り巻く諸状況は，農協を中心にした共同販売，共同購入の基盤を弱体させる要因を作り出している．しかし，農家は多様な経営の性格を有しており，すべての農家が同様の経営行動や個別的活動を採用できるのではない．また，農家自体は「小農」であって何ら

かの支援があって経済活動を継続できる存在である．そこでは新たな枠組みを形成していくことが求められることになる．まず，農業経営の再生産において地域ならびに地域の農業関連諸団体とどのような関係をもつのかを整理しておこう．

　農業経営の生産活動の基本は購入（資金→生産資材）－生産（作物・家畜の育成・肥培管理）－販売（生産物の販売）である．この過程に生産諸要素の調達，組織化，生産ならびに経営の管理，経営の分析といった農業経営の機能が関連してくることになる．生産資材などの購入は**農業協同組合**（JA）の購買事業などが利用されるが，その利用比率は低下の傾向にあって民間の資材・飼料会社も利用されている．農地の購入や貸借は**農業委員会**の許可が必要となる．また，雇用労働力の導入に際しては地域内で農民協議会等といった団体を組織し，同一作業同一賃金といった協定を結んでいる．

　この関係は農業経営の販売においても同様であって，JAを中心に共同販売が行われるほか，民間業者への販売が行われる．販売においては，販売作物ごとに**生産部会**（あるいは振興会など名称は多様）といった生産者の組織が設立されることが多く，この生産部会が販売対応を行うこともある．販売に関わっては生産量，その出荷時期，品質規格，使用生産資材の限定など各種の取り決めがあり，それが生産での肥培管理のあり方に大きく影響を与えている．

　生産にはJAの**営農指導事業**，**農業改良普及センター**の技術指導，畜産生産の場合には**農業共済組合**（NOSAI）の獣医師による診療事業などと関係をもつ．

　こうした生産活動には資金が必要である．農業機械・施設の導入，農地の購入などで多額の資金が必要となる場合には，財政資金や系統資金を活用することが可能であり，市町村自治体やJAなどが主要な窓口となっている．また，単年度の営農資金については，JAの資金供給機能が大きく，JAの各種事業の利用を前提に資金の貸越が行われる．中でも北海道は単年度の営農計画にもとづいて，生産資材だけでなく生活資金の供給を含めた資金供給

が行われている．この制度は通称「**組勘（クミカン）：組合員勘定制度**」とよばれている．そして，生産の結果としての経済成果の検討にも JA の営農指導員や農業改良普及員などが支援を行っているのである．

このように農業経営は，その再生産の様々な局面で農業関連団体や組織と関わりを持って営農活動を行っており，これら団体・組織の運営のあり方は個々の農家の営農計画に影響を与えている．しかし，逆に支援する組織の側から対象である農家をみれば，多様な性格をもつ農家として存在するため，異なる営農目標を持つ農家には有用な活動を行っているとうつらない場合もある．組織内で十分議論を尽くし，前例踏襲的組織運営から機能的な活動が行えるように積極的に関係機関の組織運営に参加することも，農家の経営管理面からは重要な活動となっているのである．

6. 農業経営管理の課題

すでに述べたように，農業経営のサイドからすれば必ずしも十分とはいえないものの，これまでは主要な農畜産物に対して何らかの価格支持的な政策がとられ，インフレの進展等に対しては支持価格の水準は上昇し，生産物もほぼ全量販売することができた．こうした条件は輸入農畜産物の増大とともに次第に後退し，ウルグアイ・ラウンド交渉に伴って後退は決定的となった．

保護的な環境下では規格を満たした農畜産物を効率よく大量に生産することが経済的成果を向上させる有効な方向であった．その限りでは農業経営管理の課題は単位当たり生産量を増大させるための肥培管理，そのための投資と生産規模拡大に伴う投資のあり方に注目が集まっていた．しかし，農業経営を取り巻く状況の変化は再生産可能な価格水準を維持し，しかも安定的な販売を持続するための**市場対応（マーケティング）**を必要とさせてきている．そこでは市場での価格形成機能を有する農畜産物の生産が必要となる．

もちろん，こうした市場対応はこれまでも農協を中心としながら行っていたのであるが，従前の大量のものを扱う観点から，食料という特性を持つ農

畜産物に何が求められているのかという消費サイドの意向に留意した生産が求められるのである．農業経営のサイドも一方的な供給だけでなく，生産での工夫や旬や食べ方など自らの取り組みを提案し，新たな動きを作っていくことも求められよう．

　こうした様々な取り組みを進めていくとしても，その基本はあくまでも農業経営にとっては経済的に再生産可能な条件を形成していく取り組みである．その際重要なことは経営管理を行うための各種データの蓄積と利用体制の形成である．農業経営は細分化された機能をもつ多くの関係機関とともに存在しており，それぞれの関係機関は独自に生産，販売，さらには市場などの技術的ならびに経済的データを蓄積している．これら各種データを集積し，時系列や農家間比較など様々に活用し，経営の改善につなげていく取り組みが求められよう．

　このような農業経営が結集した取り組みは市場対応の面からも求められる．近年は卸売市場だけではなく量販店との契約による農畜産物流通が増加している．こうした取引はより細かな出荷対応が要請されるのであって，対等な契約関係を維持するためにも農業経営の結集が求められるのである．

〔志賀永一〕

第4章
日本農業のあゆみと協同組合

I. 協同組合の発達と日本型農協

1. 資本主義社会と協同組合

(1) ふるい共同と新しい協同

　わが国の農業生産の多くは家族を単位とした自営業によって担われており，その維持のために必要な流通や金融などの経済行為は，農業協同組合を通じて行われるのが普通である．世界の他の国々も，国によって違いはあるが，家族経営と協同組合が農業において大きな役割を果たしていることでは共通している．したがって，農業経済の研究にあたっては協同組合についての知識が不可欠となる．

　協同組合とは相互扶助を目的として人々がつくりあげた組織である．しかしそれだけでは協同組合を定義したことにはならない．人間は昔からお互いに助け合って生きてきたのであり，その意味では相互扶助の歴史は人類の歴史とともにふるい．とくに日本や西欧のように封建制度が発達した国々では，村落共同体が形成され，生産と生活の両面にわたる相互扶助の体系的発達がみられた．

　しかし，村落共同体は封建社会の解体とともに解体するのが一般であり，

その後にくる資本主義社会の中で，一度バラバラにされた個人がその生存と発達のために目的意識的に結合するのが近代的な意味での協同である．このように，共同体における**ふるい共同**（commune）と資本主義社会において出現する**新しい協同**（co-operate）とを概念的に区別しておくことが大切である．

ふるい共同の目的が共同体そのものの存続にあり，個人はさまざまな規制や慣習によって全体に従属していたのに対して，新しい協同は共同体の解体と近代的自我の確立を前提とし，自立した個人の意志を契機として成立するものである．「一人は万人のために，万人は一人のために」(One for all, All for one) という協同組合の標語はこのような歴史段階においてはじめて意味をもつのである．

このような意味での近代的協同組合を実験的に設立した最初の人物がロバート・オウエン (R. Owen, 1771-1858) である．オウエンはイギリス産業革命期の優れた実業家，教育思想家であり，当時の産業労働者の経済的，道徳的貧困状態を解決するために奔走した社会改良家であった．彼は貧困の原因を資本家による賃労働者の搾取に求め，資本家のいない「協同の村」の建設こそ貧困からの解放の道であるとした．

オウエンはこの思想を実践に移すために，アメリカのインディアナ州に「ニュー・ハーモニー平等村」を開設し，農場や工場を移住者の共有財産として，メンバーの共同の意志によって運営する自給自足経済を企図した．この実験はメンバー間のトラブルと経営破綻によってわずか4年で失敗に終わったが，資本主義下の貧困問題の解決を個人の新しい結合による事業体に求めるオウエンの企図は，長く歴史に影響を残すことになった．

(2) ロッチデール公正先駆者組合

オウエンの実験の失敗には様々な要因があるが，メンバーが特定の場所に集住して共同体的生活を営むこと，オウエンや篤志家の寄付に依存する慈恵的財政基盤など，ふるい共同から脱しきれていなかったことが新しい時代の要求に合わなかったといえる．新しい協同は，資本主義の発展が生み出した

新しい階級である労働者階級の自主的な相互扶助組織として始まった．

イギリス産業革命の中心地マンチェスター市の近郊にロッチデールという町がある．1844年，織物工業が盛んで，当時人口25,000人ほどのこの町に誕生した小さな組合が，近代的協同組合の嚆矢とされる**ロッチデール公正先駆者組合**（Rochdale Society of Equitable Pioneers）である．この組合が設立された背景を簡単にみておこう．

この時代は，資本主義の歴史のうえで最初の本格的な過剰生産恐慌による失業と貧困の時代で，近代経済史では「飢餓の40年代」とよばれている．同時に労働組合運動やチャーチスト運動の高揚など，労働者階級の社会的覚醒と階級的連帯が大きく発展した時代でもあった．政治的無権利状態と資本による搾取に対する闘いが開始されたのである．

しかし，当時の労働者を苦しめていたのはそれだけではなかった．職場を離れて営む日常の生活においても，貧しい彼らは生活必需品の購入を給料日支払いの掛け売りに依存することが多かった．掛け売りをする商人は**トラック・ショップ**とよばれ，工場主と組んで掛け売り金に法外な利子をつけて給料から天引するだけでなく，掛け売りに依存せざるをえない弱みにつけこんで，粗悪品に高い価格をつけ，さらに目方をごまかすなど二重，三重に労働者を収奪する前期的商人であった．

このような悪徳商人から逃れるために労働者が自分たちの店舗を開設し，公正な取引を行うことを思いつくのはきわめて自然なことであった．ロッチデールでは28人の先駆的労働者（Pioneers）が1ポンドずつ出資して，ふるい倉庫の一隅を借りた小さな店でわずかなバターや小麦粉などを売り出したのが始まりである．しかし，この小さな組合は10年後には組合員数で50倍，出資金額で400倍，剰余金額で100倍という大発展を遂げ，**ホリヨーク**などのジャーナリストの支援をも得て，イギリス全土，さらにヨーロッパ諸国に拡がる消費組合のモデルケースとなった．

このような試みに乗り出したのはロッチデールの労働者だけではない．この組合が発足した1844年の時点で，同じような消費組合はイングランドだ

けで数百を数えていたという資料もある．その中でロッチデールの組合が協同組合の元祖として知られるようになった理由は，この組合が自らの目的と理念をすぐれた規約に定式化していたからである．それはオウエニズムの影響の下に資本家のいない経済社会の建設を最終目的とし，民衆による自助と民主的運営の理念を高く掲げるとともに，「現金取引（掛け売りの排除）」，「良質品の提供」「正しい計量」など当時の民衆が切実に求めていた事業原則をわかりやすく述べたもので，後に確立される協同組合原則の原型を打ち出していたのである．

(3) 協同組合の発達と分化

「スカンジナビアからパレスチナまで」と形容された消費組合の急速な普及に刺激されて，協同組合の原理を自営業者や農民の窮乏防止に活用する試みは，主としてドイツにおいて行われた．ドイツがこの種の協同組合の祖国となったのは，イギリスに比べて産業革命と資本主義の発達が遅れたために，資本主義的産業構成の外部に広範な手工業者や農民がひとつの社会階層として残り，彼らが資本との競争によって没落の危機にさらされていたからである．

都市の手工業者たちは，資本家経営からの圧迫に対して，中世的な同職組合（ギルド）を復活させて対抗しようとしていたが，シュルツェ-デーリチュ（Schulze-Delitzsch, 1808-83）は，ギルドがすでに過去のものであることを説き，近代的な相互扶助に基づく手工業者の協同組合を設立し，その全国的指導者となった．この組合には原料の共同購入組合や製品の共同販売組合など種々の形態があったが，大きな比重を占めていたのは貸付信用組合で，都市における中小企業者の信用組合，信用金庫のルーツとなった．

農村においては**ライファイゼン**（F. Raiffeisen, 1818-88）が優れた指導者として農村信用組合をつくりあげた．彼は行政官としての体験とシュルツェらとの交流から，農民の窮乏の直接的原因が高利の借金への依存にあり，農民自身の出資による協同組合的相互金融によって窮状を打開しようとした．彼

の指導によってライン地方で成功を収めた農村信用組合は，シュルツェ型の組合とは独自の発展を遂げてドイツ全土に普及し，その後も成長を続けて今日の巨大金融機関ライファイゼン・バンクに至っている．

　ドイツではこの他にハース（W. Haas, 1839-1913）が農村消費組合や購買組合，販売組合の基礎を確立するなど，農民による各種の協同組合が発達していく．またアメリカ合衆国においても南北戦争後の農村の疲弊の救済を目的とした農民運動の中から，ロッチデール原則に基づく農民の協同組合が発達した．アメリカの農協の特徴は商業資本の買い叩きに対抗して加工と販売に力点をおいたことで，先進国の農協のひとつのタイプを打ち出した．このようにして形成された農業協同組合は，19世紀末の世界的農業不況の中で威力を発揮し，家族的農業経営の維持と発展に大きな役割を果たした．こうした農協運動の到達点を示しているのが今日の協同組合のモデルの1つとされる **デンマークの農協** である．

　森林組合 は，小規模森林の所有者の協同組合であるが，森林の共同体的所有の崩壊を補完するものとして国によっては農協よりもふるい歴史をもつ．とくにドイツや北欧3国などの森林国で発達をみたが，組合員の多くは農民であり農協との関連が強い．また **漁業協同組合** は，消費組合や農協の成功に刺激されて20世紀に入ってからノルウェーやスウェーデンなどで始まり，漁業が商人資本の支配から脱して近代的な生産・流通のシステムをつくりあげる過程に大きく貢献してきた．

(4) 協同組合のグローバル化と協同組合原則

　イギリスに始まった協同組合の運動が各国に拡がる中で，1895年，**国際協同組合同盟**（International Cooperative Alliance，略称 ICA）が結成された．ICA に加盟する協同組合は最初ヨーロッパを中心とする14カ国に限られていたが，今日ではすべての大陸を網羅する93カ国に拡がり，その組合員数は7億5,000万人を越えて（1995年現在），世界最大の NGO（非政府組織）に成長している．

ICAの発足によって，それに加盟しようとする組合組織が協同組合の資格を有しているかどうかを判断する国際的な基準として**協同組合原則**の制定が必要となった．1921年にスイスのバーゼルで開かれたICA第10回大会において，ロッチデール原則から普遍性の高い6項目が基準として選び出され，1937年にパリで開かれた第15回大会では，これを土台に次の7項目の国際協同組合原則が制定された．①加入・脱退の自由②民主的管理（1人1票）③利用高配当④出資金利子の制限⑤政治的・宗教的中立⑥現金取引⑦教育促進．

第2次世界大戦後における世界の大きな変化は，新しい社会主義国が大量に誕生したことと，列強の植民地が独立して多くの新興国が生まれたことである．社会主義国では資本主義的企業の存在が許されず，また新興国では資本蓄積に乏しかったことから，企業形態としての協同組合が重視された．とくにインドの首相**ネール**やインドネシアの大統領**スカルノ**は熱心な協同組合主義者として有名であった．このことはそれまで西ヨーロッパが中心になっていた国際協同組合運動にも影響をあたえていく．

1966年にウィーンで開かれたICA第23回大会では新たに①公開の原則②民主的管理の原則③出資金利子制限の原則④剰余金分配の原則⑤教育促進の原則⑥協同組合間協同の原則の6原則が制定されたが，これはパリ大会の7原則のうち⑤および⑥を削除し，新たに協同組合間協同を付加したものである．現金取引原則は信用取引の発達により明らかに時代遅れになっていたが，政治的・宗教的中立の原則の削除は戦後世界において大きな勢力となった社会主義国および新興国（発展途上国）の協同組合をICAに加入させるための配慮であり，後にみるような問題を残すことになった．協同組合間協同原則は同種および異種協同組合間の協同をよびかけているとともに，世界経済に重要な位置を占めてきた**多国籍企業**への対抗という側面があることを見逃してはならない．

ICA6原則の下で国際協同組合運動はかつてない規模での発展を遂げたが，世界経済が高度成長から低成長に移行する1970年代半ばから，リーダー的

存在であったヨーロッパの消費組合を中心に協同組合運動の失速と低迷がみられるようになり，1980年にモスクワで開かれた第28回大会では当時のICA会長レイドロウが協同組合についての「思想的危機」が進行していると警告した．レイドロウ報告が示したのは，高度大衆消費時代といわれる「豊かな社会」の中で，ロッチデールの時代に明瞭にみられたような存在価値がみえにくくなり，資本との苛酷な競争を強いられている現代の協同組合の姿であった．現代における**協同組合の基本的価値**（存在価値）とは何かという問題が登場した．

こうした基本問題についての国際的論議を通じて，協同組合原則が有効性を失ったとする見解とそれを否定する見解の対立があり，それが協同組合原則改定問題に発展した．1995年にマンチェスターで開かれた**ICA第31回大会**で採択された新原則は従来の原則の基本を順守したものであり，国際論争は協同組合の現代的意義を確認して決着した．新しい原則は①自発的で開かれた組合員組織②組合員による民主的運営③組合員参加による経済活動④自治と自立⑤教育，訓練および情報⑥協同組合間の協同⑦地域社会への参画，の7項目からなっている．ウィーン大会の6項目は③と④が第3原則にまとめられた他はほぼ同じ表現で維持されており，先に削除された政治的・宗教的中立が第4原則として復活し，新たに第7原則が付加された．

中立（自治と自立）原則の復活には，旧社会主義諸国および発展途上国における協同組合が国家に従属して主体性を失ったことへの反省がこめられており，第7原則の付加には協同組合の基盤が地域にあることの再確認と，地球環境問題を意識した地域社会の持続的発展への積極的貢献の決意を読み取ることができる．マンチェスター大会はまた，新原則とともに次のような**協同組合の定義**を初めて採択した．「協同組合は，共同所有され民主主義的に運営される事業体を通じて，共通の経済的・社会的ならびに文化的な必要と要望に応えるために自発的に結びついた人々の自治的な結合体である．」

2. 日本における協同組合の発達

(1) 協同組合の前史

日本における協同組合の歴史は，ヨーロッパの協同組合思想に学んで1900年に制定された**産業組合法**に始まるとされるが，それ以前において協同組合に類似した思想と組織が独自に発達していたことを無視することはできない．

村落共同体におけるふるい相互扶助は日本ではヨーロッパとともに強固な発達を遂げていたが，新しい協同の芽は，村落共同体の紐帯がほころび始める幕末期にさかのぼって認めることができる．この時期を代表する思想家，実践家として**大原幽学**（1797-1858）と**二宮尊徳**（1787-1856）が挙げられる．幽学は1838年に下総（千葉県）で先祖株組合を結成して農村改革に取り組み，尊徳は相模（神奈川県）や下野（栃木県）で農民の教育と自主性に基づく村づくりを進め，後の報徳社の基礎を築いた．いずれも時期的にはロッチデールの組合設立に先立っている．

明治維新を経て商品流通が活発になると，商人の買い叩きに対抗する生産者の組織化の動きも各地で生じてきた．とくに横浜港の外国商社が買い付ける生糸や緑茶の産地において，商人の中間利得を排除して共同販売および共同加工に取り組む組織が数多く生まれた．群馬県の碓氷社，下仁田社などの製糸販売組合，静岡県の益集社などの製茶販売組合などがその代表的なものである．また二宮尊徳の門人たちが各地で組織した報徳社の動きも活発で，静岡県では1898年に396社を数えていた．

明治初期におけるこのような**自生的な組合組織**は，協同組合とはいえないがその類似組織であり，わが国においても明治政府による産業組合法の制定に先立って，民衆自身がその実体的基礎を準備していたことを示すものとして重要である．

(2) 産業組合の時代

しかし組合結成の動きが全国的なものになるのは，1900年（明治33年）に政府が**産業組合法**を制定してからである．主導者が政府であり，主として上からの指導によって組織化が進められた点がヨーロッパと日本との違いであった．明治政府において立法と組合設立の中心になったのは内務大臣**品川弥二郎**，法制局長官**平田東助**らであり，彼らの問題意識は，地租改正によって農地所有者となった農民が商品経済の発達の中で没落し地主的土地所有が拡大する動きを抑止して「国家の土台」を確かなものにすることであった．

政府は立法にあたって先進地ヨーロッパの協同組合を調査研究したが，労働者の自主的民主的組織であるロッチデール型の組合ではなく，農民の組織で慈恵的な性格を残すライファイゼン型をモデルとした．組合の形態も当初は信用組合だけを考えていたが，後に販売組合，購買組合，利用組合をも認めることになった．組合のリーダーも育ってはいなかったから，実際には町村長や地主が組合長を務めるケースが多かった．

明治・大正期の産業組合の多くは村落を単位としていて組織率も低く，組合長宅を事務所とするような小規模なもので，農業者の組織としてはむしろ**農会**の方が重要であった．産業組合の役割が大きくなるのは1930年代の昭和恐慌期からである．世界恐慌の影響から脱出するためにアメリカが採用したニューディールのような政策を行う力は日本にはなく，窮乏の農村には「自力更生」が説かれた．そして自力更生のための組織として産業組合が注目を集めることになったのである．

この時期，都道府県および市町村を単位とした**経済更生運動**が展開されたが，その中心課題となったのがすべての町村に（1町村1組合），各種産業組合を統合した総合組合を設置（4種兼営）し，全農民が組合に加入（全戸加入）し，組合を利用する（全利用）という産業組合整備拡充運動であった．全国および都道府県段階の連合体も急速に組織された．1930年代は産業組合が系統組織として整備され，欧米の農協組織とはきわめて異なった特質をもつ戦後の**日本型農協の原型**が形成された時期である．

このような組織整備は産業組合中央会会頭**千石興太郎**の強いリーダーシップで進められたが，それも実質的には国家の政策に沿ったものであり，上からの農村組織化であった．このような産業組合が果たして協同組合といえるかどうかについては疑問が多い．しかし産業組合中央会が1923年に正式にICAに加盟を認められ，戦争の本格化によって脱退を余儀なくされた1940年まで国際協同組合陣営の一員であったことを忘れてはならない．相互扶助のための貯蓄運動や共同販売，共同購入，また無医村解消のための医療活動など，農村における協同の力の発揮のために産業組合が果たした役割は決して小さくない．

しかし，戦時統制経済が進む中で産業組合はその担い手の役割を負わされることになり，1943年の農業団体法によって農会などの農業団体を統合する**農業会**に吸収されて，協同組合の反対物である国策機関に転化したのである．

(3) 多様な協同組合の発達

日本の敗戦と第2次世界大戦の終了により，新憲法の下で一連の戦後民主化政策が開始された．経済政策としては財閥解体とともに**農地改革**が施行され，寄生地主制の廃止と農民的土地所有が実現した．これによって誕生した戦後自作農の基盤は零細で脆弱なものであったが，それを補完して自作農の発展をはかるために農業金融制度，農産物価格制度，農業改良普及制度，農業共済制度，協同組合制度などが整備された．このような諸制度を総称して**戦後自作農体制**という．

協同組合制度は，農業を担いその方向を決定するのは耕作農民自身であるという経済民主主義からいっても戦後自作農体制の根幹として位置づけられていた．このような立場から1947年に制定された新しい農業協同組合法は国際協同組合原則に則ったロッチデール型の理念を掲げ，「農業生産力の増進と農民の経済的社会的地位の向上」(第1条)を図ることを目的としている．

I. 協同組合の発達と日本型農協　　　127

　戦前の協同組合立法が産業組合法だけであったのに対して，戦後のそれは農協法をはじめ水産業協同組合法，森林組合法，消費生活協同組合法，中小企業等協同組合法，さらに信用金庫法，労働金庫法などに分化した．産業組合法の制定当時は，この法の対象となる「中産以下の人民」の8割が農民であったという人口構成を反映して，産業組合の大部分は農民の組織であったのだが，漁村や市街地にも産業組合は組織され，それが漁協や信用組合，信用金庫の基礎となった．産組法とは別に商工業者を対象とした同業組合法（1897年）に基づく中小企業組織の系譜もあり，これらが次第に自立して戦後の各種協同組合法につながるのである．

　生活協同組合も，歴史的には産組法に基づく市街地購買組合から出発している．とくに1918年の米騒動以後，労働組合など大衆運動の活発化を背景に進展をみせ，戦後の食料難の時期には数多くの大学生協や職域生協が組織されて独自の法制定を促した．その後市民運動や消費者運動とも結びついて発展し，1970年代初頭のオイル・ショックを契機に組織と事業を急速に拡大して国内最大の協同組合に成長した．

　今日における各種協同組合は，併せておよそ6,000万人の組合員（重複加入を含む）を組織し，それぞれの分野で重要な役割を果たしている．このうち農協，漁協，森林組合，生協，労働金庫，労働者共済組合の全国組織がICAに加盟しており全国農協中央会会長はICA副会長の任にある．その他に労働者協同組合があり，国内法はまだないが，ICAには加盟を認められている．協同組合法の分立は各種組合の自立を促進したが，一方で国家の縦割り行政の中に組み込まれやすいという問題があり，欧米のような包括的立法にするべきだという意見もある．その点では協同組合間協同の原則に基づいて**各種組合の提携**を強める動きが注目される．

3. 農業協同組合の組織と事業

(1) 日本型農協の特徴

　農協法は欧米型のロッチデール原則を理念として採用したが，実際の農協の組織と事業のありかたは国際的に類例のないきわめて独自なものであった．欧米の農協が作物ごと，事業ごとに組織された**専門農協**（Single Purpose Agri-coop）であるのに対して，日本のそれは**総合農協**（Multi Purpose Agri-coop）とよばれている．

　総合農協は，事業的には原則としてコメをはじめとするすべての作物をとりあつかい，また指導事業，経済事業，信用事業，共済事業など農家の生産と生活にかかわるすべての事業を兼営している．

　組織的にはゾーニングと網羅主義という特徴があげられる．ゾーニングというのは区域制のことで，農協は特定の区域（多くは市町村）ごとに組織され，その区域内の農家はすべて同一の農協に加盟する方式である．そして農協の組織率が限りなく100％に近いというのが網羅主義といわれるものである．「加盟脱退の自由」の原則からほど遠いこのような方式がとられたのはなぜであろうか．

　直接の原因は，戦争直後の数年間続いた食料難が，戦時統制経済の産物である供出と配給のシステムを存続させ，その担い手であった全員加盟方式の農業会の機能を新しい農協に引き継ぐことを余儀なくさせたことである．そのため農協は法的，理念的に産業組合や農業会と断絶していたにもかかわらず，食料統制の機能および設備，職員を直接的に農業会から引き継いでスタートすることになった．当時の朝日新聞社説はこの事態を「農業会の看板塗り替え」と論評した．

　農協のこのようなスタートは，組合員である農家からみれば統制団体としての農業会と協同組合である農協との区別がつかず，新しい協同組合の理念が浸透する時間的余裕が与えられなかったという点でまことに不幸なもので

あった．しかもこのような日本型農協の特徴は，食料難が一段落し統制経済が解除された後も，食料政策や農業政策を上から進めるのに都合のよいシステムとして温存されたのである．

日本の農協はこのように，ヨーロッパでみられるような組合員による自主的な組織というよりはまさに国の「制度」として設置され，行政機関の補完物として機能してきた面を否定できない．しかし，出生の事情とは別に，農協が法的，理念的にはまぎれもない協同組合であり，組合員の主体形成と協同組合理念の理解が進む中で次第に農民のための組織としての内実を備えてきたこともまた事実である．このような「**二つの顔**」の両面に留意することが日本型農協を理解するうえで重要である．

(2) 農協の事業と経営

総合農協は，都道府県ごとに事業別の連合会を組織し，都道府県連合会はまた全国連合会を形成している．全国―都道府県―市町村をカバーするこの整然とした**3段階組織**は系統農協またはJAグループとよばれている．日本にも総合農協の他に専門農協が存在し，ふるくから商業的農業が発達していた西日本を中心に地域農業に重要な役割を果たしているが，ここでは総合農協が営む事業の概略を説明する．

①**指導事業**――農協の諸事業を統括しその要となる事業であり，営農指導と生活指導とに分けられる．営農指導は戦前の農会が行っていた農事指導に淵源を発し，農業技術，経営，産地形成，地域農業再編，農政活動など広範な分野について組合員のニーズを把握し，方向づけを行う．生活指導は，農協女性部などと協力して，農家生活全般についての協同活動を推進することを任務としている．都道府県，国レベルでは中央会につながる．

②**販売事業**――組合員が生産した商品を共同で卸売市場や流通・加工資本，あるいは国に販売する事業であり，組合員の販売額と農業所得を高めることが出来るかどうかはこの事業にかかっている．農産物の販売に関連して需給調整や付加価値生産のために行う貯蔵，加工事業，農業倉庫事業なども広義

の販売事業に分類される．都道府県レベルでは経済連，全国レベルでは全農が販売および購買事業を統括している．

③購買事業——組合員が農業生産および消費生活に必要とする資材を共同購入することによりスケールメリットを実現するための事業である．肥料，農薬，飼料，機械などの共同購入は生産資材購買とよばれ，購入資材の品質と価格が農産物の品質およびコストに直結する．生活購買はふつうＡコープとよばれる店舗を通して行われる食品，衣料，雑貨などの他，ガソリンスタンドや冠婚葬祭施設，旅行事業など広範な分野に及んでいる．

④信用事業——農協のルーツがドイツのライファイゼン農村信用組合であることからも分かるように，信用事業は日本型農協にとっても最も基幹的な事業である．ただ初期の借金組合的性格から，制度金融の発達もあって次第に貯金組合的性格へと変貌を遂げており，信連，農林中央金庫を含めた系統農協の貯金総額は国内のどの銀行をもはるかにしのいでおり，それだけに複雑な問題を抱えるに至っている．なお農林中金は農協だけでなく，漁協，森林組合の中央金庫（資金運用機関）としての役割をも果たしている．

⑤共済事業——共済事業は組合員の生活にかかわる相互保障活動であり，一般の生命保険，損害保険にあたる．作物や家畜を対象とした農業共済制度とは区別されるので注意が必要である．養老生命共済や建物更生共済などの長期共済，傷害共済や自動車共済などの短期共済があり，その保有契約高は保険会社のトップと肩を並べるレベルにある．戦後急成長した事業で，信用事業とともに農協の経営を支えている．

⑥厚生事業——組合員の健康管理と医療活動のための事業である．農地改革以前の農村は，貧困と過重労働のために疾病が重要な社会問題であったが，無医村が多く医療対策が深刻であった．そのため産業組合は医療組合運動に熱心に取り組み，これが戦後の厚生病院として実を結んだものである．今日では農村の医療状況はかなり改善されているが，農夫症など農村独自の問題があり，高齢化の進展もあって厚生事業の役割はなお重要である．

⑦その他の事業——以上の事業は農協の基幹的事業として農協法の定める

ところであるが，農協法はこの他に付加的事業として，組合員の委託で農業経営を代行する受託農業経営事業，組合員の農地を預かる農地信託事業，組合員の農地等を宅地等に転換し活用する宅地等供給事業などを認めている．また最近では農村の高齢化対策として **社会福祉事業** も認められ，総合農協の活動領域は大きく拡大している．

農協は経営的には独立採算の民間企業体であり，これらの事業からの収入で人件費などの経費をまかない，剰余金を組合員に配当している．しかし実際には指導事業や販売，購買の基幹的事業は赤字部門であり，黒字になるのは信用，共済事業だけというのがほとんどの農協の実態である．経済部門の赤字を金融部門の黒字でカバーしているのが総合農協の経営の実際であり，近年の金融情勢の中で信用，共済事業の収益力が低下していることが経営危機につながっているのである．

(3) 戦後社会と農協の変遷

第2次世界大戦後の日本の経済と社会は，農地改革をはじめとする戦後改革の成果を受けた経済成長を軸として大きく変貌した．その中で，農家をくまなく組織する農協は，巨大企業のリーダーシップの下で拡大していく市場経済に農業・農村を適応させていくうえで，農業共済組合，土地改良区，農業委員会など他の農業団体・機関とともに大きな役割を果たしながら，みずからも外部条件と組織基盤の変化に応じて変遷を重ねることになる．

日本が，2,000万人の餓死者が出るという予測さえあった敗戦直後の食料不足を乗り切ることが出来たのは，食糧管理法の厳密な運用のもとに農協が食料調達機関としての責任を果たしたためと言ってよい．新生農協はこうした統制団体としての役割から出発し，やがて農地改革によって誕生した戦後自作農の組織として農業生産力の発達に大きく貢献した．1950年代の中葉から始まる高度経済成長は，食料自給の基本的な達成によって貴重な外貨を工業用の原料や技術の導入に振り向けることで可能になったのであり，その意味でこの時期の農業と農協は経済成長のための基礎条件を作り出したとい

える.

　経済成長が本格化した1961年に制定された農業基本法は，農業と他産業との所得格差是正を旗印に，農業生産の選択的拡大と流通機構の整備によって農業の近代化を進めるとともに，拡大する都市の食料需要に対応しようとした．農協は，農業構造改善事業の実施主体としてコメ，畜産，野菜など成長農産物の産地形成を推進するなど，農基法農政の農村現場における受け皿としての役割を果たした．膨大な補助金や制度金融をつぎ込んでの農業近代化は，農協の信用事業や経済事業を著しくふくらませ，農協の事業量は拡大の一途をたどることになった．

　しかしこの過程は激しい農民層分解の過程でもあった．高度成長は農村人口の都市への流出を促進し，60年代初頭に50％台を超えていた専業農家率は短期間に10％台にまで落ち込み，兼業農家，とりわけ第2種兼業農家が農協組合員の主体を占めるようになったのである．米価闘争の高揚に示されたような農業に命をかける専業農家の組織から兼業農家の組織へと変化した農協は，事業的にも次第に農業面から生活面へとその重点を移行させるようになり，70年代に入ると「農協の農業離れ」が指摘されるようになった．

　1970年に始まるコメの減反政策は，やがて加工原料乳の生産調整，小麦，豆類，馬鈴薯，ビートなど主要畑作物の生産調整へと拡大し，国際化の進展の中での日本農業の縮小傾向が明確になる．1986年から開始されたGATTのウルグアイ・ラウンド農業交渉は，農産物貿易の自由化の流れを確認して1993年に終結した．そして新たに発足したWTO体制の下で，日本政府は伝統的な農業保護政策の変更を迫られ，食糧管理法の廃止，新たな基本法の制定へと農業政策の転換が続くのである．

　農業保護政策の転換は，これまでの政府と農協との関係，すなわち農協が行政の補完機能を果たす代わりに政府がさまざまなかたちで農協の存立を保証するという関係をも転換させることになる．農協は戦後の経済社会と農業政策を支える「制度」として機能してきたのであるが，そのような意義と役割は大きく変わることになろう．系統農協はこうした状況変化にどのように

対応しようとしているのであろうか.

1991年の第19回全国農協大会は，農協改革の基本方針として農協の広域合併による大型化および都道府県連合会の全国連合会への統合による **組織2段階化** を決議した．農協合併は以前からの方針で実態としてもかなりの進展をみせているが，組織2段階を方針として決定したのは初めてである．この改革方針は，農協の組織・事業の合理化であると同時に，国―都道府県―市町村という行政機構に対応していた農協の3段階組織の変更という点で農協の性格変化を示しており，その成否が注目される.

4. 協同組合についての経済学的研究

(1) 協同組合研究の系譜

ヨーロッパにおける協同組合は，その発展が現実経済に無視し得ない影響をあたえることによって，ジョン・スチュアート・ミル以来多くの経済学者の注目をひいてきた．協同組合についての経済学的研究の中心論点は，それが資本主義経済の変革者なのか，それともその補完物なのかという問題であり，ウィリアム・キングなど前者の立場をとる協同組合主義者と，それを空想的として退けるマルクス主義者との厳しい対立があった．このような議論は日本における協同組合の研究にも大きな影響を与えている．

わが国の協同組合について初めて本格的な経済学的研究を行った東畑精一は，資本結合体である一般企業に対して協同組合は人的結合の組織であり，資本ではなく人間に奉仕する事業体として，資本主義を修正し，それに代わる経済組織となりうるとした．これに対して近藤康男は，協同組合は産業資本の要請に基づいて商業利潤を節約する機能を果たしているのであり，資本主義の改革者にはなりえないと批判した.

この論争は，産業組合そのものが戦時体制に統制団体として組み込まれることによって近藤理論を実証する結果となり，戦後の学会では近藤の商業利潤節約説が大きな影響力をもっていた．しかし，戦後社会において協同組合

が多様な発達を遂げる中で，国民生活の向上のために協同組合が果たし得る積極的機能についての解明が求められるようになり，伊東勇夫はロッチデール型の理念を掲げた戦後の協同組合を「経済的弱者の自己防衛組織」と規定した．農協については川村琢，美土路達雄がその産地形成機能に着目し，農業と農家経済の発展に寄与する農協のあり方を理論的実証的に研究した．

(2) 協同組合研究の新たな展開

経済の国際化が進み，協同組合の世界でも国際的連携がこれまでになく深まるにつれて，協同組合研究も単に先進国の研究の影響を受けるだけでなく，日本の経験をふまえながら世界の協同組合運動の抱える問題について能動的に研究する必要が生じてきた．とくにICAの大会としてはヨーロッパ以外の地域で初めて開催された第30回東京大会において「協同組合の基本的価値」という本質問題がメインテーマとされたことは，日本の協同組合研究の視野を一挙に拡大したと言ってよい．

協同組合は国内的にも国際的にも時代の大きな転換の中で様々な困難に遭遇しているが，同時に時代の転換をもたらした大きな要因である「政府の失敗」「市場の失敗」の反省の中から，新しい経済主体としての「非営利組織」に期待が集まりつつある．それは各種の協同組合を中核としながらもそれだけにとどまらず，公共経済と私経済との間にあって様々な活動を行う多様な組織，団体からなり，その社会的性格についての科学的究明を求めている……，新たに見えてきたのはそのような風景であった．

それはドラッガーが『未来企業』の中に描いたアメリカの「非営利セクター」であり，EU統合の中で21世紀のヨーロッパ経済の担い手として期待されている「社会的経済」であり，日本のNPO法（市民活動等への法人格付与に関する法律）が対象とする社会的諸活動などである．このような経済における新しい動向は，すでに200年近い歴史をもつ協同組合運動と理念的，実践的に通底していると考えられる．

21世紀に向けての新しい社会経済システムの萌芽と目されているこのよ

うな経済的実態は,「非営利経済」「社会的経済」「ボランティア経済」「協同経済」など様々なタームで呼ばれているが,その科学的解明のためにこれまでの協同組合研究の蓄積が大きく役立つであろうし,協同組合学もまたそのことを通じて新たな展開を迎えることになろう.

〔太田原高昭〕

II. 農業団体からみた日本農業史

1. 農業団体史の視角

(1) 農業団体とは：その組織と役割

　日本の農業の動きをみる場合，農協などの農業団体の動向が常にマスコミで注目される．食糧管理法の時代には，その年の米価の決定の際には鉢巻をした農協の代表が「米価」大会で気勢をあげたものである．住専問題（佐伯尚美『住専と農協』農林統計協会，1997年参照）の時にも，農林中金の幹部がよくテレビに登場していた．これは，農民の利益代表である農業団体が，**圧力団体**として政府や政権政党に働きかけを行う力を持っているからである．ただし，近代以降の日本の農業の歴史をみると，政府と農業団体が密接な関係をもつようになったのは，いわゆる55年体制以降のことである．

　資本主義国として遅れて出発した国の場合，農業の産業としての比重が高く，農村人口の比率も大きいために，農業・農村対策は時の政府の支配の安定化のためにはさけて通ることのできない課題であった．したがって，農業団体の育成は一貫して政策の大きな柱として位置づけられていたわけである．しかし，農業団体はつぎにみるように農村に基盤を持った存在であり，時代の要請にしたがって農業団体の種類や事業，さらにはその担い手も移り変わっていく．ここでは，そうした農村の構造変化をよりクリアーにするため，農民組合などの自主的組織も農業団体に含めることとした．以下では，18世紀末の農会，1910年代の耕地整理組合，1920年代の農民組合，1930年代の産業組合，農地改革後の5つの農業諸団体を順に追って，画期毎の農業問題の諸相と組織の目的・事業内容，さらには担い手の性格変化を明らかにする．

(2) 日本の「むら」の特徴：西ヨーロッパとの比較

農業団体の組織的基盤は「むら」である．そして，それを基礎単位とし，行政単位にほぼ対応するかたちで各段階の連合会が形成されていることも大きな特徴である．

日本の「むら」（自治村落とも呼ぶ）は，14世紀頃から進んだ集村化をベースとして，16世紀末から17世紀初頭に行われた検地をもとに確立された近世石高制＝本百姓体制の共同体を指している．集村化とは，従来は扇状地の縁に張り付いていた分散的居住形態が，一定の治水・利水の進展によって平場での集団的な居住へ移行したことであり，それは稲作の基盤となる灌漑組織と一体的なものである．さらに，人口増加と灌漑区域の拡大によって「分村」が行われ，「むら」の構成として大字―小字の体制ができあがるのである．水利開発は上流から下流へと進むから，先着順による水利権の強弱も自ずと形成されていた．

こうした水利秩序の上に，近世封建制の基盤としての年貢（生産物地代）の共同責任による上納の機能が付け加えられる．そのベースとなったのが，検地（測量）による耕地面積の確定（むら切り）と貢納の責任者としての本百姓の確定であった．この「いえ」の連合体として「むら」が自治的に運営されることになる．そこには，司法・立法・行政の各権利をもつ小宇宙がつくられたのである．また，この正式な権利・義務を有する本百姓の他に，水呑百姓や雑業層が居住していた．モンスーン地帯に位置し，豊富な水量を有する小河川をコントロールすることによって安定的な稲作生産が行われ，そのことによって他のアジア諸国とは異なる**封建制**（土地と人間の結合）が確立したということがいえる．そして，水利権そのものは，河川法の制定のなかで慣行水利権が承認されるに及んで，第2次大戦までは「むら」による水利管理が一般的であり，普通水利組合の設立はほとんど進まなかったのである．

こうした日本の「むら」と比較されるのが西ヨーロッパの封建共同体である．日本の「むら」が水社会と表現されるのに対し，西ヨーロッパのそれは

牧畜社会である．日本人には牧畜文化が不得手なため西ヨーロッパの農村社会を畑作として理解する傾向があるが，注意しなければならない．キーワードは作付地からの放牧家畜の排除である．偶然ではあるが，西ヨーロッパにおける集村化も13～14世紀であった．この時期は森の開発が一巡し，教会を中心に村落が形成されたのである．日本の場合には，水利開発にしたがって「むら」の枠組みが形成されたが，西ヨーロッパでは集村化に伴って耕地整理が行われたところに特徴がある．土地利用は3つの部分から構成されている．この共同体のなかで，「個」が最も確立されているのが屋敷附属地（ガーデン）である．ここは，垣根で囲い込まれており，牛や羊の進入はない．野菜や果樹が植え付けられ，豚や家禽類（鶏やアヒルなど）が飼養されていた．ヨーロッパ人が日本の農村をみてガーデンだといったのは，「個」が確立していたからである．第2の構成部分が一般に三圃制といわれる開放耕地（オープンフィールド）である．冬穀・夏穀・休閑に区分され，農道がないため耕作強制がされたといわれる．ただし，その理解は一面的であり，一度収穫が終わればそれは放牧地にされるのである（休閑地は1年中）．もたもたしていると，農作物は牛や羊に喰われてしまうのである．したがって，ここはおよそ半分だけが農耕地であったのである．ここでの「個」の確立を図るためには，牛や羊を物理的に排除するために垣根をつくって「囲い込み」（エンクロージャー）をする必要があった．こうした動きは13世紀から始まっていたのであり，それを全面化するためには牛を舎飼にして排除する必要があった．それが農業革命であり，家畜飼料の導入が輪作化によって穀物単収を大幅に向上させることになるのである（議会エンクロージャー）．ただし，この前には反動があり，毛織物の原料生産のために開放耕地を「囲い込み」して羊の放牧地にするという動きもあった（羊毛エンクロージャー）．第3の部分が共有地であり，これも次第に横領されていくことになる．いずれにしても，こうした土地利用の規制と生産物地代の貢納のため，ヨーロッパにおいても「自治村落」が形成されていたのである．また，ヨーロッパの農業団体の先覚をなしたドイツのライファイゼン組合もこうした村落自

治を基盤に成立したことが明らかにされている（齋藤仁『農業金融の構造』東大出版会, 1971年, 村岡範男『ドイツ農村信用組合の成立』日本経済評論社, 1997年）.

(3)　系統組織としての農業団体：5段階制

　明治維新のもとで，日本の封建制は解体をみせるが，それは封建家臣団の解体（秩禄処分）と地租改正によって行われた．日本の封建家臣団（武士）はヨーロッパの在地領主制と異なり，城下町でサラリーマン生活を送っていた．したがって，秩禄を証券化して一時払いすることで比較的容易に解体することができた．封建制下においては，近代的所有権概念がなく，それを近代的用語で示せば上級所有権と下級所有権に分離することができる．ヨーロッパにおいては，それは市民革命の構成要素としての土地改革（革命）によって確定されたが，前者を採ったのがイギリス，後者を採ったのがフランスとされる．日本の場合は明確に後者である．それが地租改正である．本百姓（農民）や幕藩末期に成長をみせていた地主的土地所有に所有権が与えられたのである．ただし，それは農業を犠牲にして工業化を急速に進めなければならなかった明治政府へ過重な金納地租を支払うことを前提としていた．そのため，紙幣整理のために行われた松方デフレ政策とも相まって貨幣経済に巻き込まれた農民の没落，地主的土地所有の拡大がみられることになる．

　他方，明治政府のもとで行政組織はいかに構築されたのであろうか．政府のねらいはプロイセン・ドイツを擬した天皇制中央集権国家であった．これに対抗して自由民権運動が勢いを増していたが，その基盤である「むら」を解体し，地方勢力を一掃することが末端行政機構編成の基本的考え方であった．しかし，地方の力関係は拮抗しており，結局1889年の町村制の施行によって新町村の設置と「むら」の温存ということで妥協が成立している（町村数は1874年の78,280から15,820となる）．明治政府の地方勢力への警戒はかなり長く続き，それは次に述べる農会の全国組織が形成されたのが1910年であることにも現れている．

もうひとつ重要なのが郡である．現在では，郵便の宛名に町村の前に○○郡と書く程度の名残しかない．しかし，農業団体にとっては重要な領域である．町村制と同じく 1889 年に府県制・郡制が布かれる．もともとはドイツのクライスの模倣で導入されたものである．制度的には，1923 年に廃止されて（郡長の廃止は 1926 年）定着しなかったが，農学校の範囲や次にみる農会の人事交流範囲であり，行政的にも行政改革以前は県の地方事務所の範囲である場合が多かった．また，現在急速に進展をみせている農協の広域合併においてもその範囲は郡である場合が多い．「むら」を残したことによって，町村の範囲は「むら」を束ねる範囲としては小さすぎ，そのことが農業団体の連合組織として郡の単位を生き延びさせたものと考えられる．こうして，「むら」―郡（市）の系統組織と町村―県の系統組織が各団体の趨勢と機能変化に応じてジグザグに現れるのであり，それを束ねるものとして全国組織が形成されているのである．

2. 働く農民：農会と明治農法

日本における農業団体の出発点はやはり**農会**である．早くも 1874 年には石川県において老農（豪農，篤農などとも呼ばれる地域のハイレベルの農家）による農談会（技術交流）が開催され，これが恒常的組織へと成長していく．当時，興農政策を推進していた政府も技術交流に限ってその成長を後押しするが，農会内部には圧力団体的傾向が常に存在し，1891 年の農会法案は流産する．この間，全国的組織は大日本農会（1881 年），全国農事会（1894 年）と設立されるが，農会法が公布され農会が法認化されるのは 1899 年のことである．そして，農会が当初の任意加入から農政浸透組織として位置づけられ，当然加入となるのは 1905 年であり，全国組織である帝国農会が法認されたのは 1910 年であった．この背景には，手作り地主の縮小と寄生地主化の進展があり，以来農会系統は高額納税者を構成員とする貴族院を根城として政友会系の大圧力団体へと性格変化していくのである．

農会組織は，部落農会と称された「むら」レベルの任意組織を基礎単位として，町村農会―郡農会―府県農会―帝国農会という系統5段階の大勢力を構成した．全農業者を網羅した組織であり，トップレベルは戦前の階級において大企業家と並ぶ権力を有した寄生地主に牛耳られていたが，農村の全構成員をメンバーとすることから内部矛盾を孕んだものであり，農業を取りまく情勢変化の中でその性格を変化させたことにも注意しなければならない．

農会の当初の事業内容はまさに農事改良にあった．その中心が**明治農法**の普及にあったことはよく知られるところである．明治農法は，商品経済の進展のもとで老農技術を集積・体系化したものであって，近代農学のフィルターを通して確立されたものである．それは磯辺俊彦によると以下の3つの展開系列に分けられる（『農林水産省百年史』上巻，1979年）．第1は「乾田化」の系列であり，次項の耕地整理事業へと展開をみせるものであった．第2は「選種の精緻化」の系列であり，塩水選により短冊苗代による健苗育成を行い，正条植を行うことである．第3が「優良品種の導入」であり，耐肥性を基礎に多肥化を進めていくものであった．

このように，明治農法は緻密な肥培管理方式と土地改良（耕地整理）とそれを基盤とする耐肥性多収品種の導入をセットにした稲作技術の集約化をその内容とするものであった．しかしながら，実際にはインフラ整備や品種開発（老農による選抜から農業試験場による交雑品種の固定化）など長期間を要する分野については先送りされ，基本的には第1次大戦後に結実したと考えられる．その意味では「大正農法」である．むしろ，この時期の農法改革の社会的機能は資本主義経済・商品経済に対応した「働く農民」の創出にこそあった．この農法は，義務教育・徴兵制と相まって，地主的土地所有のもとでの商品生産としての稲作生産を安定化させるとともに，その浸透過程のなかで豪農・地主に替わって自作・自小作前進層をその担い手として成長させたのである．この意味で，明治農法を「サーベル農法」と呼び換え，「地主制」確立のために警察権力までもが動員されたという認識は一面的であろう．当時の農商務省は県政には足を持たず，内務省が勧農政策を担当してい

た.そこでの最大の課題は,義務教育と納税・徴兵のための戸籍認定が2本柱であり,勧業政策は勧農政策を含め脆弱であった.日露戦争下の食料増産のためには警察までもが動員されたという側面を持っていたにすぎない.農林省が地方に足を持つようになるのは小作争議の嵐の中で,農林省直属の小作官といういわば落下傘部隊を投下するのが最初であり,1920年代を待たねばならなかった.

3. 地主的土地所有と土地改良：耕地整理組合

第2次大戦前の日本の農業・農村問題の最大の問題といわれたのが地主的土地所有の存在である.農村の貧困の最大の要因が,競争地代による高率の現物小作料にあったことは周知の事実である.ただし,土地所有の社会的機能を考える際には,大土地所有者による土地改良投資の意義を捉えておく必要がある.

イギリスの農業の黄金時代といわれる1850年代をリードしたのは,農場所有者による大規模な重粘土地の排水事業と耕土改良であり,同じく最盛期のドイツのユンカー経営の成長を保障したのも土地改良であった（椎名重明『近代的土地所有』東大出版会,1973年）.

日本で,現在のように国営・県営の土地改良事業が本格的に開始されるのは,1923年の府県営灌漑排水事業への補助である.それ以前は,経済的採算ベースによる民営の土地改良事業が中心であり,その中核であったのが **耕地整理組合** であった.

明治以降の水利開発そのものは,北海道を除くと,氏族授産を目的とした安積疎水や民営の明治用水などに限定されていた.そのなかで,耕地整理事業は田区改正を前史として展開をみせていく.田区改正は,石川県を先進県として進められるが,その内容は区画整理と交換分合であり,その内容を引き継いで1899年に旧耕地整理法が制定される.この性格は,経営管理や労働力節約に主眼がおかれ,多分にドイツ直輸入的性格が濃かった.実際には,

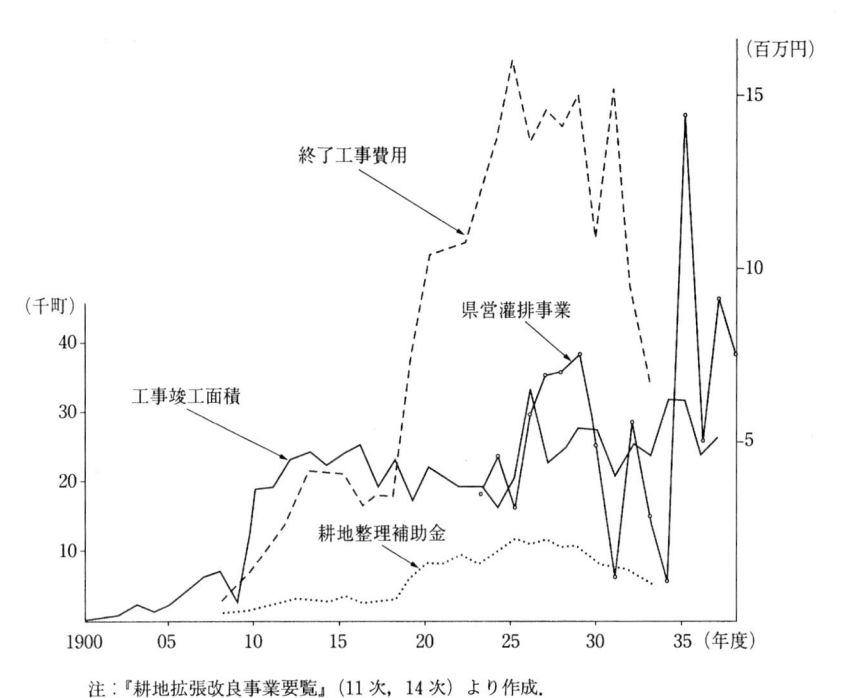

II. 農業団体からみた日本農業史 143

図4-1 耕地整理および灌排事業の推移

注:『耕地拡張改良事業要覧』(11次, 14次) より作成.

事業費負担や手続き問題からその進捗度はきわめて不振であった. このため, 1905年と1909年に二度の法改正が行われ, 地主的土地所有からの要求に対応して, 灌漑排水事業を主目的とするものとなり, 地代収入増加をもたらす土地生産性の追求へとその性格を変化させるのである. また, 耕地整理組合の法人格が認められ, また強制加入条項 (所有者の2分の1の同意) によって組織の設立と資金調達が容易になったのである. 土地改良投資の活発化は耕地整理事業の竣工面積と事業費用の推移を示す図4-1において, 1910年代に1つのピークをもたらしていることに現れている. この時期は, 基本的には資本主義の発達に対応した食料需要の増大を地主的土地所有に依拠しながら, 国内的に解決したということができる. しかし, この1910年代は西日本を中心に地代の有価証券投資への転換が始まり, 1920年代にはそれが

本格化し，地主的土地所有の生産的機能の空洞化が見られるようになる（中村政則『近代日本地主制史研究』東大出版会，1979年）．これは土地改良投資効果を含む土地利回りと有価証券の利回りの比較によって生じた経済現象であり，次の小作争議の蔓延による地価下落がそれを促進していく．

そうしたなかでの1924年の米騒動の勃発は，日本の食料自給体制を帝国主義的アウタルキーの方向へと転換させる．植民地における産米増殖政策の展開である．朝鮮（第1次1920～26年，第2次1926～34年），台湾（1922年蓬萊米の登場）において水利開発を原動力としてジャポニカ米の普及と多肥化による増産が，水利組織，技術普及組織，資材供給・金融組織の設立を手段として急速に達成されるのである．また，国内においても1919年の開墾助成法による開田への補助，1920年からの北海道産米増殖事業の開始，そしてさきに述べた府県営灌漑排水事業による戦後に連なるダム開発の実施などが行われた．こうして土地改良は，地主的土地所有への依存から植民地開発，国家の直接投資へと重点を移し，地主的土地所有の社会的機能は大幅に後退することになるのである．

4. 大正デモクラシーと小作争議：農民組合

地主的土地所有を大きく揺さぶったのは，1920年代の農民組合による小作争議の蔓延であった．ただし，ここで注意しなければならないのは，多くの農村では小作争議が起こらなかったという事実である．

小作争議は，直接的には大正デモクラシーを背景とした都市部での労働争議が農民組合を通じて農村に波及した政治的運動であると捉えることができる．しかし，経済的には，第1次大戦期に都市人口の急増が都市部での労働力再生産を可能とし，戦後反動恐慌下においても都市部の名目賃金が維持されたことが米価下落との格差を小作農民に自覚させることになり，その差額として小作料の30％の恒常的切り下げ（永久減免）が争議の焦点となったという説が有力である．従来まで切断されていた労働市場における都市と農

村のパイプが両者の雑業層の移動を通じて可能になったというのがその根拠である（牛山敬二『農民層分解の構造—戦前期—』御茶の水書房，1975年）．

たしかに，小作争議の発生は都市部との経済的距離の近い西日本が中心であり，労働市場が未展開の東日本では争議件数が少ないことがそれを裏付けているようにみえる（図4-2）．ただし，純農村である北海道における争議が多い点が異なった傾向である．その意味では，小作争議要因を労働市場から捉える視角は，その誘因として有効性を持つといえよう．根本的には，この時期の自小作前進にみられる農民の経済的実力の向上が，西日本から小作争議を引き起こしたといえよう．

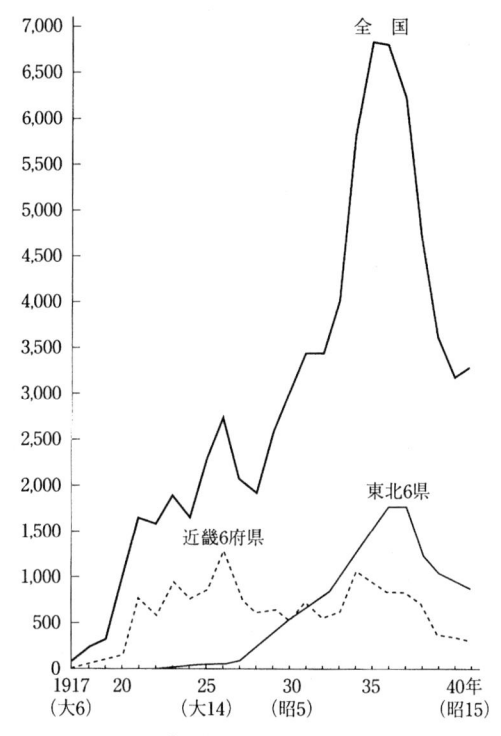

注：暉峻衆三編『日本農業100年のあゆみ』有斐閣ブックス，1996年，128ページより引用．

図4-2　小作争議件数

小作争議が**農民組合**と地主会との対抗として表面化したことは，「むら」の内部における土地の所有関係を反映したものである．耕地は分散錯圃として存在するため，1人の地主所有地に数名の小作が関わる「散掛小作」の形態にあり，複数の地主所有地に複数の小作が関わらざるを得ないからである．当然，自小作層もそれに関わることになる．したがって，新たな力関係における配分関係の是正は，農民組合と地主会という階級関係に覆われつつ，「むら」における妥協・調整過程に他ならなかったのである．妥協の成立に

より，農民組合は活動を急速に鈍化させ，「左翼分子」は孤立し，排除される傾向が強かった．「土地を農民へ」というスローガンは，「むら」内の耕作権の強化として認識されたのである．こうした地主と自小作・小作農の経済的実力の変化に添った配分関係の変化は，実は小作争議を起こさない「むら」においても進行しており，むしろ「静かな改革」こそが1920年代の農村を特徴づけたといってもよい．一般に，それらの「むら」は在村地主型とされ，温情的・融和的性格を有していた．これに対し，小作争議が起きた「むら」は不在村地主型と指摘されている．不在村地主は，目先の利益を尊重し，融和的な行動を採らなかったからである．前者の「むら」が在村地主を頂点に農村雑業層をも包含する経済的に連続性を有する農民階層構成を示すのに対し，後者は「いわば頭のぶっとんでしまった首から下だけのむら」（前掲牛山敬二, 100 ページ）であり，不安定な存在だったのである．分配の調整が行われた後の小作料は「定免制」というシステムになり，従来地主が現物納制によって維持してきた保険機能（凶作時の検見による減免）が喪失される一方，その後の土地生産性の上昇による剰余部分は小作人の手に帰すこととなった．また，農業災害への保険は，かなり後の1938年に農業保険法として行政的施策のなかで実施され（家畜保険法は1929年），本格的には第2次大戦後の農業共済制度の確立をまたねばならなかった．

　小作争議が，労働争議と並び社会問題化したことはいうまでもない．1920年には小作制度調査委員会が設けられ，小作権を物権化して地主の恣意的な転売による小作権の喪失を防止しようという事務局案が朝日新聞にスクープされ，この方向は阻止されてしまう．こうした生存権・社会権的法制化は関東大震災後の借地・借家法に結実するが，農地に関しては1938年の農地調整法を待たねばならなかった．また，ILOとの関連で意図された小作組合法も不調に終わり，1924年に小作調停法が制定された．これは手続法であるが，巧妙な行政手法が隠されていた．つまり，裁判所に調停の申し立てがあった場合，地主側が争議対策として活用していた立入禁止の訴訟手続きが停止され，先に述べた農林省から各地方庁に派遣された小作官が調停に介入

するというものであった．後に革新官僚と称せられる小作法案を作成した農林官僚が，行政法的手法によって小作権強化の方向で争議の調停を誘導したものとして評価されている．**社会政策的農政**の登場である．「都ぞ弥生」を作曲した横山芳介もまた，小作官のひとりとなった．他方，自作化を進める自作農創設（維持）事業も1922年から開始され，1926年にはやや強化されるが，その本格化は1937年を待たねばならなかった．事業規模も小さく，北海道を除いてはその成果は大きくなく，むしろ農民組合の分断に活用されるケースが多かった．

小作争議は，次に述べる昭和恐慌期に再度増加するが，窮乏化する「地主問題」（桜井武雄『農村政策論』光書房，1942年）の性格が強く，争議範囲も狭く，1対1の土地取り上げという壮絶な戦いとなる場合が多かった．東畑精一が述べたように，大規模不在地主の存在は一握りに過ぎないのであって，「自作農の予備軍」（『農地をめぐる地主と農民』酣燈社，1947年）としての大量の零細小地主の存在を昭和恐慌はえぐり出したということができるのである．

5. 昭和恐慌と農村組織化：産業組合

昭和恐慌とともに始まる1930年代は，**産業組合の時代**である．

農村の窮乏化に対し，日本の農政の手法は，「むら」ぐるみでの自力更生と精神教化，そして経済再建計画の樹立であった．日露戦後恐慌下においては，戊申詔書のもとで地方改良運動が提唱されたが，その内容は神社制度の整備，青年団の育成，貯蓄奨励，農事改良，町村財政の確立などであり，そのなかで「村是」「郡是」などの地域産業振興計画が策定された．衣類メーカーのグンゼはそうして創業した企業の末裔である．

昭和恐慌は未曾有の危機を農村に作り出した．「米と繭の経済構造」（山田勝次郎）といわれた日本の農業構造は，低廉な主食の供給と紡績業への原料供給，「女工」をはじめとする安価な労働力の供給によって日本の資本主義

の蓄積の一環に組み込まれていた．北アメリカにおける生糸・絹織物の需要のストップは，農業の基礎構造を破壊するものであり，農産物価格の下落と相まって農村経済を直撃し，農業恐慌を長期化させたのである．その結果は農村における資金ショートの発生であり，負債が農民の肩に重くのしかかったのである．財政逼迫状況にあった政府は，それでも「時局匡救」議会を開催してカンフル剤として緊急土木事業による農村への資金供給を行ったが，当時にしてはその規模は大きかったとはいえ，焼け石に水であった．そこで，行われたのが「むら」を動員して矛盾を内部的に隠蔽する**農山漁村経済更生運動**（1933～37 年）であった．そのキャッチフレーズは「自力更生」にあり，部分的な負債整理資金への利子補給（負債整理組合）を呼び水として，「むら」の内部で富裕層が借金を棒引きすることを代償に，貧困層に勤勉を強いるものであった．

　それとともに，農村内部での役割分担にもとづき経済更生計画を樹立させ，計画策定業務に対して補助金を交付するというのが，安上がり農政の内容であった．この計画に当たって，精神作興の任にあたる学校，農業生産の向上を担当する農会とならび重要な位置づけを与えられたのが産業組合である．産業組合法の設立経過については前節に譲るが，当初は「むら」を範囲とした富裕層による貯蓄組合が多数を占めており（齋藤仁『農業問題の展開と自治村落』日本経済評論社，1989 年），1920 年代に入って組合設立の増加と信用事業量の拡大をみせつつあった．それに対応して県レベルの信連の設立も進み，1923 年には産業組合中央金庫が設立されている．とはいえ，この中心は市街地信用組合（1937 年に分離独立して，戦後信用金庫に改組）であり，農村信用組合の力量は大きくなかった．産業組合は経済更生運動に対応して1932 年から拡充 5 カ年計画を実行に移した．この内容は，従来の「むら」を主範囲とする部落産業組合を統合して町村単位の産業組合を全国に設立すること．事業形態は 4 種兼営（信用・購買・販売・利用の各事業）の総合形態とすること．農事実行組合を簡易法人化して貧困層を組織化し，出資予約貯金を積み立てて，全戸加入を目指すこと，である．ここに，営農指導事業

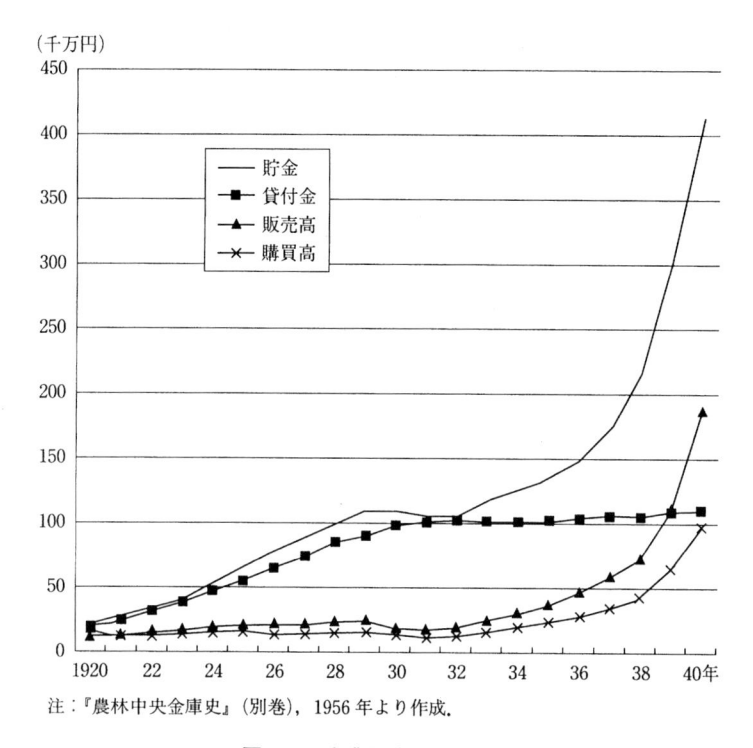

II. 農業団体からみた日本農業史

(千万円)

図4-3 産業組合の事業実績

注：『農林中央金庫史』(別巻), 1956年より作成.

を除き，戦後の総合農協の原型が形成されるのである．また，信用事業を除き，数は少ないものの郡単位で設立されていた購買連合会，販売連合会（組合製糸を含む）を統合しつつ，県レベルでの経済連（購買販売連合会）が設立される．これによって，従来の部落組合が統合され，郡連合会も整理されて，町村—県—全国連という系統3段階の体制が成立することになる．なお，1930年代の後半には県段階の信連と購販連を合併して総合連合会が設立される．この総合連合会の先駆的な動きは北海道（ホクレン）であった．

図4-3によって産業組合の事業動向をみると，恐慌からの回復過程での事業拡大の伸びは著しいが，これは反産運動に対する反反産運動に象徴される農村青年をも動員した（産青連）農民の自立化としての運動の側面とともに，

戦時経済統制による産業組合の指定団体化という協同組合としての性格喪失の過程をも示すものである．産業組合は産業合理化政策のもとで流通合理化の担い手として，1938年からの金利平衡化運動とそれを基盤とした国債発行のための**資金吸収パイプ**としても位置づけられていた．さらに，補助金・融資農政が始動する段階では，農政浸透組織としても機能発揮を求められたのである．

他方，農会も1920年代から30年代にかけて新たな機能を付け加えるようになる．都市の膨張に対応した青果物流通への関与である．中央卸売市場法は1923年に制定されるが，それに対応した遠隔産地が出荷組合の形態によって簇生してくる．この基盤は集荷場を中心とする「むら」にあった．産業組合は農業倉庫事業を核とした米穀販売に特化しており，これに対応したのが郡農会であった．青果物の規格統一が市場対応の決め手となったため，県行政と県農会がタイアップして県域独自の規格化・ブランド化を志向するようになり，先進県では卸売市場に常駐者を置き，価格情報を提供するケースも現れてきた．これに対応して情報提供を行ったのが帝国農会による**販売斡旋事業**である（玉真之介『主産地形成と農業団体』農文協，1996年）．こうした機能は，日露戦後に県レベルのコメの移出業同業組合が独自に移出米検査を実施していたことを想起させる．こうして，規格・情報機能を有する全国・県レベルの組織機能と集出荷を担当する部落—郡レベルの組織機能が分業体制をとりながら，商業的農業の展開への農業団体としての新たな機能を発揮することになるのである．これは主として愛知・愛媛・高知などの西日本においてみられた動向であり，戦後は郡レベルの専門農協連として再編されていくのである．

1940年の近衛新体制の確立は，農林官僚主導の農村組織化と戦時経済統制のエポックであり，1942年には農業団体法が施行され，農会・産業組合・畜産組合の統合により農業会が組織化される．食管制度を柱とする行政主導型の経済体制（**1940年体制**）の枠組みの完成である．

6. 戦後改革と自作農体制：農業委員会，農協，農業改良普及所，農業共済組合，土地改良区

　敗戦を迎えた日本は GHQ による「農民解放に関する覚書」（メモランダム）により **農地改革** を進め，それによって形成された戦後自作農体制を維持・補完するものとして様々な農業団体が制度的に設立されていく．

　アジアにおける農地改革は，いくつかの国で実施されたが（ラデジンスキー『農業改革―貧困への挑戦』日本経済評論社，1984 年），地主的土地所有の解体が比較的進んだとされる台湾や韓国と比較しても日本における農地改革は高く評価されている．これによって，地主的土地所有は解体され，「**戦後自作農体制**」（大谷省三）といわれる新たな農業構造が構築されたのである．農地市場は一般不動産市場から隔離され，農民のみが農地の所有者となる世界的にみても稀な制度がつくられたのである．また，この体制によって農村の「貧しさからの解放」が実現され，農村部の消費拡大が国内市場を押し広げ，一面で日本の高度経済成長を底から支えたことも他のアジア諸国と異なっている．

　農地改革は，1938 年の農地調整法以降の諸政策の延長上に実施されたものである．1930 年代後半になると，それまでの食料の需給関係は過剰基調から不足基調に転換し，総力戦体制の構築の上からも耕作者の意欲を引き出すことが重要な課題となっていた．また，すでに述べた土地改良の動きからも地主的土地所有者の社会的機能への期待は薄らいでいた．「革新官僚」といわれる 1940 年体制をリードした行政当局者は，不在地主を切り捨て，在村地主を筆頭に「むら」ぐるみでの戦時の農業生産力拡充をはかる考えをもっていた．これが，後の農業基本法に体現される農業構造政策の走りである．当初は，反対していた「満洲」農業移民を農家の「適正規模」の実現の機会として積極的に位置づけ，「満洲」で分村を建設することによって母村での規模拡大を図ろうとしたのである．しかし，移民集団が「土地無し農民」主

体であったことによって失敗に終わった．また，1939年から実施された皇国農村確立運動では，小作権集積による規模拡大と労力調整・共同作業がめざされた．しかし，これも大きな広がりを見せずに終わる．

　こうした経緯のなかで実施されたのが農地改革である．したがって，農林官僚がめざしたものは，不在地主（寄生地主）の解体と在村地主を中心とした構造改革であったのである．これが日本側から出された第1次案のねらいであった．農協法の制定においても，日本案は農協の基礎組織として「むら」を残し，生産協同組合を志向したが，これも同様の文脈のなかで捉えられるであろう．しかしながら，在村地主を残す（5ha）改革案は，ソ連案との関係もあって受け入れられず，第2次案ではイギリス案による地主保有限度1haが採用される．こうして，構造政策をめざす官僚の意図は破綻し，広範な自作農の体制が形成されたのである．1947年からの実施過程においては，地主側からの抵抗も大きかったが，農地委員会の努力によって2年という短期間で，他の諸国と比較すれば順調に目標は達成されたということができる．むろん，農業生産，特に畜産振興に重要な里山の解放が行われなかった点などの限界があったことも付け加えなければならない．

　農地改革の終了を受けて，農地委員会は他の2つの行政委員会とともに**農業委員会**（1951年）に再編され，以降「農地の番人」として権利移動に対する許認可業務を一手に引き受けることになる．このようにいうと農地市場は完全に隔離され，農業外の参入を許さなかったと誤解されるが，現実には高度経済成長以降農地の潰廃は「農地転用」のかたちで急速に進行をみせる．これが「線引き問題」といわれるものであり，都市計画法が農業振興法に対して優位にあり，市街化地域に編入されれば宅地や工場・商業用地への転用が自動承認されることになったためである．ドイツなどにみられる国土計画法による保全農地の確定という発想がなかったことが，結果として都市の膨張をもたらし，都市と農村との矛盾を激化させたのである．こうしたなかで，都市部農地の宅地並課税の問題が生じるのである．

　さて，設立された自作農を維持する体制づくりは，メモランダムにも明記

されており，1947年の農協法による農協の設立，農業改良助長法（1948年）による農業改良普及員（所）制度の実施，農業災害補償法（1947年）による農業共済組合の設立が進んだ．また，1949年には土地改良法にもとづく土地改良区の設立が行われた．

これらの諸制度の制定においては，GHQはアメリカの制度の導入を執拗に追求したが，多くの面で戦前・戦中からの制度が実質として残されたといってよい．先に触れた農協法に関しても生産協同組合案はつぶされたものの，「むら」を基礎組織にする点については駐在員制度のかたちで存続し，組織的にも農業会の「看板塗り替え」といわれるようにその連続性は明らかであった．戦時期に行われていた食料の供出・配給制度が戦後の一定の時期まで継続されざるを得なかった事情も響いている．とはいえ，戦犯のパージにより，農業会の時期から民主化が進んだことも事実であり，「新生農協」という言葉が新鮮さをもって語られたのである．俺たちの農協という意識は，昭和ひとけた世代がリタイアするまで強固に認められ，戦後の農協事業をささえたということができよう．しかし，農協の船出は順調とは言えなかった．1940年代末には農協経営問題が深刻になり，連合会の再建の過程で，行政の介入と「整促体制」といわれる連合会優位の事業体制がつくられるようになる（前節参照）．また，農業団体再編問題の2次にわたる発生の中で，1954年には農協中央会制度が発足して，次第に保守政権との癒着構造が形成されるのである．

農業改良普及所制度は，1950年からの連続豊作にみられる戦後自作農の生産支援において大きな役割を果たす．普及員は旧農会の技術員の系譜を引き継ぎ，「緑の自転車」に乗った個別巡回指導は農村の新しい体制の象徴であった．農業会から農協に配置替えになった営農指導員も農協経営危機のなかで普及員に転職するものが多かった．しかし，農業基本法時代になると，個別指導から集団指導への転換が説かれ，補助金散布のためのデスクワークも増加してかつての活気は失われていく．

以上の戦後の復興期は，ドッジラインによる農業不況や農協経営危機など

経済的には苦しい時ではあったが，近年のソ連・東欧の「市民革命」にみられるように，胃袋は空でも夢がいっぱいの季節であり，新しい体制のもとで「貧しさからの解放」を徐々に実現していく過程でもあったのである．

しかしながら，1955年からの高度経済成長と保守・革新の合同による2党体制（55年体制）のもとで，農協，土地改良区などの農業団体は保守政権の一翼を担うようになり，族議員を輩出しながら農政に対する圧力団体としての性格を明確にしていく．1961年の**農業基本法**は，日米新安保体制のもとでの市場開放に対応した国内農業の再編と官僚の夢としての構造政策の最後の挑戦であったが，その帰結は北海道を除いて農家の総兼業化に他ならなかった．それは，水稲単作化と歩調を合わせたものであり，1970年からの稲作転作政策に帰結する．農協も「米肥農協」から金融や店舗経営へと脱農路線を選択するようになってくる．ただし，この日本農業の縮小再編過程においても，食生活の高度化のなかで野菜・果樹・畜産（酪農）といわれる成長農産物については，専門農協や新総合農協などの展開がみられるが，以降の展開については，他の章・節に譲ることにする．

〔坂下明彦〕

第5章
農産物の価格と流通

1. 「市場」に関する一般理論

(1) 具体的市場と抽象的市場

「市場」というと，君たちは何をイメージするだろうか．街を歩けば，裏通りに「〇〇市場」というのがあり，そこでは魚屋さんや八百屋さん，惣菜屋さんなどが軒をつらねている．この場合の「市場」はシジョウ，あるいはイチバと呼ばれている．また，大都市には「中央卸売市場」というのがあって，そこでは青果物，水産物，花きなどの卸売を行っている．材木市場や古本市場というものもある．いずれも特定の施設に多人数が集まり，実際に商品が売買されている．このように目に見える形で存在し，特定商品の売買がなされている「市場」を，**具体的市場**という．

具体的市場は，人間が消費するモノ（商品）の市場だけではない．「株式市場」や「外国為替市場」などが存在していることからわかるように，金融商品と呼ばれるものも特定の場所（証券取引所など）で売買されている．これも具体的市場である．

「市場」という言葉は，「市場がある」「市場が狭い」「市場を開拓する」というようにも用いられる．この場合の「市場」は，売り手からみた販路（売り先）のことであり，すべてシジョウと読む．「4兆円のコメ市場」「5兆円のパソコン市場」というように，「市場」という言葉が，その財の「需要」そのものを指す場合もある．こうした「市場」は目に見えるわけではないか

ら，**抽象的市場**という．

経済学的には，売り手と買い手が会合し，売買が行われる「場」を，すべて**市場**と呼んでいる．この「市場」には，具体的なものも，抽象的なものもある．具体的な「市場」には，個々の商品についての企業間，企業・個人間のすべての売買（trade）が含まれる．ここでは，売り手と買い手との間で価格と売渡量（＝買入量）の交渉（negotiation）がなされ，最終的に価格が形成されるとともに，売り手から買い手への商品の移転（法律的には所有権の移転）がなされる．後者の過程は，一般的には**流通**と呼ばれる．したがって，具体的な市場は，機能的には「価格形成と商品流通の場」と定義できる．もっとも，価格形成と商品流通は，同一場所で同時になされるとはかぎらず，両者が場所的にも時間的にも分離してなされる場合も少なくない．とくに，卸売の場合がそうである．

次に抽象的な意味での「市場」とは，需要と供給が会合し，価格形成がなされるメカニズムのことである．一般社会では最近，「市場」を，このような意味で用いるケースが多い．よく**市場メカニズム**とか市場原理という言い方がなされるが，これは需要と供給の量的関係によって価格が変化すること，あるいは価格の変化によって需給が変化することを含意している．需給関係によって形成される価格のことを**市場価格**という．

(2) 市場経済と資本主義

市場経済とは，基本的に商品の価格が需給関係によって，すなわち市場価格によって決まる経済の体制のことをいう．市場メカニズムが支配する社会といってもよい．

資本主義とは，この市場経済の枠組みの中で，生産手段の所有者である資本家が，労働力の所有者である労働者を雇用して，利潤目的に生産する経済体制のことである．利潤目的であるから，社会的に需要がある財であっても，利潤が得られる見込みがなければ生産されない．その結果，その財の価格は上昇し，生産する者の利潤が増えることになるので，その生産部門への資本

家の投資がなされ，生産量（供給量）は増加する．しかし，需要が一定な中で，生産量が増加すれば，市場メカニズムによって価格は下がる．そうなると，利潤も減るので，資本家は生産を抑制せざるを得ない．このように市場メカニズムが十分に作用すれば，資本主義の下でも価格の上下によって需給は自動的に調節される．

しかし，現代のように大企業が支配している社会（これを **独占資本主義** という）では，独占的な企業の行動によって，市場の自動調節作用が失われている．加えてこの社会では，資本主義のさまざまな矛盾が噴出し，体制維持のために国家（政府）が市場介入を行わざるを得ない．そのことは，世界と日本の現実をみれば明らかである．

2. 資本循環と農業関連市場

(1) 資本循環と市場

資本主義の下では，資本は利潤を求めて行動する．その場合，出発点にある資本は一定額の貨幣であり，その後，資本は次のように姿態を変えて運動する．これを **資本循環** という．

$$G \to W \begin{cases} Pm \\ \cdots\cdots P \cdots\cdots W' \to G' \\ A \end{cases}$$

G は出発点にある貨幣で，資本家はこれを投じて W（生産のための資本）を確保する．W は **生産手段**（工場設備，機械，エネルギー，原料など）である Pm と **労働力商品** である A に分かれる．そして，両者の結合によって P（生産）がなされる．資本家は生産過程の中で，労働力という商品がもっている価値（簡単には労働者の生活費とイコールである）以上の価値生産（これを **剰余価値** という）を行い，新たに生産された商品の価値は，剰余価値が付加されて W'（$>W$）となる．この W' 商品がその価値どおりに販売されると，資本家は最初に投資した貨幣（G）よりも増殖された貨幣（G'）

を手にする．最初の投資 (W) に対する剰余価値の割合を利潤率というが，この値より多くの利潤率を求める資本の移動によって平均化され，各資本家の手元には**平均利潤**が入る．平均利潤は資本家による再投資の源泉になり，以上の資本循環が繰り返される．

こうした資本の姿態転換は，生産過程 (P) 以外はすべて市場において行われる．具体的には，① $G \to Pm$ は**商品市場**で，② $G \to A$ は**労働市場**で，③ $W' \to P'$ は商品市場で，それぞれ行われる．商品市場は，その商品の用途に応じて，**生産財市場** と **消費財市場** に分かれる．①は生産財市場だが，③は生産財と消費財の両方の市場が含まれる．

(2) 農業における資本循環と市場

以上のような資本循環の範式とこれに対応する市場は，農業における資本循環と市場にも当てはめることができる．

農業者はまず投資のための貨幣資本を準備しなければならないが，農業者は通常はこれを①**農業金融市場** から融通を受ける．日本の場合，融通先は農協や政府系の金融機関からが多い．融通された貨幣資本 (G) は，生産財 (Pm) と労働力 (A) の調達のために投資される．農業における Pm は，狭義には農業機械，肥料，農薬，種子，家畜などであるが，広義には農地，農業倉庫，畜舎，集出荷場，乾燥調整施設なども含まれる．このうち農地を除く生産財は②**農業生産財市場** で調達（購入，利用）され，農地は③**農地市場** で調達（購入，借入れ）される．農地市場で取引される農地の価格や地代は，地域によっては宅地や工場用地，道路など公共用地に対する需要（土地市場）の影響を受ける．

農業における労働力は，④**農村労働力市場** で調達される．だが，農業は多くの国で家族経営が支配的である．ここでは，農業労働力は自己調達されることになるが，時期によって不足する場合には，臨時に労働力を雇用する．その際に支払う賃金や雇用条件は，他産業を含む周辺農村のそれや一般の労働市場に影響される．家族労働力も一般労働市場の影響を受け，農業従事に

よって世間並みの「賃金」が実現されない場合には，農業離脱の要因になる．

　農地と農業生産財に対する労働力の働きかけによって農業生産がなされるが，この生産過程では「市場」は出てこない．農作物では収穫後，これを販売する時期になって初めて「市場」と出会う．この「市場」は⑤**農産物市場**である．現在では，収穫物をそのままの姿で販売することは少なく，選別や包装がなされたものが販売される．食肉，生乳，鶏卵のような畜産物の場合にも，家畜から得られる生産物そのものではなく，何らかの加工を経たものが販売される．また，販売がなされる場所も生産現場ではなく，他の場所に輸送されて販売される場合が多い．こうした加工，選別，包装，輸送については，「流通過程に延長された生産過程」と呼ぶことがある．

(3) 農産物市場と農業生産財市場

　以上，農業における資本の循環を追ってきた結果，①農業金融市場，②農業生産財市場，③農地市場，④農村労働力市場，⑤農産物市場，の5つの市場の存在を知ることができた．この5つを **農業関連市場** または **農業市場** と呼んでいる．5市場のどれが欠けても，農業の資本循環（「再生産」といってもよい）がなされない．しかし，農業市場学がこれまで研究対象としてきたのは，⑤農産物市場と②農業生産財市場，とくに前者である．いずれも，狭い意味での商品（＝財）の市場である．残りの3つの市場については，農業経営や非農業との関連がつよく，農業経済学全体，あるいは一般の経済学との研究協力の中で取り上げるべき対象である．

　農産物市場に含められる「農産物」の用途（経済学的には **使用価値** という）は，綿花や羊毛のように，衣料その他の工業製品の原料となるものもあるが，何といっても多いのは「食料」である．しかも，今日では，農産物をそのままの形で食料とするケースは，コメ，青果物など一部に過ぎず，多くは加工された食料として販売されている．前者についても，近年では，加工されて販売されるものが増えてきている．これらの農産物は，小麦粉製品，大豆製品，砂糖，乳製品，肉製品などを製造する食品工業の原料になるが，

この場合の農産物は **原料農産物市場** を通じて食品企業に販売される．食料と農産物の間のこうした相即不離の関係に着目して，**食料・農産物市場** という把握の仕方で研究をすすめることも有効である．

　畜産物の大半も，一連の加工を経た畜産製品（食肉，ハム・ソーセージ，飲用牛乳，乳製品など）の形態で販売されている．しかし，農業者の中には，肉畜（生体），生乳などの素材形態で販売するものも少なくない．この場合の畜産物は原料農産物であり，先述の食品工業が買い手となる．このように **畜産物市場** についても，「食料・農産物市場」という把握が必要である．なお，畜産物市場については，農産物市場と区別して呼ぶ場合もあるが，農産物市場の中に畜産物を含めたり，両者を合わせて **農畜産物市場** と呼ぶ場合もあり，一定していない．この章では，畜産物を含めて農産物市場と一括する．

　次に，農業生産財には，農業機械，化学肥料，農薬，園芸資材など工業の生産物と，種苗，子畜など農業の生産物とがある．飼料は原料の大半は農業の生産物であるが，飼料工業によって加工されて製品になっている．しかし，農業生産財について，工業製品か農業生産物かによって分けるのは，表面的であまり意味がない．製造および販売する主体が，大企業であるか，中小企業・零細業者であるかによって，農業生産財市場および農産物市場へのインパクトがちがってくるからである．現実には，飼料や農薬，種子などの分野では，多国籍 **アグリビジネス** といって，農業大国であるアメリカを基盤にしつつ，世界を股に掛けて展開している大企業も存在している．これらのアグリビジネスの中には，農業生産財市場から食料・農産物市場に触手を伸ばしているものもある．とくに飼料企業と畜産企業，種子企業と農業の関連はつよく，そこにはインテグレーション（特定企業による関連企業の統合）と呼ばれる関係がしばしば生まれている．この点では，農産物市場と農業生産財市場は，一体的にとらえる必要がある．

　ところで，農産物市場も農業生産財市場も「市場」という点では同じ論理が作用する．その「市場」は，前述したように機能的には「価格形成と商品流通の場」であった．そのため，これら2つの市場を把握しようとする際に

は，市場の機能である「価格形成」と「商品流通」を分けて検討する必要がある．

以下，農産物市場を対象にこれらの基本的しくみを解説するが，その前に商品としての農産物の特性に触れておこう．

3. 農産物の商品特性

第1は，生産が一般に長期にわたり，品目によっては生産に季節性があることである．たとえばコメにおいては，わが国では春先に播種をして苗をつくり，それを初夏に田圃に定植（田植え）する．そして順調に育てば秋に収穫するわけだが，その間，6カ月くらいの期間を必要とする．野菜でも播種から収穫まで2～4カ月，生育の早い葉物類でも1カ月はかかる．露地栽培では生産できる季節も限られる．家畜でも，種付け，妊娠，出産，育成，肥育の過程があり，出生後，成畜として出荷されるまでに，平均してブロイラーで60日，ブタで7カ月，肉牛（和牛）で29カ月の期間を要する．生産に長期間を必要とするという農産物の第1の商品特性は，需要が増え，価格が上昇したとしても，供給側が即座に対応できないことを意味する．そのため，いったん上昇した価格は，容易に収まらない．逆に，価格が下がった場合には，供給調整が難しく，価格下落に拍車をかける．要するに価格の変化に対して，市場メカニズムが作用しにくく，その結果として価格変動が激しくなるのである．

第2は，農作物によっては，一定の気象的・地形的・土壌的条件がなければ品質の良いものが生産できないことである．たとえば柑橘類（ミカンなど）は，わが国では西南の暖地でなければ栽培できない．産地の中でも，日当たりと排水が良い南斜面で栽培されたものが，糖度が高くおいしいといわれる．こうした有利な土地で栽培を行う生産者の手元には，経済学的に**独占地代**といわれるものが入る．

第3は，農業は自然を相手にした生産であるため，気象の変化や病害虫の

発生いかんでは，生産量や品質が大きく変動する．全国的に生産計画（コメの減反政策など）をつくり，それに従って作付けしたとしても，気象変動等によって豊凶が生まれる．そのため，農産物を市場メカニズムに委ねれば，価格変動が避けられない．もっとも，一部の野菜や果実では，近年，ビニールハウス，ガラス温室による施設栽培が盛んになり，技術的には生産の不安定性が克服されつつある．だが，生産者が共同の生産計画をもたず，バラバラに生産・出荷しているため，供給のコントロールができない．

第4は，無機物である工業製品とちがって，農産物は有機物であるため，流通や消費の過程で品質低下や腐敗がすすみ，商品の使用価値が時間とともに変化してしまう．そのため，流通過程（保管，輸送，陳列等）において保冷，冷蔵，冷凍などの鮮度維持の技術が必要であり，それだけ流通経費を高める要因になる．また，消費者は，大量買いによる品質低下や腐敗を避けようとすることから，一般に購入単位は小さい．

第5は，農産物は，工業製品のように統一した品質や規格で生産することはできず，同じ品種の作物・家畜を同一期間に同一な方法で栽培・飼養したとしても，最終的な生産物には大きさや品質の差が生まれる．そのため，商品化のためには，一定の規格にもとづく選別が欠かせない．こうした事情も流通経費を高めることになる．

第6は，農産物は一般に生活必需品で日々の食卓に欠かせない．そのため，消費者価格が上がったからといって，消費量をあまり減らすことができない．逆に，価格が下がったからといって，消費量を増やすこともない．こうした農産物の需要特性については，経済学的には**需要の価格弾力性**が低い（需要変化率／価格変化率が1以下）という．しかし，価格弾力性は農産物によってちがいがある．コメ，小麦，大豆（あるいは，これらを原料とした製品）のような基礎的食料の価格弾力性は低いが，果物や高級食肉，あるいは嗜好品的な農産物のそれは比較的高い．

以上のように，農産物は，工業製品とちがって市場メカニズムに容易に順応しがたい特性をもっている．農産物で価格変動が激しいのは，そのことの

現れでもある．そのため，農産物価格の安定化のためには，何らかの政策的措置が必要なのである．加えて，農産物は工業製品とちがい，次のような独特の価格形成論理がある．

4. 農産物価格はどうして決まるか：農産物価格論

(1) 農業の2つのタイプ：資本主義的農業と小農制農業

　農業には，労働者を雇用して行われる**資本主義的農業**と，主に家族労働によって行われる**小農制農業**の，大きくは2つのタイプがある．前者は，現代ではアメリカの大規模農業や南米・アジアのプランテーション農業にみられるが，歴史的には19世紀イギリスのそれが典型である．当時のイギリスでは，大きな農地を所有する地主（貴族が多い）が存在し，この農地を借り入れして農業投資を行う資本家と，彼らに雇われて農業労働を行う労働者の，3つの階層（地主，農業資本家，農業労働者）が存在していた．こうした形態の資本主義的農業では，地主には地代，農業資本家には利潤，農業労働者には賃金が入るので，**三分割制農業**とも呼ばれる．

　後者の小農制農業の典型は，わが国に広くみられる自作農家による農業である．これは農家自身が，地主であり，農業資本家であり，農業労働者でもある，いわゆる三位一体性を特徴とする．「小農」本来の定義は，①家族労働力で耕作できる程度の大きさの農地を所有し，②農業を通じて家族の生活が維持できる農業所得を確保できる，という2つの条件を満たす農家のことである．だが，現在のわが国では，とくに後者の定義にあてはまる農家は少なく，農業所得に兼業所得をプラスすることによって，家族の生活費をカバーしている農家が9割前後を占める．積極的に規模を拡大し，②の条件を満たしたうえで，さらに余剰利益も得ている少数の農家も存在するが，その場合の経営農地拡大は主に借地によってなされている．わが国では，まだ農地の価格水準が高く，一般には購入して採算が取れる条件がないからである．ともあれ，借地によって規模拡大した農家でも，経営耕地の多くが自作地で

あり，かつ家族労働力主体に耕作を行っている場合は，「小農」の範疇に入れてよいだろう．

(2) 土地条件の差異と限界原理

これから述べるように，農産物価格の形成論理は，上記の資本主義的農業の場合と，小農制農業の場合とでは異なっている．だが，共通する論理が2つある．第1は，いずれのタイプの農業においても，土地が主要な生産手段であり，その土地には豊度（肥沃度）や位置といった，さしあたっては人力ではどうしようもない自然的条件の差異があることである．この事実によって，同じ面積に対して同額の資本（農業機械や肥料など）を投下したとしても，土地によって得られる収穫量は異なり，農産物単位量当たりの生産費でみると格差（序列）ができることになる．単位面積当たり収量が多く，したがって農産物単位量当たりの生産費が低い土地を**優等地**と呼び，逆に収量が少なく，生産費が高い土地を**劣等地**と呼ぶ．両者は，あくまでも序列をもった相対的な概念である．

ところで，それぞれの農産物には一定量の社会的需要があるが，その需要を満たすことのできる供給には，生産費の低い優等地で生産されるものから，これが高い劣等地で生産されるものまで含まれる．換言すれば，社会的需要の範囲内で優等地→劣等地という生産費の序列ができることになるが，その中でもっとも土地の自然的条件が悪く，生産費が最大の土地を最劣等地または**限界地**と呼ぶ．土地を主な生産手段とする農業では，この社会的需要に対する限界地で経営する農業者の生産費が，価格的に補償されなければ，社会的に必要な供給量は確保できない．生産費を恒常的に割るような価格では，限界地の生産が維持できないからである．したがって，農産物の価格形成は，論理的には，それぞれの農産物の社会的需要に対する限界地において耕作する，農業者の生産費（**限界生産費**という）が基準となる．これが第2の論理である．

第2の点は，工業製品と相違する点である．工業においては，その商品を

もっとも大量に供給する標準的な企業の平均生産費（資本家的経営ではこれに平均利潤がプラスされる）が，価格形成の基準になる．これを**平均原理**という．この原理が作用することにより，標準的な企業よりも生産性が高く，平均生産費以下で生産できる企業の手元には，経済学的には「特別剰余価値」と呼ばれる，プラス・アルファの利潤が入り，さらに競争力を高めるための投資が可能になる．また，標準的企業より生産性が低い企業は，平均利潤が確保できず，場合によってはコスト割れをきたして，企業間競争から脱落する．

これに対し農業では，前述のように社会的需要に対する限界地の生産者の生産費（限界生産費）が，価格形成の基準になり，工業のように平均生産費が基準とならない．これを**限界原理**と呼ぶ．繰り返し言えば，農業で限界原理が作用するのは，収量と生産費序列が存在する土地を主な生産手段とし，社会的需要の範囲内では，最劣等の土地で生産される農産物まで社会的供給に参加するからである．

(3) 資本主義的農業の価格形成

以上から，土地生産である農業では，限界地の生産者の生産費が価格形成の基準となることが明らかになったが，その生産費の中身は，資本主義的農業と小農制農業では異なっている．前者の資本主義的農業では，生産者である農業資本家の投資は，経済学的には**不変資本**（C）と呼ぶ物財費等（肥料・農薬・種子など流動的費用，農業機械・設備の減価償却費など）と，**可変資本**（V）と呼ぶ賃金部分（農業労働者に支払う労賃）に分かれる．すなわち $C+V$ が投資を行う資本家が負担する費用であり，これを**費用価格**と呼ぶ．しかし，資本家の投資の目的は，利潤の獲得にあり，少なくても「平均利潤」（P）が得られないと，農業から資本を引き上げることがある．かくして，農産物の価格形成の基準となる生産費は，資本主義的農業の場合，「$C+V+P$」，すなわち「費用価格＋平均利潤」（これを**生産価格**と呼ぶ）となる．

このうち，費用価格については土地の自然的条件によって差が生まれる．

同じ資本を投じても，優等な土地の費用価格は，劣等なそれよりも小さい．しかし，農産物価格は，限界地の生産費（生産価格）を基準にして決まるので，限界地よりも優等な土地で生産される農産物には，費用価格が小さい分だけ「剰余」が生まれることになる．これを **差額地代** (Rd) という．だが，差額地代は，優等な土地を所有している地主のものであり，農業資本家のものとはならない．資本家には，すでに平均利潤が入っているので，これで満足するほかない．

このように地主は，その土地条件の優劣に応じて差額地代を受け取るが，この種の地代は，論理的には限界地の地主には入らないことになる．しかし，限界地の土地を貸す地主がいないと，社会的需要に答える農業生産ができない．そのため，限界地を含むすべての地主に対して土地を借りる代償として地代を払う必要がある．この種の地代は，地主の側からみると，土地を排他的に所有していることから要求できる地代であり，経済学的には **絶対地代** (Ra) と呼ばれる．

資本主義的農業の生産費と地代を上記のようにとらえると，この農業形態における農産物価格形成の基準は，論理的には「限界地における生産価格 $(C+V+P)$ ＋絶対地代 (Ra)」となる．

(4) 小農制農業の価格形成

以上の論理が理解できるならば，小農制農業における価格形成の基準はその応用としてとらえることができる．小農制農業の農産物価格形成が，資本主義的農業のそれと違うのは，第1に，小農は小資本家ではあるが，資本主義的農業のような平均利潤は要求しないことである．彼は，投資した不変資本 (C) が回収され，かつ自分とその家族の労働への対価としての労賃 (V) が支払われれば生産を継続する．第2に，小農は，自ら耕作地を所有する地主であるので，三分割制の資本主義的農業のように絶対地代は要求しない．そのため，小農制農業における農産物価格形成の基準は，論理的には「限界地における費用価格 $(C+V)$」となる．

以上から明らかなとおり，小農制農業の農産物価格は，資本主義的農業のそれに比べて，平均利潤と絶対地代の分だけ低い．小農はそれだけ低農産物価格に耐え得るのである．それが，多くの資本主義国において，小農制農業が強靱な力をもっている要因でもある．もう少し現実に即して言えば，小農が支払いを求める V は，一般の労働者が平均的に受け取る V でなくてもよい．小農は，農産物価格が安くても，自分の土地から容易に離れられない．また，自作地から生活に必要な食料が得られる分だけ，生活費が安くすむ．こうした諸事情は，小農とその家族に対して苛酷な肉体労働を強いるだけでなく，V の水準をしばしば世間一般のそれから引き下げていく．

しかし，優等地に位置する小農には，費用価格が少ない分だけ，差額地代が発生する．この点は，資本主義的農業と同様である．しかも，資本主義的農業の場合，差額地代は地主のものとなったが，小農制農業の場合には，生

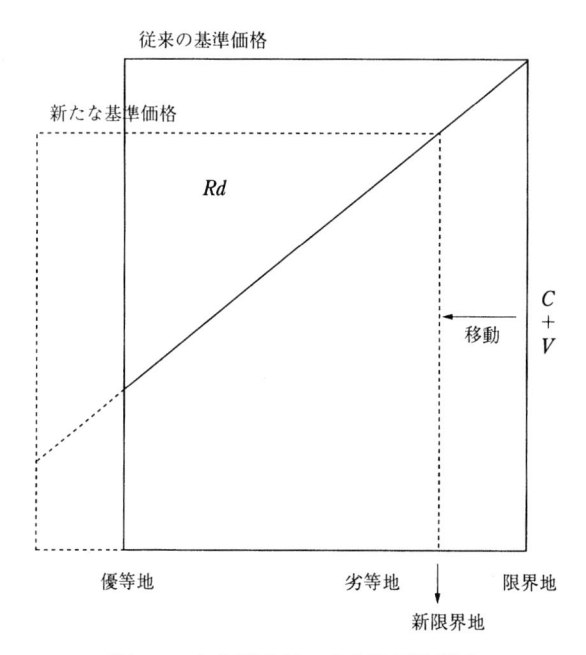

図5-1 小農制農業の農産物価格形成

産者みずからがそれを取得できる．この差額地代は，農家余剰として，小農の追加投資の源泉となる．追加投資の結果，優等地の農民が，生産規模を拡大し，農産物単位当たりの費用価格をさらに引き下げることに成功するならば，農産物の基準価格も下がっていく．なぜならば，社会的需要を一定とした場合，規模拡大投資によって優等地農民の生産シェアが拡大した分だけ，従来の限界地農民の生産物が不要になり，費用価格がより小さい新たな限界地が設定されるからである．図5-1で説明すると，優等地の生産シェアが増えた分（点線部分）だけ，限界地が左に移動し，新限界地の費用価格（$C+V$）が，新たな基準価格となるのである．

このように，限界原理によって農産物価格が決まったとしても，競争原理が働き，農産物価格は下がるのである．その動因は，差額地代（Rd）を求める小農間の競争である．競争の結果，優等地農民（コスト面からみれば大規模農家が多い）の生産シェアが拡大していけば，その延長線上に企業的農業者層の形成も展望しうる．だが，その前提には，農産物価格が限界地における費用価格で決まり，優等地農民に差額地代が入る仕組みが確立していなければならない．

(5) 市場価格と基準価格

前述のように，工業製品の価格形成には平均原理が作用するが，農産物のそれには限界原理が作用する．有限な土地を主要な生産手段とする農業の価格形成は，工業のそれとは論理次元がちがうのである．

もとより，工業製品も農産物も，実際の価格形成は，時間とともに変動する当該商品の需給関係によって決められていく．この価格が市場価格と呼ばれることは前述した．商品ごとに付けられている「生産者価格」「卸売価格」「小売価格」などの実体は，この市場価格であり，短期的には需給関係の変化とともに変動している．だが，長期的に価格の動きをみた場合，市場価格を調整する，一種の**基準価格**の存在がみてとれる．工業製品の場合，基準価格は平均生産費（標準的企業の生産費）であり，農産物では，限界生産費

(社会的需要に対する限界地の生産者の生産費) である．

　基準価格が市場価格を調整するメカニズムはこうである．かりに市場価格が，基準価格を下回った場合，工業では標準的企業よりも低生産性で生産費が高い企業の一部が，農業では限界生産費に近い劣等地の生産者が，コスト割れをきたし，生産から手を引く．その結果，一定の需要の下ではその商品の供給が不足し，価格は上昇する．そうなると，生産から手を引いた企業や生産者の生産費をカバーできるようになり，生産が再開される．価格上昇が大きい場合には，新規参入する企業・生産者も出てくる．しかし，新規参入によって供給が増えれば，限られた需要の下では，いずれ供給過剰になり，価格は下がる．

　市場ではこうした繰り返しがなされ，価格は変動する．だが，価格変動を調整するのはみられるとおり基準価格，すなわち，工業では平均生産費，農業では限界生産費である．その点で，実際に形成されている価格の水準を，生産費の側面から検討することが学問的にも必要となってくる．かくして農業市場学では，**農産物価格論**がひとつの重要な研究分野となる．

(6)　農産物価格政策論

　農産物価格論では，もうひとつ留意すべき点がある．それは市場経済のすすんだ国では，農産物価格を単純に市場メカニズムにまかせず，多かれ少なかれ国が政策的に介入している事実があることである．この実態についての研究は**農産物価格政策論**と呼ばれ，農産物価格論の中でこれまで大きな地位を占めてきた．

　近年の新自由主義や規制緩和論の横行の中で，農産物価格政策については，これを縮小・廃止する方向がつよまっている．だが，農産物の価格形成については以上で説明したような独特の論理がある．そのため，主に工業製品の価格形成原理である市場メカニズムをストレートに導入することによって，問題はかえって複雑化する．農産物価格のあり方については，農産物価格政策論の中で詰められるべき問題である．

次に農産物市場のもうひとつの機能である，商品流通の特徴とそこでの問題を概説する．

5. 生産者から消費者までの経路：農産物流通論

(1) 複雑・多段階な流通経路

農産物市場における売り手は，通常は農業者（生産者）であるが，日本では生産者の委託を受けた農協が，売り手になる場合が一般的である．農協には生産者のほとんどが加入しており，生産者にとっても農協を通じた共同販売の方が，スケール・メリットを実現し，個人で販売するよりは通常は有利に販売できるからである．

農産物市場の買い手は，産地商人，卸売業者，加工業者などさまざまである．青果物では**卸売市場**というものがあり，ここでは生産者や農協の委託を受けた荷受け業者（卸売人）が仲卸売業者や買参人（小売業者）に販売する．だが，青果物でも卸売市場を経由しない，いわゆる**市場外流通**も存在する．食肉でも卸売市場経由の流通が存在するが，むしろ市場外流通の方が主流である．

これ以外の農産物を含め，農産物流通は工業製品にくらべて複雑であり，流通経路も多段階である．農産物流通を複雑で多段階にしている要因に，前述したような農産物の商品特性がある．とくに，①農産物が有機物であり，時間の経過とともに使用価値の低下がすすむため，加工や鮮度・品質の維持の過程が欠かせないこと，②農業の自然的性質から生産物にバラツキが生まれ，品質や規格の統一のための選別・調整過程が必要なこと，さらに③穀物のような貯蔵性のある農産物においては，収穫が一定時期になされる一方で，消費が通年なされることから，保管機能が重要なこと，の3点は生産者（農協）と消費者（小売業者）との間に多様な中間業者を介在させる要因となっている．

また，肉畜，生乳，籾（または玄米），小麦，甜菜，茶のように，農業者

が生産した生産物のままでは消費できず，多かれ少なかれ加工という過程を経ることによって，消費者にわたる農産物も存在している．これらの農産物では，と場，食肉加工場，乳製品工場，精米所，精麦所，製糖工場，製茶工場のような加工施設が必要であり，それを所有・運営する業者が大きな力をもっている．

(2) 流通過程と商業資本

農産物に限らず，商品が生産者から消費者にわたる過程（これを **流通過程** という）では，一般に **商業資本** が介在する．商業資本には **前期的商業資本** と **近代的商業資本** がある．前者は，主に資本主義以前の社会にみられ，生産者から安く買って第三者に高く売ることによって利潤（**譲渡利潤** という）を得る．これは，商人あるいは **商人資本** とも呼ばれている．後者は，資本主義社会において，産業資本に代わって，生産された商品の流通を専門的に担い，その代償として産業資本から剰余価値の一部（これを **商業利潤** という）を取得する．すなわち，近代的商業資本が行う純粋な流通行為（店舗販売，広告宣伝，経理事務など）は，それ自体としては剰余価値を生まない．しかし，保管や輸送については「流通過程に延長された生産過程」と呼ばれ，産業資本と同様に剰余価値を生産し，その経費と利潤は，製造品の出荷価格に上乗せされる．

(3) 農民の共同販売と農協

発展途上国など資本主義が未成熟な社会や産業部門では，いまでも商人資本の力がつよい．第2次世界大戦前の日本では，農業は零細多数な小作農と一部の自作農が担当し，商品生産としては未成熟かつ分散的であった．そのため，農産物の流通は，特定の販路をもつ前期的な商人資本によって分断的に支配され，農民の販売価格はしばしば生産費を割り込んでいた．一部の商人資本は肥料などの資材販売業を兼務し，資材の販売代金を前貸しすることによって，農民から生産物を安く買い集めた．小作農から現物で小作料を受

け取る地主も，農産物販売において，商人資本に買い叩かれることが少なくなかった．

そのため，大正期頃から特産青果物の産地を中心に農民の共同販売組織が生まれ，独自に集荷と販売を行うことによって商人資本に対抗した．1900年制定の産業組合法によって，政府の庇護の下に結成された産業組合も，昭和初期以降，コメの共同販売に進出し，主に集荷面で商人資本に対抗した．

第2次大戦後の農地改革と農業協同組合法の制定（1947年）によって，ほとんどの自作農民を結集した農協が誕生し，農産物の共同販売も飛躍的に発展していった．また，戦後には商人資本も近代的な商業資本に脱皮し，**産地商人**という看板で農協と競争している．食品工業メーカーや農業資材メーカー，総合商社などのアグリビジネスも農産物市場への参入をすすめている．農協組織に対しては，戦後も農産物価格政策や集荷・加工施設等への補助金を通じて政府の支援がなされ，これが，農産物集荷面における農協の巨大なシェア確保を可能にしていた．

しかし，近年の農産物価格政策の後退と規制緩和政策の進展を契機に，アグリビジネスや産地商人の進出が活発化し，農協のシェアに激しく食い込んでいる．これに対して農協も近代的商業資本としての性格をつよめることによって対抗している．もともと農産物集荷における農協の経済的強みは，第1に組合員農民からの委託販売のため，買い取り資金が不要なこと，第2に協同組合のため農民からは販売手数料しか徴収できず，結果として流通経費が少なくすむことの2点にあった．だが，アグリビジネス等への対抗上，農協が商業資本としての性格をつよめることは，これらの利点を失うだけでなく，組合員である農民との対立関係も深まっていくことになる．

こうした政策転換の下でのアグリビジネス等の集荷参入と，農協共販の対応の実態について明らかにすることは，**農産物流通論**においても重要な研究課題となっている．

(4) 卸売・小売業の変動と農民・消費者

　農協またはアグリビジネス・産地商人によって集荷された農産物は，通常は卸売業者，小売業者を経由して消費者にわたる．このような卸・小売業者も，近代資本主義社会では商業資本としての性格をもっている．しかし，1970年代までのわが国では，食料品小売業者の大半は家族協業によって支えられた自営業者であった．ところが，その後の**量販店**の進出によって，自営的食料品小売業者の多くが駆逐され，現在では全国チェーンの量販店やローカル・スーパーが小売販売の過半を占めるまでになった．また，近年では大手量販店の資本系列にあるコンビニエンス・ストアの全国展開によって，従来の自営小売業者の一部がその傘下に組み込まれ，本部に高額のロイヤリティ（商標の使用料，ノウハウ料，広告宣伝費などの名目で支払いを求められるもので，粗利益の40％前後に及ぶ）を上納しつつ，長時間の営業を続けている．コンビニ化の動きは，最近では大手量販店系列以外の小売業者にも広がっている．もっとも，コンビニエンス・ストアで扱っている食料品には，インスタント食品，飲料，弁当類が多く，青果物，食肉，コメなどの食品小売業に占めるシェアは少ない．

　ともあれ，こうした食料品小売業の地滑り的な変動は，卸売業者に対しても大きな影響を与えている．とくに，量販店やコンビニエンス・ストアの進出は，卸売業者に対するバイイング・パワー（buying power）の形成となり，これらに商品を納入している卸売業者は，値引き，バック・ペイの要求など，さまざまな不利益を受けている．大手小売業者からのこうした要求に答えない卸売業者は，取引が停止され，存続が危うくなる．

　もともと食料品や農産物の卸売業者は，零細多数の生産者（農民，漁民など）と，八百屋，魚屋，米屋など，同じく零細多数の小売業者の橋渡し（中継ぎ）を行うことを存立の基盤にしてきた．しかし，以上のような食料品小売業界の変動は，こうした基盤を揺さぶり，少なからぬ卸売業者は経営危機に陥っている．

　大手小売業者の進出と卸売業者の再編が，食料品・農産物の生産者や消費

者に与える影響を明らかにすることは，農産物流通論における喫緊の課題である．

その他，農産物流通論には多様な研究課題が山積している．健全で意欲のもてる農業と，安全で豊かな食生活の確立において，流通の役割はきわめて大きいからである．

〔三島徳三〕

第6章
国際農業開発への発信

I. 日本の経験と農業開発

　開発経済，経済発展，経済成長などと銘打った教科書，研究書は多数ある．それらを手にして目次を眺めると，その多様なことに気づくであろう．研究対象が開発途上国となることが多いにしても，アジア，ラテンアメリカ，アフリカでは大いに事情が異なるし，アジアでも東アジア，南アジアさらに国別に考察しても多様性は際限もない．社会科学としてはそこに脈打つ基本原理をどう捉えるかが問題であり，そこから抽出するモデルも多様である．経済原論の教科書であればミクロ経済学でもマクロ経済学でもこれほどの多様性はない．開発問題への接近方法は一様ではない．

　この節では，(1)農業に重点をおいて経済全体を視野に入れつつ日本の経験が何を示しているかを確かめること，そして(2)開発経済のモデル分析としてのデュアリズム理論の系譜を整理することに主眼をおこう．開発経済の事例分析として日本の経験は，信頼性の高いデータに支えられて内外の研究蓄積が豊富である．また，デュアリズム理論の検証といった面からも成果が多いことがその理由である．

　むろん，今日では世界各地の貧困の問題をどう解決すべきかが国連の重要課題であるし，わが国が海外援助を通じて貢献すべき責任も大きい．このような当面の問題を考えるうえで，これまでの内外の研究成果の確認は基礎を

なすはずである．

1. 日本の経済成長と農業

(1) 明治期以後の日本農業

明治維新後130年をへた現在まで，わが国の経験した急速な経済成長の鍵はなにか．このことをめぐって内外の関心は強く，多くの研究が蓄積している．経済史からの地道な研究も多い．その成果も踏まえながら経済成長の源泉はなにか，後でふれる諸成長モデルとかかわらせて日本はいつ転換点をむかえたか，といった新たな視角からの分析がすすめられてきた．とりわけ「長期経済統計」[1]を整備する過程で得られた成果が大きい．

歴史研究を「史家は……社会相が相互依存し合いながら変化してゆくありさまを跡づけようとするが，多くは実現した現象に後から講釈を加える類のものであり，その分析は断片的なもので，統一的・包括的とはいい難い．(中略) その結論は信念の吐露であっても，実証の対象となるようなものでない」[2]と厳しく批判するむきもある．しかし，開発経済論は理論と歴史の接点に位置して，歴史研究の成果に依拠しつつすすめられるべきものであろう．両者は相互補完的な関係にあると考える．標準的な日本経済史の，とりわけ近世・近代を重点的にとりあげたテキストによって基礎を固めておく必要がある[3]．西欧経済史も同様である．

図6-1は，1880年頃から100年にわたる，わが国の作目別にみた生産額の推移を示している（1934〜36年価格）．特徴的なのは，養蚕の1930年までの急増とそれ以後の激減，戦後の畜産の急増である．この図が半対数グラフであることに注意すれば圧倒的に大きなウェイトを占める稲作とその戦後における相対的な地位の低下が理解できよう．このような長期趨勢の把握は，前述の「長期経済統計」の整備によって可能となる．

I. 日本の経験と農業開発

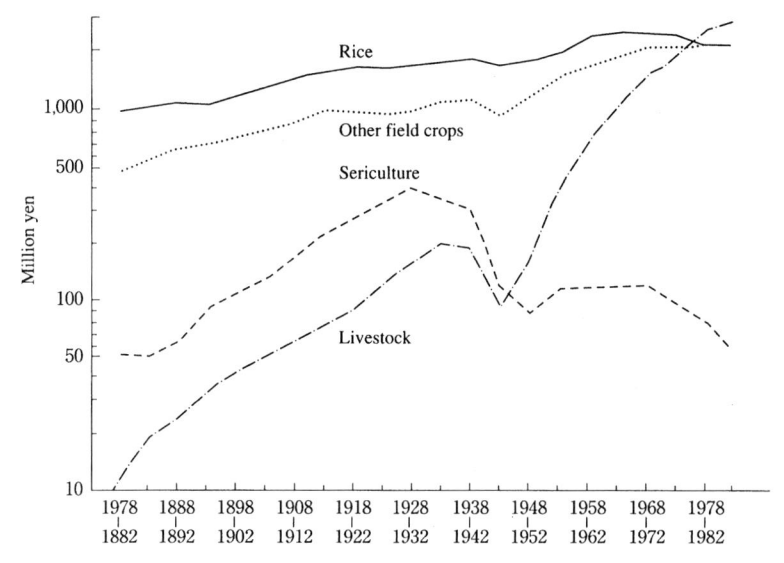

出所：Yamada, S. (1975) Quantitative Aspects of Agricultural Development, in Hayami and associates, *A Century of Agricultural Growth in Japan*, University of Tokyo Press.

図 6-1　作物別農業生産額の推移

(2) 先行条件仮説に対する同時成長仮説

幕末から 1880 年までに関しては全国的な統計の整備はなお課題を残している．工業化の初期段階にあった 1880 年から 1900 年頃の土地生産性が，今日の東南アジアの水準をはるかに上まわる籾米ヘクタール当たり 3.22 トンだったとするジェームス・ナカムラの説と「長期経済統計」を論拠に 2.55 トン程度だとする速水・山田らの説がある[4]．日本の経験では農業・工業が同時に成長したとする「同時成長仮説」は，新たな統計資料の整備に負っている．産業革命の前に農業生産力の発展を「**先行条件**」として考える西欧の経験とは異質な事例を同時成長仮説は意味している．理論モデルに基づく仮説の提示，その仮説を歴史的データによって実証する手続きはクリオメトリクスとよばれる一連の研究成果を生み出している．

表 6-1 産出・投入と両者の関係
(単位：％)

期間	産出指数	投入指数	生産性指数
1885-1919	1.96	0.49	1.47
1919-1954	0.70	0.56	0.14
1954-1964	4.26	2.13	2.51

出所：大川（1970）川野重任・加藤譲編，日本農業と経済成長，東大出版会，第1章，7ページ，表1・2を再構成した.

(3) 農業成長の諸局面と停滞局面の特質

表 6-1 に見るように，1919年までの農業生産は年率1.96％の成長を示し，続く時期には0.70％に低下する．この局面には戦時期を含むので1938年までの期間に限定しても0.95％である．それに比べて戦後は4.26％と成長率は趨勢的に加速している．**停滞局面**は投入指数の増加率は0.56％であって格別それ以前の時期に比して低いわけではない．生産性指数は産出を投入で除して得られるから，0.14％となり，3局面に大別すれば最も低い．

前掲の図6-1で，稲作，その他の耕種作物の趨勢を見ても，1920年頃から1935年あたりの期間に停滞している．なぜ停滞したのかをめぐって諸説がある．老農と呼ばれる各地のすぐれた農家に担われていた伝統的な農業技術が，近代国家の成立と歩をあわせて全国に普及した期間は価額タームの総生産は年率1.5〜1.8％の複利成長率であった．これが停滞局面では0.9％に低下する．国家の研究機関などによる農業技術開発と普及が未だ軌道にのらず，これまでの老農技術のバックログが消尽したとの説が有力である（この点については巻末基礎文献，速水佑次郎（1995），49ページなど参照）．

(4) 朝鮮・台湾への稲品種移転の経済的意義

さきに述べた停滞局面をもたらした要因として，さらに「朝鮮・台湾からの安いコメの移入が国内農民の生産意欲を阻害した」ことがあげられる．経済成長にともなうコメの需要増大は国内でのコメ需給を逼迫させ，1918年の米騒動はそれを象徴的に示している．政府は植民地，朝鮮・台湾での「**産米増殖計画**」によって解決をはかる．朝鮮では内地からの品種移転が直接可能であり，台湾では「**蓬莱米**」のように島内の農事試験場での交配・育成をへて普及していった．

植民地での稲作が軌道に乗ると，従前のナンキン，トンキン米などの外米輸入を抑えて植民地米移入が国内のコメ不足を補うようになり，これが国内のコメ生産を停滞させた（その具体的内容については基礎文献，崎浦誠治編(1885) 第5章参照）．

(5) 非慣行的投入要素の農業成長への寄与

戦前期（1880～1935）の慣行的投入要素（労働，資本，経常財，土地）は総合すれば年率0.4%で増加した．これに対して産出は1.6%の増加であったから慣行的要素の増投では説明されない残差が1.2%になってしまう．秋野・速水[5]は，この残差を非慣行的要素（教育，研究・普及活動）を明示的に説明変数に加えた生産関数を計測することによって農業成長への寄与を数量的に明らかにした．計測は通常の**コブ＝ダグラス型生産関数**によっている．計測式は(1)である．

$$\log\left(\frac{Y}{A}\right)_i = a_o + a_L \log\left(\frac{L}{A}\right)_i + a_K \log\left(\frac{K}{A}\right)_i + a_F \log\left(\frac{F}{A}\right)_i$$
$$+ a_E \log E_i + a_R \log R_i + \sum_{j=0}^{5} \gamma_j D_j + U_i \tag{1}$$

ここで Y は農業産出量，A は土地，L は労働，K は固定資本，F は肥料，E は教育（農業就業者の平均就学年数），R は研究・普及活動（農業試験研究・普及活動に対する政府支出），D_j は地域ダミー変数，U は誤差項，サブスクリプト i は県をあらわす．計測の結果，a_E，a_R はいずれもゼロと有意差のある値であり，これを用いて産出量の成長率に対する E と R の貢献度を求めると戦前期ではそれぞれ33%, 28%となる．農業の生産性を引き上げるうえで，非慣行的な要素の果たす役割が大きいことを確認した[6]．

この研究では戦前期を3つの局面に細分して分析しているが，前項で触れた停滞局面やその前の成長局面との交代を説明することにはなお課題を残している．

(6) 一次産品輸出による経済成長

　戦前の外貨獲得の手段は一次産品の輸出であった．わけても養蚕による繭の生産と，これを原料とする生糸の輸出は重要であった．最盛期の総輸出額に占める比率は実に45%に達した．当時の主要輸出先はアメリカであった．当初，アメリカは養蚕・絹織物業を振興すべく関税障壁を設けて保護しようとしたが実際的ではなかった．わが国の製糸業は，品質の面で中国との競争で優位にたち，ストッキングむけ需要の高い所得弾力性に支えられてアメリカむけ輸出を急増させた．養蚕業は扇状地や丘陵地の桑園を利用し水田との競合をさけ得たが，労働力の面での春蚕と田植えの部分的な競合に苦慮しながら拡大していった．やがて夏秋蚕の技術が普及することによってさらに生産は増加する．

　夏秋蚕は一代交雑種の開発と軌を一にして拡大し，生糸輸出拡大を支えた．それ以前の養蚕業は稲作と似た要素分配率を示していたが昭和期初年には労働への分配率が高くなり，当時のわが国の農業生産では特色のある部門となっていた．新谷[7]の計測によれば，労働の生産弾力性は0.48となって土地の0.13，資本の0.15をうわまわっている．希少な土地を節約しつつ豊富な労働力を多投する養蚕が一次産品輸出拡大による外貨獲得につながっていたことが数量的にも確認されるのである．

　製糸業の労働力は田植え時期後の農村の若年女子労働があてられた[8]．工場の多くは水力を利用し，農村に立地した．とくに諏訪湖畔には流入する河川にそって多数の工場が立地し，煙突の多いことから「諏訪千本」といわれた．製糸工場の技術はヨーロッパから移入したが，動力を蒸気から水力へ切り替えるなど資本節約的な改良をおこなっている．また在来の座繰が伝統的な養蚕地帯である群馬，福島などでなお重要な地位をしめていた．総じて，養蚕・製糸の両面で極めて競争的で，このことが対米輸出競争力を高めていたといえる．政府の蚕糸業に対する試験・技術普及・教育事業も活発であって，一次産品輸出による経済発展の典型的な事例となっている．

(7) 日本経済の転換点

 デュアリズム（二重経済）理論とよばれる経済成長モデルがある（次項参照）．一国経済は，成長の初期段階では伝統的な農業のセクターと近代的な工業のセクターからなっている．農業部門から工業部門へ低い賃金水準で労働力が移動し，農業部門は偽装失業を抱えているがゆえに総農業生産は低下しない段階があるとする．初期段階では農業は伝統的な社会であって新古典派的な限界原理が働かない．やがて農業部門からの労働力流出は賃金水準の上昇を伴うようになって一国全体が効率的な経済へと移行する．この時点を「転換点」と呼ぶ．この理論の系譜については後に触れるが，日本ではいつ転換点を経過したかが問題になる．一説では第1次世界大戦後とするが，多くは第2次大戦後とみている．南亮進による研究[9]がその代表的なもので，1960年転換点説を提示している．農業において賃金率と限界価値生産性が一致する段階に入ったことを実証している．ほかに高木保興[10]でも1章をあてて二重構造について論じ，韓国の転換点に言及している．

(8) 戦後日本農業の技術進歩

 戦後の経済成長につれて工業セクターでの労働力需要が大きくなり，農業セクターからの移動が急速にすすむ．中卒の労働力が「集団就職」で大挙して農村から都市へ移動した．相対的に希少な労働力は資本に比べて賃金率を押し上げ，これを節約する方向への技術進歩の偏りを誘発する．加古[11]はトランスログ費用関数の計測を通じて相対的に希少となった労働を節約し，豊富な機械，肥料使用的な技術進歩の偏りを確認した．この研究も「誘発的技術進歩仮説」を支持するものであった．

 技術進歩の偏向性を計量的に確認するためにはアプリオリな仮定の強いコブ=ダグラス・タイプの特定化では不可能である．計量的な方法についてはここで論じる余裕はない．読者は標準的な文献によって計量経済学の基礎を学ぶ必要がある[12]．

(9) 経済成長と農業

資本主義発達の長期にわたる期間に，農業の果たしてきた役割はどのようなものであったか？　第1に食料供給があげられる．もし工業化にともなって増加する非農業セクターへ充分な食料を供給し得ないほどに農業が停滞すれば，賃金率の上昇が資本蓄積を妨げて工業化にブレーキをかける．第2に，食料不足を輸入によって解決しようとすれば国際収支の悪化が工業化に要する資本蓄積を困難にする．今日の開発途上国での農業開発の遅れはかかる困難を引き起こしている．わが国は「停滞局面」で植民地からの食料移入でこの問題を切り抜けたし，他の先進国でも同様の経験をしている．

また，農産物輸出を通じて経済成長に寄与する面もある．わが国の生糸輸出はその好例である．さらに農家貯蓄が工業化の原資になるとも考えられる．大川・高松[13]によれば1910～30年に農業から工業へのネット貯蓄が非農業投資のおよそ半分をしめるほどであった．

2. デュアリズムの経済成長モデル

西欧のアジアなどへの植民地支配が進むにつれて，植民地経済のしくみを眺める西欧人の目には農村の伝統的な社会と新たに植えつけられた工業部門の相違が印象的であった．彼らは西欧の資本主義経済との対比で伝統的な社会の構成原理を理解しようとする．ブーケの社会的二重構造論はその初期の例で，オランダから植民地インドネシアを観て母国の経済原理で説明のつかない「東洋的経済」を分析する[14]．

デュアリズムとはここでは異質な要素が併存し，相互に密接な関係を持っていることをさす．「二重構造」とする場合もあるが，経済史の分野では所得格差とその背後にある経済事情をさし，経済成長論で用いる意味とズレがある．無用の混乱をさけて，ここではデュアリズムとしよう．

(1) ルイスの無制限労働供給論

1950年代にルイスは代表的な2つの論文を発表した[15]．彼は貧困な農業部門には家族やその集まりとしての部族のなかの相互扶助的なしくみがあることに着目した．そこには農業生産に貢献しない人々（過剰労働）が多数滞留しており，工業部門へ安い賃金で流出するとみている．この工業セクターへの労働力供給源を最低生存部門（subsistence sector）とよんだ．工業部門にとっては賃金の上昇なしに雇用を拡大でき，一国経済の急成長が可能となる．

このプロセスはいつまでも続くわけではなく，やがて過剰労働は枯渇して農業部門からの労働力流出は農業生産を低下させる段階に至る．そうなると農業生産も工業と同様の原理，つまり限界生産性にしたがって賃金率が決まる段階に達する．

日本では，遅れてスタートした資本主義化が韋駄天走りの急成長を遂げた．工業部門の実質賃金は戦前においてルイスのいう「一定の制度的賃金率」（Constant Institutional Wage：CIW）にとどまっていた．これが急速な資本蓄積を可能にしたのである．

(2) ラニス＝フェイ・モデル

Gustav Ranis と J.C.H. Fei はルイス理論の精緻化につとめた．1961年に最初の論文を発表し，1963年に研究成果を書物にまとめた[16]．

よく引用されるのが図6-2である．下のパネルでは右上の O を原点に左方向に農業セクターへの労働投入量をとっている．これに対応する農業産出量は軸 OB 方向にとる．一国の全労働力が農業に投入されれば OA の投入で AX の産出となる．

上のパネルには工業セクターの労働投入（OW 軸），工業セクターの農産物で評価した労働の限界生産性と賃金率（OP 軸）を示す．工業化の初期で資本蓄積も小規模な段階では，農業から流入する労働力 OG' を CIW である Os[17]で雇用する．面積 dps の利潤が次期の投資にあてられる．このプロ

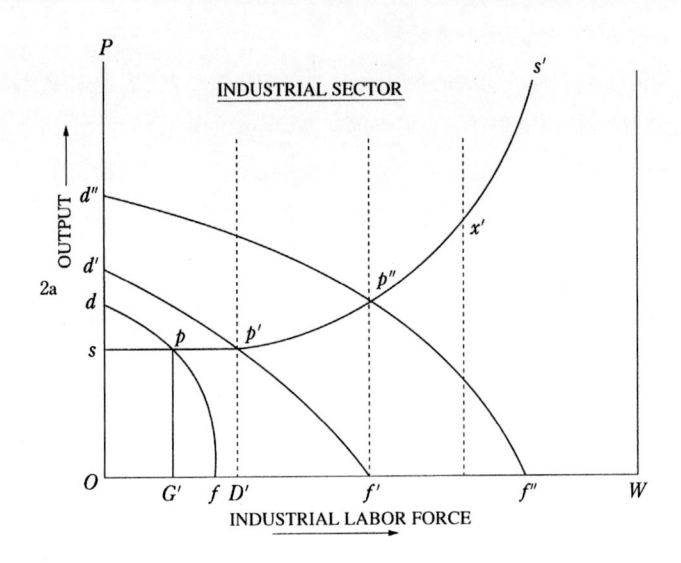

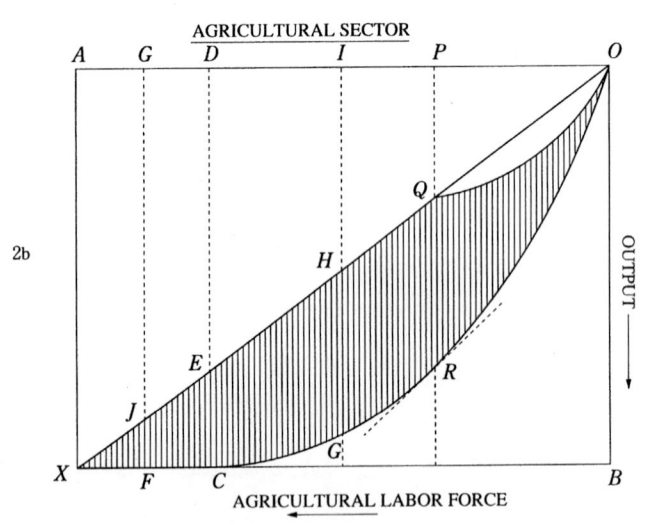

184　第6章　国際農業開発への発信

出所：Ranis, G. and J.C.H. Fei (1964) *Development of Labour Surplus Economy : Theory and Policy*, Richard Irwin.

図 6-2　ラニス＝フェイ・モデルの農業・工業セクター関係

セスは，下のパネルで示す AD の流出まで続く．それまでは AX の産出を続けた農業は，これ以後 $CGRO$ のカーブに沿って総生産を減少させる．図中の C 点が「(食料)**不足点**」である．不足点までは農業セクターでの労働の限界生産性はゼロである．これを第1局面という．

さらに流出が AP まで進むと，農業労働の限界生産性は CIW を超えるようになり，それまでの第1局面から第2局面にはいる[18]．これがルイスの転換点に相当する．下のパネルの PO に相当する第3局面では，農業からの労働供給は，農業の限界生産力によって決まるようになる．日本では，これがいつだったかについて，ルイスは1950年代，ラニス＝フェイは1918年頃から製造業の実質賃金が急上昇したことなどを論拠に第1次大戦後のブーム期としている．日本経済史を数量経済的に見直す格好の課題である．(1項(7)と併せて基礎文献，南亮進 (1981)，IX-3 を参照のこと)．

上のパネルには工業の限界生産力曲線が df から順次，右方へシフトする様子が描かれている．このシフトが労働節約的か労働使用的かによって経済成長過程での人口増加を工業が充分雇用吸収できるか否かが左右される．

ラニス＝フェイは，工業化の条件を以下のように考えた．労働需要の増加率を η_L，資本蓄積率を η_K，技術進歩の強度を J，労働の限界生産力曲線が労働集約か否かを示す集約度バイアスを B_L，労働の限界生産力弾力性を ε_{LL} として，

$$\eta_P < \eta_L = \eta_K + \frac{J + B_L}{\varepsilon_{LL}} \tag{2}$$

の成立である．すなわち，工業部門での雇用増加率 η_L が総人口の増加率 η_P を上回ることである．そのためには等式の右辺に見られるように，労働使用的で (B_L が大) 急速な技術進歩 (J が大きい) があること，さらには資本蓄積の増加 (η_K) 等を要する．

彼らは，1950～60年のインドでは工業部門の B_L が小さく，上記の条件を満たさず，1888～1918年の日本ではこの条件を満たしていたとして，インドの資本集約的な工業化が労働力吸収に成功しなかったことを実証している．

これが東西冷戦下のアメリカ議会がインドなどに対する経済援助の実効が上がらない原因調査に対する答えでもあった．

(3) ジョルゲンソン・モデル

ジョルゲンソンは，ラニス＝フェイと同時期にデュアリズムの理論を発表した[19]．このモデルでは経済発展の初期段階で農業セクターの労働の限界生産性をゼロと仮定するラニス＝フェイの仮定に批判的であった．ジョルゲンソンは工業部門の成立以前の経済を purely traditional economy とよび，その生産量を Y, 固定的な土地を L, 総人口を P として次式の生産関数で示す．

$$Y = e^{\alpha t} L^\beta P^{1-\beta} \tag{3}$$

ここで，労働の生産弾力性を，$\beta>0$ と想定している．$e^{\alpha t}$ は技術進歩を示すシフトファクターである．L を定数と見なして両辺を P で除して1人当たりの生産性とし，これから1人当たり農業生産の増加率，

$$\frac{\dot{y}}{y} = \alpha - \beta \frac{\dot{P}}{P} \tag{4}$$

を導く．モデル全体は数学的に精緻化されて，多くの変数を考慮している．例えば，「最大人口増加率を実現する1人当たり所得」，「1人当たり所得の人口増加係数」，「資本の減価償却率」などである．かくして，ルイスやラニス＝フェイと異なり，制度的固定賃金率などの測定できない分析概念に代えて分析可能な概念でモデルを組み立てて実証研究への道を拓いた．

(4) トダロ・モデル

デュアリズムの発想に共通な考えは，一国経済を農業・工業の2部門に分割し農業余剰を資本蓄積して工業化を促進するという経済成長のメカニズムである．農業から工業への労働力移動といっても，その実態は複雑である．農村から押し出されるのか，都市が引き付けるのか，地域と時代によっても異なる．

農村・都市間の人口移動については，都市に形成されるスラムや農村からの流出に関する実態調査も多数おこなわれている．トダロは一連の実態調査を踏まえた都市の formal sector, informal sector に着目したモデルを提示している[20]．トダロは，農村から都市への人口流出は，フォーマル・セクターへの就業を期待してのことなのだが，すべてが就業に成功するのではなく，確率的なものと考える．都市へ出て行こうとする農村住民は「もし自分が都市へ出ていったら，どの程度の賃金がどの程度の確からしさで期待できるか？」と考える．この都市における期待所得の現在価値を数式で示せば，

$$\sum_{t=0}^{n} P(t) Y_u(t)/(1+i)^t \tag{5}$$

となる．ここで，都市における就業期間が t, $P(t)$ はフォーマル・セクターへの就業確率，$Y_u(t)$ は都市での賃金，i は割引利子率である．

この n 期間にわたる期待所得の現在価値が，移動のためのコストも考慮のうえで同期間農村にとどまって得られる所得を上回れば，都市へ移動すると考える．実態は，単純な $P(t)$ なる確率で人々は判断するのではなく，とりあえず低賃金の informal sector に潜り込んでさしあたりの生活を確保しつつ formal sector への就業を狙うと見るべきであろう．トダロ・モデルは，さらに Corden and Findlay によって図式化されて理解しやすくなっている[21]．

注
1) 特に大川・その他編（1966）長期経済統計―推計と分析―，第9巻，東洋経済新報社，を整備する過程で得られた成果が大きい．
2) 稲田献一・宇沢弘文（1972）経済発展と変動，岩波書店，18ページ．
3) その意味で基本的な視点は異なるが，暉峻衆三（1996）日本農業100年の歩み，有斐閣がある．
4) 速水佑次郎・山田三郎（1970）工業化の始発期における農業の生産性，川野重任・加藤譲編，日本農業と経済成長，東大出版会，70-93ページ．
5) 秋野正勝・速水佑次郎（1973）農業成長の源泉，大川一司・速水佑次郎編，日本経済の成長分析，日本経済新聞社．
6) 生産関数という概念に慣れていない読者には戸惑いがあろう．経済学の標準的

な教科書で理解すべきであるが，(1)式の両辺にでてくる対数表現は，さしあたり $y=ax^b$ の両辺の対数をとったものと考えよう．すると $\ln y=\ln a+b\ln x$ となる．もし右辺に x^b だけでなく，z^c などが積の形で連なっていれば，(1)式と同様の格好になる．この b が正であるけれど1より小であれば経済学でいうところの収穫逓減の特徴を帯びる．

たとえば a は1で，b が1/2であればお馴染みの y が x の平方根となる．そのグラフを想起せよ．接線勾配は x の増加に伴って小さくなる．肥料は他の条件を一定にして増投すれば次第に増収効果は低下する．この例では y が収量（無論，単位面積あたりの）で x がこれも単位面積あたり肥料投入量に相当する．極端に x を増やせば y は減少することも考えられよう．ならば，二次関数が妥当ともいえるが関数の扱い易さもあってこのような指数関数を対数に変換して実証研究に利用する方法がながく採られてきた．コブ=ダグラスとはかかる方法を先駆的にとりいれた研究者，Cobb & Douglas の名前である．1975年ころまでの生産関数については，佐藤和夫（1975）「生産関数の理論」（創文社）に詳しい．

農業経済学では数量経済分析を統計学や計量経済学を援用しつつ実証的に研究する方法が一部でなされている．このような方法による研究を志すならば，農業のみならず広く近代経済学と慣行的によばれている分野や数学的基礎を学ぶ必要がある．詳しくは方法論の章を参照のこと．肥料の投入に関する生産関数の初歩的説明としては，荏開津典生（1997）農業経済学（岩波書店），第4章第2節「BC過程と収穫逓減の法則」の項がわかりやすい．

7) 新谷正彦（1983）日本農業の生産関数分析，大明堂，第9章．
8) 記録文学としての山本茂美（1977）「ああ野麦峠」（角川文庫）がある．
9) 南亮進（1970）日本経済の転換点—労働の過剰から不足へ—，創文社．
10) 高木保興（1992）開発経済学，有斐閣，第7章．
11) 加古俊之（1992）稲作の発展過程と国際比較，明文書房，第4章．
12) 最近はコンピュータの利用を前提にした親切な計量経済学の入門書がある．計量分析のソフトウェアと対になって修得が容易な教科書も少なくない．例えば，Gujarati, Damodar N. (1995) *Basic Econometrics,* 3rd ed., McGraw Hill.
13) Ohkawa (1978) Past Economic Growth of Japan in Comparison with Western Case: Trend Acceleration and Differential Structure, in S. Tsuru (ed.), *Growth and Resources Problems Related to Japan,* Asahi Evening News.
14) ブーケが東洋社会では人々の望みは"limited needs"であるのに対して西欧では"unlimited needs"であるとして，ここからゴム農園労働供給の後屈現象を説明している．アジアと西欧の支配・被支配の関係以外にアジア内部の関係も見逃しがちだが気に留めておきたい．イリコ（乾しナマコ）の目でみた鶴見良行（1993）ナマコの眼，ちくま学芸文庫がある．
15) Lewis, A.W. (1954) Economic Development with Unlimited Supplies of Labour, *Manchester School of Economic and Social Studies,* 22, 139-91. Lewis,

A.W. (1958) Unlimited Labour: Further Notes, *Manchester School of Economic and Social Studies*, 26, 1, 1-32.
16) Ranis, G. and J.C.H. Fei (1964) *Development of Labour Surplus Economy: Theory and Policy,* Richard Irwin.
17) これは AX/OA に相当する．読者はその理由を考えてみよう．
18) 上のパネルで p' から上昇に転ずるのは，縦軸が農産物で評価した工業の実質賃金で示しているためである．
19) 紙幅の制約から，この節ではモデルの特色をまとめるにとどめる．数式展開の過程に関心のある読者は原論文，D.W. Jorgenson (1961) The Development of a Dual Economy, *Econ. Jour.*, 71, pp. 309-334. に当たるほかない．あるいは，鳥居泰彦 (1979) 経済発展理論，東洋経済新報社，第7章第4節を参照のこと．ただし，ここでは若干の数式表現に混乱がある．
20) Todaro, M.P. (1969) A Model of Labor Migration and Urban Unemployment in Less Developed Countries, *American Econ. Rev.*, 59, 1, 138-148.
21) Corden, W.M. and R. Findlay (1975) Urban Unemployment, Intersectoral Capital Mobility and Development Policy, *Economica*, 42, 165. 都市インフォーマル部門の解説には，渡辺利夫 (1986) 開発経済学，日本評論社 (第4章) が，またフィリピンに関する実証研究でトダロ・モデルの修正を試みたものには，芹沢辰一郎・長南史男・土井時久 (1997) フィリピンにおける農村・都市労働力移動経路，農経論叢，第53集，113-123ページがある．

〔土井時久〕

II. 農業の国際化と技術移転

どのようにして試験研究開発の新しい成果を農民に移転,定着させることができるか,どのようにしたら技術進歩の成果を生産者と消費者が享受できるか,を明らかにすることが**技術移転**の研究分野である.農業の国際化がますます進展するなかで,技術移転論は開発経済学とは切っても切れない関係にあり,発展途上国への食料増産技術の移転,先進国のバイオテクノロジーの進展など,その研究領域は広く,そして奥深い.先進国においても,クローン技術の実用化や遺伝子改変作物品種の生産,一方で環境にやさしいエコファーミングへの挑戦など,高度な技術知識を前提として,時に倫理的な判断も必要とされる.本章では,技術移転に関する経済学的分析方法を概観したうえで,発展途上国への食料援助問題を中心に,技術移転の役割を考えてみよう.

1. 技術移転はなぜ注目されたのか

技術進歩は経済成長のもっとも重要な要因である.1957年のソローの研究によって,経済成長の研究は,資本蓄積から**成長のエンジン**としての技術進歩の分析に重心が移った.**成長会計法**によれば,1950〜92年の期間,アメリカでは年平均3.2%で成長し,資本ストック,総労働時間,全要素生産性がそれぞれ0.8%,1.0%,1.3%で増加した.全要素生産性が技術進歩の尺度となるが,その貢献度は全体の40%を占める.ほぼ同時期に日本では5.9%で成長し,資本ストックが1.8%,労働が0.5%,そして全要素生産性は3.7%で増加した.技術進歩の貢献度は62%でアメリカよりも大きかった.

農業の場合も技術進歩が重要である.品種改良,化学肥料,農業機械化,灌漑排水技術の進歩などが,その具体的な内容である.農業技術は農民の営

II. 農業の国際化と技術移転

農活動に直接かかわり,収益を大きく左右する.日本では主として公的な試験研究機関が農業の技術研究開発を担ってきた.なぜなら,農業においては新技術の拡散効果が大きいために,農民の利益よりは消費者の利益のほうが大きく,しかも両者を合わせた **社会的経済余剰** が格段に大きいからである.しかし,最近は多国籍企業による農業研究開発に対する私的な投資活動が活発化し,大きな変化がみられる.

相対的に後進性を有する国は導入技術によって急速に成長することが可能である——ガーシェンクロンの知識のバックログ(蓄積)仮説によれば,先進国の技術蓄積を借用すると,途上国経済は多額な試験研究費を使うこともなく,時間的にも経済的にも有利である.技術移転の効果が最初に注目されたのは,第2次世界大戦終了後のヨーロッパ経済の復興に貢献したマーシャルプランであろう.米ソ二極の冷戦構造のなかで,米国は技術進歩の成果を第2次世界大戦で疲弊した西ヨーロッパ諸国,そして日本に惜しみなく供与した[1].このことが市場経済と計画経済との今日の明暗を分けたことは,強調しすぎることはない.日本はもっともその恩恵を受けた国の1つである.マーシャルプランは,市場経済がすでに高度に発達していた先進国から先進国への技術移転であった.先進国から発展途上国への技術移転としては,農業における1960年代の「**緑の革命**」があげられる.メキシコにおける小麦の単収は,実に7倍にも増加し,小麦やコメなどの高収量品種が食料不足の解決策として脚光をあびた.

借用技術が日本の近代的経済成長を助けたことは定説である.その歴史は明治維新期にさかのぼる.当時,海外から先進的な技術をいかにして取り入れるかに日本経済の近代化の命運がかかっていた.実際に導入された技術をみると興味深い.一例として,日本の繊維産業ではローテクのバッタン(飛ひ)と呼ばれる織機の導入をあげることができる.この織機は当時の大工の技術で充分に作ることができたし,最先端の織機はあまりに資本集約的であったために,労働力が多く資本が不足した経済では採用されなかった.農業分野では,新しい西欧式大農法の導入を目的として札幌農学校を開校し,米

国からクラークをはじめとする外国人教授を招聘した．今日，ヨーロッパに似た農村景観を北海道にみることができるのは，このためである．資本不足のために，大農法は定着しなかったが，開発のためにまず人材の育成を最優先し，教育制度の形成を重視した点は，今日の発展途上国への経済援助にも示唆するところが大きい．

1960年代の高度成長期を経て，ようやく日本の技術は先進国水準に追いつき，追い越したが，特許などの技術知識については，つい最近まで大幅な輸入超過，赤字国であった．現在，日本は**政府開発援助**（ODA）においてトップドナーの地位を得るようになった．1990年代中ごろから発展途上国に対するODAの年間予算は1兆円を越え，1999年には1兆8,000億円に達している．日本のODAは発展途上国への技術協力に主眼をおいてきたが，その際，日本の経験は活かされてきたのであろうか――これは検証されるべき問いであろう．この問いから重要なODA政策の含意がひきだされるのではないだろうか．

2. 借用技術の経済的な選択基準

日本の経験は，技術移転において労働と資本の相対的な賦存量が重要であることを示唆している．図6-3は技術選択の経済学的な方法論を示したもので，導入技術の3類型を示している．縦軸に労働生産性，横軸には資本・労働比率をとり，新古典派の生産関数が描かれている．経済成長は資本蓄積をもたらし，やがて労働力が相対的に希少になる．経済成長が進めば，より大きな資本・労働比率でより高い労働生産性を達成する．生産関数Fは現在選択可能な種々の技術のもとで描かれる生産関数の包絡線として描かれる，メタ生産関数といわれるものである．賃金がWで与えられると，利潤を最大化する最適点はたて軸の切片をWとしてFに引いた接線の接点できまる．この時，接線の勾配は利潤率を示す．

ここで，先進国がもつ**先端技術**がB_1，途上国がもつ**在来技術**がT，そし

II. 農業の国際化と技術移転

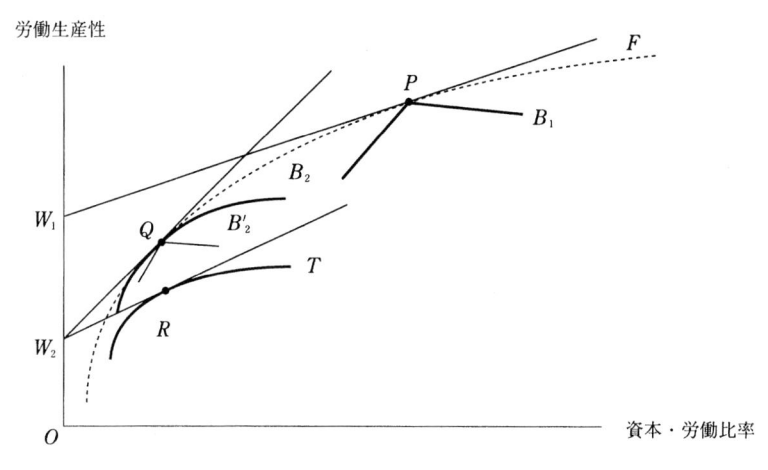

[図: 労働生産性を縦軸、資本・労働比率を横軸とするグラフ。点P, Q, R, F, B_1, B_2, B'_2, T, W_1, W_2 が示されている]

出所：南亮進『日本の経済発展』，図5-3, p. 91, 1992，東洋経済新報社．

図6-3　導入技術の類型

て T の近くに位置づけられる導入技術が B_2 である．B_1 はレオンチェフ型の固定技術係数の生産関数である．これに対して T と B_2 はスムーズな曲線で示され，資本と労働の最適な組み合わせは価格条件に応じて連続的に決めることができる．先進国は自国の最高の技術を伝えようとし，発展途上国もまた最高のものを望みがちである．この結果，経済援助（ODA）は，どちらかというと B_1 のような資本集約的な技術が選択されがちであるが，この選択はかなりリスクが高い．

　先端技術 B_1 の導入が最適な選択ではないことを，簡単に説明しよう．先端技術は，多くの場合，最先端の機械設備の輸入を意味する．これを資本に体化した技術という．高度な技術を用いた場合は，少数の良く訓練された労働者が必要なことは容易に理解されよう．しかもレオンチェフ型生産関数に代表されるように資本と労働の代替はきわめて限られている．図では P で屈折する生産関数 B_1 で示される．先進国の労働賃金は高い水準 W_1 で与えられ，この切片から B_1 に接する直線を引くと P 点が求まり，これが最適点となる．さて，発展途上国の労賃水準 W_2 は先進国の W_1 に較べてかなり

低く，資本集約的な技術 B_1 は最適な選択とはならない．途上国が採用している在来技術 T の場合は R が最適点となる．R 点の資本労働比率に近い生産技術 B_2 を導入した場合，最適点は Q 点になる．R 点よりは高い労働生産性が達成され，利潤率も高くなっている．賃金が高くなった場合でも，B_2 上で最適点を求めることができ，スムーズに FF 上を移動できる．前述したローテクのバッタンはこのような導入技術の典型である．

ところで，導入技術が B'_2 のようにレオンチェフ型であったとしても，受け手である途上国が**修正技術**の能力を持っているならば問題はない．民間の技術提携の場合，供給側と需要側の間で多くの検討がなされ，両者の共同によって修正作業がなされることが多い．ODA，政府間経済援助の場合は，ハイテクの B_1 を採用することも多いためにこれがなかなかうまくいかない．これは人材の配置と時間のかけかたにも依存する．在来技術 T に近い技術 B_2 を導入する場合は，技術の修正が途上国側で簡単にできる可能性が高い．日本の繊維産業が，動力織機ではなくバッタンと呼ばれる技術を導入し，自ら織機を改善した過程は，T の技術水準を前提とした B_2 の選択の典型といえよう．

労働使用的・資本節約的技術が優先されるべきであること，技術の修正可能性が**技術選択**の議論に重要である．たとえば，井戸掘削技術では「上総掘」と称される，江戸時代から伝わる方式が日本の NGO によって採用されている．資本がかからず，現地の人々が習得可能な技術であるがゆえに重要なのである．そして，途上国自体がこのような在来技術を多く保有していることに，もっと注意すべきであろう．近年，技術移転の方法として，同じような環境にある発展途上国間で協力しようとする動きがあり，「南南」協力と称されている．但し，最近の経済理論では，**学習効果**（learning by doing）を導入して，資本集約的技術のキャッチアップ速度を重視する理論もある．興味ある人は基礎文献 Eicher（1998）所収のスティグリッツ論文を読むことを薦める．

3. 市場メカニズムによる農業技術の選択

借用技術の理論は途上国が先進国にすばやくキャッチアップできるという点で魅力的であった．しかし，経済の要素賦存状況を的確に反映することがもっとも重要であった．**誘発的な技術進歩**の理論は，要素賦存量によって変わる要素価格や財の価格によって技術進歩の方向や技術進歩率が，その経済システムで内生的に決まることを示している．

内生的な技術進歩のモデルは，資源の効率配分に関する次のような疑問に答えることができ，経済政策への含意も大きなものがある．

1) 1人あたり産出を増加させるために，どのような研究開発を進めるべきか，すなわち，基礎研究と応用研究のどちらに重点をおくべきか
2) 市場経済に任せれば，研究資源は最適配分されるかどうか
3) 経済変数は技術変化にどのような影響を与えるか

最後の問いは所得分配に大きく関係する．たとえば農業で機械化を進めれば（資本集約的な技術を採用すれば），当然，労働が節約されるが，労働所得は減少する．労働が豊富な，賃金の低い経済では，これは合理的な選択とはいえないであろう．

農業技術進歩は大きく3つに分類されている．まず**生物学的技術進歩**で品種改良がその代表である．これをBiologyの頭文字をとってBと略称する．同様に化学肥料や農薬に代表される**化学的技術進歩**をC，トラクターなどの動力化は**機械的技術進歩**Mと称する．灌漑・排水施設などのインフラストラクチュアが整備されているという条件が必要であるが，品種改良B，化学肥料C，機械化Mが農業の生産性を飛躍的に向上させたことはまちがいない．19～20世紀における日本農業はB-C-Mの順で技術進歩を採用し，発展してきた．

図6-4を用いて，B，Cを例として誘発的技術進歩について説明しよう．縦軸に農地，横軸に肥料投入量をとる．I_0は単位産出量曲線であるが，これ

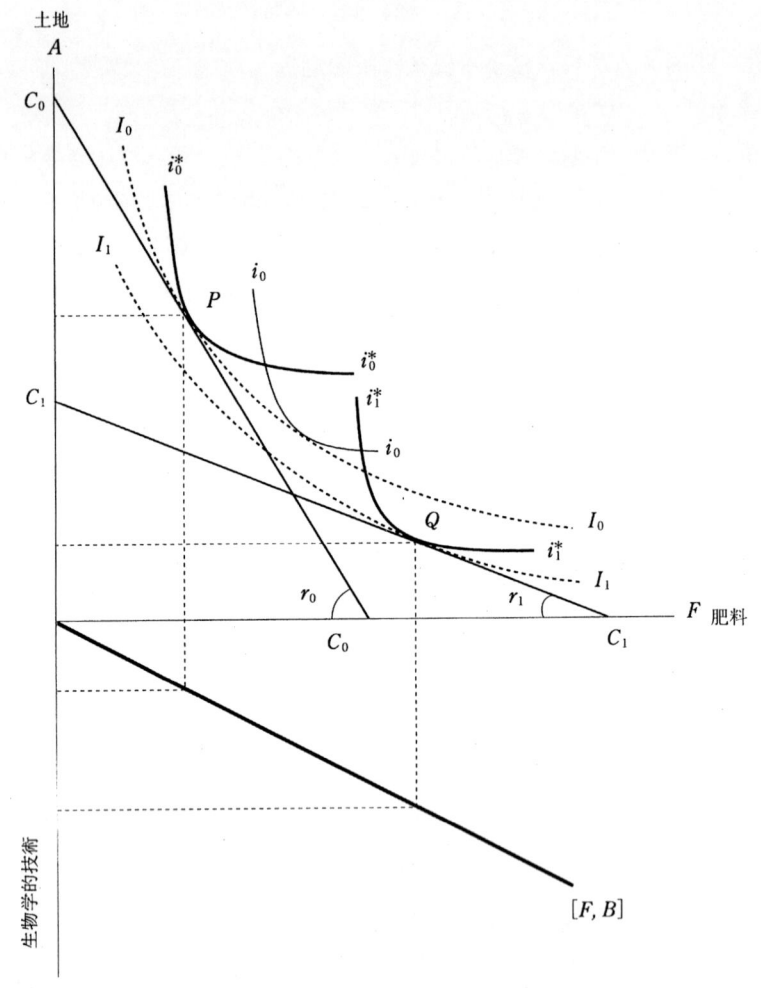

出所：Hans P. Binswanger and Vemon W. Ruttan, *Induced Innovation-Technology, Institutions, and Development*, the Johns Hopkins University Press, 1978, p. 47, Fig 3-1 を若干修正.

図 6-4　生産要素の相対価格の変化と誘発的技術進歩

は i_0, i_0^* などの多くの単位産出量曲線の包絡線として描かれる，メタ生産関数である．i_0, i_0^* は I_0 より非弾力的な曲線であることに注意しよう．すなわち，いったん技術 i_0 を選択すると，農地と肥料との代替は限られる．肥料反応性の異なる品種を考えると，品種を選択すれば，肥料投入量の範囲も限られてくる．このことが肥料と品種との補完関係として下のパネルに示されている．

さて，費用曲線が C_0 で与えられると，P 点が経済的に最適な点となる．肥料の農地に対する相対価格が高い r_0 が与えられると，より農地使用的な生産が選択される．肥料産業に技術革新が起こった場合，肥料価格は急速に低下し，相対価格が r_1 に低下する費用曲線 C_1 が与えられる．安価な肥料は，より肥料反応的な品種，高収量品種の開発を促進し，下のパネルに示された B と C の補完関係により，新しい I_1 にフロンティアが移動する．そして C_1 が I_1 に接するような技術 i_0^* を選択するのが最適となる．すなわち，農地と肥料の相対価格の変化によって技術進歩が誘発されたのである．

速水・ルタンによる誘発的技術進歩の仮説は，アメリカと日本というまったく異なった資源賦存状況でも，同様に説明することができる．ビンスワンガーらによるトランスログ費用関数の接近法によって，種々の生産要素間の代替関係が実証的に明らかにされた．農地と化学肥料が代替するという，今では常識的な見解は，市場メカニズムによって最適な技術が選択されるという政策含意をもっている．

4. 研究開発主体と技術移転方法の変化

農業技術体系は農家の日々の営農を通じた改良行動によって創られる．研究室で完全な技術体系を創ることは決してできない．水稲品種の形態（草型）を例としてあげよう．寒冷な北海道では，稲作北進の過程で知らず知らずのうちに草丈の低い品種が選抜されていた[2]．研究者が草丈（短稈）と多収性の因果関係に気づいたのは，改良がかなり進んでからであった．しかも

寒冷な農業気象環境にある地域試験場の研究成果である．この短稈性を利用して，フィリピンの国際稲研究所でミラクル・ライス IR 8 が作られたのである．

　小麦の場合はもっとルーツがはっきりしている[3]．「農林 10 号」は山形県で作られていた「達磨」を親として 18 年もかかって育成された．この農林 10 号を親として，メキシコで Sonora 64 という小麦が開発されたが，「達磨」のもつ歪性遺伝子が重要な役割を果している．当時のメキシコの小麦単収は 7 倍にも増加し，この実績により開発者ボーローグ博士は 1970 年にノーベル平和賞を受けた．このように「緑の革命」のルーツは日本における寒冷地での育種研究にあったといっても過言ではない．寒冷な農業気象下における **適応研究** が，結果的に世界の食料問題に貢献したのである．

　現代の先端的な農業技術の研究・開発は，明確な目標の設定が鍵になっている．目標が設定されれば「農家」と「研究者」がもつ知識は融合される．農業の場合，この 2 つの知識の融合が不可欠である．F. ハイエクは，その時と場所に特殊な状況についての知識の重要性を強調している．実際，すべての個人が，あらゆる人に対してなんらかの優位性をもちうるのは，この独特の情報のためである．この時と場所という特殊な情報が有益なものとなるのは，その情報に基づく意思決定が，その時，その場にいる人に委ねられている場合に限られる．農業はこうした特徴を最も強くもっており，生産現場の情報を科学的な知識と同様に有効に使用することが大切である．これが研究－開発－普及－研究のサイクルであり，情報インフラストラクチュアの役割である．農家が新技術を採用する際には，認知－試行－採用の 3 つの段階を踏むが，日本では国，道府県，市町村そして農協が一体となった普及活動の役割は非常に大きく，ある技術が奨励されれば，この過程は実に短期間ですむ．なお，米国におけるハイブリッド・コーンの普及に関するグリリケスの研究は，農家にとっての収益性が重要な要因であることを示唆した．

　現在，先進国のほとんどの農民は種子を購入し，自家採種することは少なくなった．1980 年代に世界のビッグビジネスが米国の小規模な種苗会社を

買収し，大きな話題となったことは記憶に新しい．「**種子は誰のものか**」という問いかけがある．人類が長年にわたって選抜・改良してきた植物資源を，私企業が独占的に供給するならば混乱は必至である．こうした事態が起こらないように，国際的にも，国内的にも公的な研究機関が植物遺伝資源の銀行の役割を担っている．しかしながら，農家であれ，民間企業であれ，公的機関であれ，より良い種子を開発するために支払う努力の大きさは無視できない．研究開発の努力を評価し，経済的なインセンティブを与えることがますます重要になってきた．それとともに種子が公共財から私的財へと変化する可能性が広がってきている[4]．

米国では世界でもっとも早く，1930年に特許法中に植物新品種保護が加えられた．1970年には「植物品種保護法」が制定され，広範囲の植物新品種の保護が認められた．日本では，1978年に「**種苗法**」が成立し，植物新品種が特許の対象となったが，かなり遅れたスタートであった．元来，特許とは工業分野における発明を保護する手段で，**知的所有権**の保護がその目的である．これが，植物の新品種の保護に結びつかなかった理由は，食料用種子が人類の生存に欠くべからざるものであるという共通の認識を別にすると，植物品種の育成にともなう工業製品と大きく異なる以下の特徴による．(1)植物は自己増殖すること，成長が気象などの環境に大きく依存すること，(2)交配品種では必ずしも再現性が保証されないことである．(1)は開発された新品種が一度育成者の手を離れると，容易に増殖されて，育成者は開発費用すら回収できないことを経済学的に意味する．(2)は再現性を保証するために一代交雑種（F_1）に頼らざるを得ない，あるいは，高価格をつける以外は複雑な育種過程にともなう費用を回収できないことを意味する．

最近のバイオテクノロジーに関する特許取得は遺伝子組み換え技術自体にも適用されている．これによって私的研究開発の投資の期待報酬率は高くなり，市場経済メカニズムのもとでの新技術の供給に弾みがついている．1998年のモンサント社による「発芽ターミネーター」の特許取得はその典型である．これを組み込んだ種子を使うと，1作限りの使用しかできない．農業の

根幹を揺さぶる技術革新の大きな衝撃が走り，生物多様性条約にも影響を及ぼすものとして，現在大きな論争になっている．このように**競争市場型の技術移転**が，今後ますます増加することはまちがいなく，公的試験研究機関の拮抗力としての役割も重要になりつつある．

5. 食料援助の重要性

バイオテクノロジーに対する期待は大きいが，発展途上国の農業ではすぐに普及する段階にはない．自家採種ができないことのほかに，品種がもつ形質の総合性という課題に必ずしも答えていないからである．また遺伝子組み換えによって生まれた大豆品種はある農薬と組み合わせて使わなければならない．これは，よく制御しうる先進的な農場生産システムで有効であり，農薬費用もかかる．発展途上国には，このような生産環境が整っておらず，リスク負担に耐ええない．塩害に強い種子開発など，将来的には大きな貢献が期待されているが，なによりも種子が自家更新できるかどうかが，資本の希少な途上国では重要である．

今や世界の人口は60億を超え，21世紀には発展途上国における飢餓がますます深刻になると予測されている．多くの発展途上国は外貨不足のために，食料を輸入することができない．表6-2は，国際食糧研究所（IFPRI）による発展途上国の栄養不良に関する予測結果である．1990年において5歳以下未就学児童の栄養不良児数は1億8,000万人以上で，5歳以下の子供たちの34％にあたる．3人に1人が充分な栄養を得ることができず，そのうちの50％以上が南アジアに住む．2020年には若干減少することが期待されているが，4人に1人が栄養不良と予測されている．人口増加率が低いと仮定した場合でも，この状況はあまり改善せず，低投資によって途上国経済が低迷すれば1990年の状況は改善されず，アフリカなどでは悪化する．特にサハラ砂漠以南で飢餓の状況が深刻である[5]．1998年度のノーベル経済学賞を受賞したA.K.センは，「貧しさは弱者にもっとも強く現れ，貧困の悪循環

II. 農業の国際化と技術移転

表6-2 開発途上国の栄養不良児数の予測, 2020年

(百万人, %)

地域（国）	1990年	2020年の予測結果		
		基本	低い人口増加率	低投資・低成長	高投資・高成長

地域（国）	1990年	基本	低い人口増加率	低投資・低成長	高投資・高成長
中国	26.4	14.3	12.7	20.8	7.5
	(21.8)	(13.8)	(13.4)	(20.0)	(7.2)
南アジア	95.8	72.9	59.6	92.5	56.0
	(58.5)	(41.4)	(37.1)	(52.5)	(31.8)
東南アジア	15.0	10.4	8.8	14.8	6.8
	(24.0)	(16.6)	(15.2)	(23.8)	(10.6)
ラテン・アメリカ&カリブ地域	11.7	8.1	7.0	13.2	3.1
	(20.4)	(14.1)	(13.0)	(22.9)	(5.4)
サブサハラ・アフリカ	28.6	42.7	27.7	52.8	33.6
	(28.4)	(25.3)	(23.7)	(31.2)	(20.0)
西アジア&北アフリカ	6.8	6.3	5.2	11.0	1.9
	(13.4)	(9.7)	(8.8)	(17.0)	(2.9)
開発途上国地域合計	184.3	154.7	131.0	205.1	108.9
	(34.3)	(25.4)	(23.8)	(33.2)	(19.0)

注：括弧内は各地域の5歳以下の未就学児童数にしめる割合（%）である．
資料：Global Food Projections to 2020 : Implications for Investment, 1995, Oct, IFPRI.

が生まれる」という経験則から，**食料の利用権**という概念を提唱している．しかしながら，根本的には先進国の高い食料価格と途上国の低すぎる食料価格が生み出す，**食料の分配問題**を解決しなければならない．

表6-3は，戦後の世界のコメ単収の推移を示している．1960年代からみると1980年代後半の単収はずいぶん増加した．1990年代になって，単収の伸びは停滞している．環境制約もあって，先進国ではこれまでのような伸びは期待されないであろうが，先進国の単収は途上国の3倍近い．したがって，この

表6-3 コメ単収の推移

(kg/ha)

	1961-65	1986-90	1996-97
フィリピン	1257	2779	2947
インドネシア	1762	4301	4535
タイ	1623	1939	2158
バングラデシュ	1680	2681	2716
インド	1480	2624	2881
ネパール	1954	2330	3140
ナイジェリア	—	—	1673
日本	—	6343	6478
米国	—	6300	6735

資料：FAO生産統計．

単収の開差をポテンシャルとみて，これをどの程度埋めることができるかが開発戦略を決定する重要なポイントとなろう．**食料援助**の制度は1954年にアメリカの公法480号[6]によって余剰農産物の販路開拓の一環で創設された．やがてUS-AIDプログラムとして発展したが，現在の食料援助政策の基本原則は，あくまでも発展途上国の食料増産能力を高めることにある．前述したように，高収量品種の導入がもっとも有効な手段とみなされてきたが，「緑の革命」の成否は水利施設，道路，輸送手段などや教育普及機関などの**インフラストラクチュア**が整備されているか否かにかかっている．この条件が満たされていないのが最貧国の現状である．

食料援助プログラムは，食料を直接援助するほかに，肥料などの生産資材の援助によって食料増産に寄与している．また費用効果の観点から，資金供与を受けた途上国政府が自ら必要な肥料を買うことができる．政府はこれを農業公社などを通して低価格で農民に売り，農業生産を増加させ，同時に経済開発のための投資資金を得ることができる．ところが，実際には，この資金循環がうまくいかないことが多い．

私企業の農業研究開発活動が活発になる一方で，発展途上国のための国際農業研究開発ネットワークによる研究成果の普及が伸び悩んでいる．このような状況で研究開発目標を現地でいかに設定できるかが，ますます重要になってきている．その地域の在来品種の純系淘汰や在来技術の改良のプロセスが省かれれば，自立した農業成長につながらない．途上国での地道な基礎研究が重要となるのだが，発展途上国の農産物価格が低いために，初期研究投資の社会的な報酬率が小さいことが影響して自立できない状況にある．

6. ネパールの村で

私たちは，カトマンズ近郊の小さな農村，サクーで7年ほど前から継続的に研究調査している[7]．そして，一見ルーズにみえても，農民が市場によく適応していることに注目している．それは作付けパターンの大きな変化にみ

られる．10年ほど前は，雨季にあわせて水稲を，乾季に小麦を作付けていた．最近は，コメー夏馬鈴薯－冬馬鈴薯の1年3作のパターンに変化している．モンスーン明けのコメ収穫後，すぐに播種し10月には収穫するものを夏馬鈴薯，その後に作付けするものを冬馬鈴薯という．

　この村では1980年代にスイスの技術援助プロジェクトによって種子馬鈴薯の適正品種の選抜と栽培技術の指導が行われた．当時は農民が自家消費用に少量生産するだけで，一部のモデル農家を除けばその栽培技術が普及することはなかった．近年の市場価格の上昇によって灌漑による馬鈴薯作付け面積が急速に増加した．馬鈴薯はコメの収穫直後に高畝をたてて植え，畝の周囲は堪水状態にする．夏馬鈴薯は2ヵ月ほどで収穫し，市場の価格が高いときに出荷する．9～10月の馬鈴薯の価格は12月の2倍以上であり，灌漑用水利用の経済効果はきわめて高い．経済的なインセンティブがいかに技術普及に重要であるかを示しており，種々の制約のもとで小農は効率良く水を利用しているという基本認識が重要であろう．

　ところで馬鈴薯生産には河川水利用の灌漑システムが使用されている．受益面積150haほどの灌漑用水と生活用排水の兼用システムで，数百年前からある．基幹用水路は一部がレンガおよびコンクリートで築造されてはいるが，土水路が主である．毎年，モンスーンになると基幹水路が決壊する．漏水も多く，基幹水路の決壊箇所の修復以外は組織的な用水路維持活動がほとんどされていない．インフラストラクチュアとしてはかなりの改良投資を要する．

　こうした状況は単に資本の不足から生まれるものではなく，土地所有構造と強力な小作権保護政策によって生まれていることを重視しなければならない．耕作するのは，小片の農地を所有し，小作する小農である．地主の地代収入は微々たるもので，灌漑システム維持管理のイニシアティブをとるメリットがない．このような場合，誰のために灌漑システムを改良すべきかを明確にする作業から始めなければならない．この作業は時間がかかり，省略されがちであり，これが結果的に開発援助の効率を悪化させている．灌漑施設

の改良工事設計自体は難しいことではないが，農民と地主の改良投資に対する合意形成が難しいのである．

　サクー村では自給肥料，堆厩肥が大量に使用されている．ネパールには化学肥料生産工場がない．しかも，化学肥料のほとんどが各国の食料援助によって供給されている．堆厩肥の使用は労が多く，即効性に欠けるので，農民の化学肥料に対する潜在需要は非常に大きい．5年前の調査では，農業投入財公社を経由する援助肥料の公示価格は守られていなかった．村の指定取扱店には一時的に肥料が積まれただけで，すぐにどこかに転送されていた．実際の販売価格は公示価格の2倍近くで，しかも適期に肥料を入手できなかった．農民の不満は明らかであった．このように，食料援助の理念と現実にはギャップがある．

　公示価格を徹底するためには受給資格をきちんと定め，その資格者にすべて行き渡る数量の確保が前提とされる．実際の割当数量が少なければ，需要は供給を上回り価格は高くなる．問題は発生したレントが流通段階で吸いとられてしまうことである．したがって，価格を低く設定すること自体に無理があることになる．

　肥料の地域配分を公平の観点から実施しようとしても，輸送手段がないために農家の手元に届かない場合もある．また資源の最適配分からすれば，水利施設の完備したところで高収量品種や肥料の経済効果が高い．したがって，市場価格にまかせて条件の良いところでより多くの肥料を使用するほうが肥料の資源配分としては効率がよい[8]．これによって所得分配の不公平が生じた場合は，政府はその利益を条件不利地域へ再配分することが，理論上可能である．現在，ネパールではこのような状況を改善するために競争入札制度を採用し，肥料流通を民営化しつつある．

　肥料流通には，これとはまったく違った国境問題もある．国境措置が機能しない場合，独自の国内政策を実施することはできない．ネパールは隣国インドと1,500kmもの国境で接している．肥料価格をインドより安く設定した場合，国境を越えてインドへ転売される可能性すら出てくる．援助による

肥料の流れを追うだけでも，いろいろな解決されるべき課題があることがわかる．

7. ハートとハード

開発協力の専門家や海外青年協力隊員がいるうちは技術普及は順調であるが，彼らが去った後，その技術は定着しないことが多い．この状況は，今も昔もあまり変わらないように思われる．サクー村の夏馬鈴薯の例でわかるように，その時点ではめざましい成果があがらなくても何年かたって，技術移転の成果が開花することも多い．誰かがある技術を継承することは，人的資本の蓄積に他ならない．拙速な評価は避けなければならない．私たちの研究チームが，ネパールにおける学術研究の先達，日本のNGO活動のパイオニア的な存在であり，KJ法の創案者である川喜田二郎先生にお会いした時に，「KJ法はハートとハードを区別しないのが特徴です」と説明してくださった．一瞬理解に苦しんだが，そういえば，ケインズも冷徹な頭脳と暖かい心こそが経済学者に必要であるといっているではないか……．このあたりのバランス感覚がODAに携わる人々やNGOの実践家には必要になってくる．

この章では，農業技術の移転についていろいろ考えてみた．ネパールの村で観察したのは，食料援助の目的は「投資すれば良い」といった単純な発想では達成できないということであった．人口成長にみあった食料供給という大きな課題を解決するためには，技術だけではなく，収益性，そしてなによりも技術を受容する農村全体の構造に対する理解が重要であることが，少しわかってきたのではないだろうか．人口学者ハーディンによって提示された「**共有地の悲劇**」という有名な命題がある．共有地をもつ共同体において，各人が自己の経済利益を追求して共有地を使用する結果，やがて破滅という悲劇が生ずるというものである．現在，環境経済学や開発経済学の研究者がこの命題をめぐる問題を解こうと試みている．私たちは，共有地が良く管理されている例を探し出し，共有財産としてのインフラストラクチュアをどの

ようにしたら形成できるかを研究している．より良い経済均衡に到達するためには，まず技術移転のダイナミクスと市場メカニズムの資源配分機能をよく理解し，それを補う方法を開発することが重要である．

注
1) レーガン政権下で米国の経済再生のためにとられた政策が，知的所有権の保護政策であったことは象徴的である．
2) 北海道における水稲品種の変遷において，草型の決定的な変化は「坊主」系から「富国」への品種交替時にみられた．
3) 木原均「生命科学の現代的使命」，『北大創基百周年記念学術講演集』pp. 5-42, 1977, 北海道大学図書刊行会．
4) 日本でも花卉種苗の世界では民間企業の経済活動は活発であり，種苗費が農家の生産費の40％以上を占める場合も珍しくない．この他にも，緑肥作物種子のほとんどを私企業が供給しているが，持続的な農業生産のために緑肥作物が有効であるとわかっていても，種子価格が高すぎて農家にとっては採算がとれないという問題もある．
5) 現地調査をするのが，もちろん最善であるが，インターネットを利用すれば，日本にいながらにして多くの情報が得られる．英語版を使用することが肝心である．たとえば，サハラ砂漠以南の最新情報を以下のサイトで知ることができる——http://www. fao/NEWS/GLOBAL/, この他にも www. UNDP. org や日本のODAについては外務省の www. mofa. go. jp が，とりあえず参考になろう．
6) ノーベル経済学者T.W. シュルツが農産物過剰問題処理の解決策として提案された公法480号を「あほうどり公法第480号」と形容して，鋭く批判したことを忘れてはならない．T.W. シュルツ『経済成長と農業』pp. 32-62, ぺりかん社, 1971.
7) F. Osanami, T. Kondo and T. Doi : Agricultural Development in Nepal : Economic Assistance and Technology Transfer, Agricultural Development Research Series No.1, Laboratory of Agricultural Development, Faculty of Agriculture, Hokkaido University, September 1999. 北海道大学農学部開発経済学研究室のスタッフを中心にした共同研究，ネパールの農業発展と技術移転に関する農村実態調査の研究成果である．興味ある人は研究室に連絡してみよう．
8) 現在，市場経済への移行が世界の潮流となっているけれども，農村が自給経済の段階にある場合，全国的な市場が発達していないことが多い．市場メカニズムのみでは解決されないことも十分に留意する必要がある．

〔長南史男〕

第7章
農業経済学の分析方法

I. マルクス経済学と現代資本主義

1. 社会科学としての経済学

(1) 自然科学と社会科学

　後節で取り上げられる近代経済学と比べると，マルクス経済学は経済分析の「手法」としてはあまり洗練されていないようにみえる．とくに「理科系」を選択し，大学で自然科学を学ぼうと考えていた学生には，はじめて接するマルクス経済学は異質に感じられるに違いない．その違和感を払拭するためには，そもそも「社会科学とは何か」という根本的な問いかけから始める必要がある．マルクス経済学は経済学の一潮流にとどまることをよしとせず，みずからを積極的に **政治経済学** ないし **社会経済学** と位置づけ，さらに **社会科学の総合** をめざそうとしてきたからである．

　社会科学は自然科学と異なり，客観的知識の集積だけでは片づけられない曖昧さや相対性を多く含んでいる．もちろん，時代とともに自然に対する認識が深まり，科学としての体系もつねに発展しているという意味では，自然科学も相対性を免れることができない．だが，社会科学の相対性はそれにとどまらない．同時代にあっても，国や地域によって社会のあり方は大きく異

なるし，一国にあっても国民の社会に対する意識や経済的利害は一括りにはできないからである．だから，社会に対する視点や分析視角が異なれば，そこから導き出される法則認識や将来展望もさまざまである．それでも，科学である以上，私たちが対象を観察し，そこから一般的な法則を見つけ出すという目的に両者の違いはない．違いはそれぞれがつかまえようとする**法則性**にある．

　自然科学では研究の対象を客観化することが可能である．天文学や地球物理のように実験室のなかに再現できないものでも，コンピュータさえあれば，かなり正確なシミュレーションができる．これに対し，社会科学には実験室がない．社会そのものが一大実験室だとも言える．だが，それは私たち自身が生活する生きた社会，生きた現実である．そこではすべての出来事が相互に関連しあい，自然とは比べものにならないほど複雑である．しかも，その底流に流れる法則性は規則性や共通性だけではなく，あるいは答えが1つしかない必然性だけでもない．相互に対立しあう必然性が同時に存在し，ぶつかり合い，そうした矛盾を乗り越えて新たな状態へとたどりつくような**発展法則**が，生きた現実社会には存在する．この発展法則は1本の直線で貫かれているのではなく，むしろ螺旋階段のように行きつ戻りつしながら徐々に先に進んでいくような法則である．自然法則のように「公式」として扱うことのできない多様性を内に含んでおり，それを遠くから眺めてはじめて，太い線で貫かれていることに気づくような法則である．しかも，この発展法則を見つけだすために，社会科学は顕微鏡や試薬を用いることができない．頼るべきは頭脳の実験室すなわち**抽象力**である．だから，どうしても試行錯誤を伴わざるをえないが，そこが社会科学の難しさであり，面白さでもある．

(2) クリティカル・サイエンスのすすめ

　自然科学には，新しい事実や法則を発見したり高度な技術を発明するといった研究領域だけでなく，既知の科学法則や技術を実用化するにあたって，その影響を評価する研究領域がある．例えば毒性評価や環境影響評価などは，

地道で派手さはないけれども非常に重要な役割を果たしている．同じように，社会科学にも新たな理論モデルの構築とその検証を行う研究だけでなく，現実社会に生起する諸問題や政策運営の諸矛盾を告発したり，その解決策の方向性や議論の大枠を提示するための研究もある．もちろん，それが科学であるためには客観的事実と法則的認識にもとづいていることが不可欠である．

　マルクス経済学は，その理論体系のベースとなった**カール・マルクス**の代表著作『**資本論**』の副題が「経済学批判」とされているように，同時代の経済理論を批判的に乗り越えながら，資本主義社会の構造と動態を解明してきた．マルクス経済学にも計量的な手法によって理論の再構築を図り，現実の経済政策の立案・運営に寄与するための研究がないわけではない．これまでは現状批判に重きを置いてきたといえるが，分析手法に関してはけっして二者択一ではない．複数の分析手法を用いれば現実社会への認識はいっそう精緻化していくだろう．しかし，社会と経済を批判的な視点から分析することは欠かせない．現実社会がさまざまな矛盾を抱えている以上，無批判的な考察は多くの事実に覆いをかぶせることになるからである．批判は「価値判断」をともなうが，それはけっして「事実判断」を犠牲にするものではない．客観的事実に忠実に，そして合法則的に認識するからこそ，現実の諸矛盾が浮き彫りにされるのではないだろうか．肯定的理解のうちに同時に否定的理解を含めるという**弁証法的見地**がマルクス経済学の最大の拠り所である．

2. マルクス経済学の社会観

(1) 史的唯物論の考え方

　いかなる生物も，自らの系（システム）を維持してゆくためには，外的環境を何らかのかたちで制御できなければならない．人間も外的環境に対する能動的な制御活動を行うことなしには存続することができない．人間は他の生物と異なり，①意識的活動，②道具を用いた活動，③社会的協働活動といった特徴をもつ生産活動＝**労働**によって外的環境を制御してきた．人間はま

た，労働よって自身の能力（外的環境に対する法則認識＝科学）を高め，その成果に基づいてさらに制御能力を発展させることができた．人間のこのような能力のことを**生産力**といい，生産力のあり方は人間社会の発展の主要な指標である．だから，どんなに高度にみえる生産力でも，地球を滅ぼしかねない核兵器や環境破壊をもたらす経済活動のように，制御不可能ゆえに人間社会の存続を危うくするものは，より高い生産力の実現とはいえない．

生産活動をめぐってとり結ばれる人と人との関係を**生産関係**という．生産関係はさまざまな関係を含んでいるが，とくに重要なのが生産手段の所有関係である．自分で生産するすべを持たない者は持てる者のもとで働かなくてはならないが，そのことが生産における決定権や生産物の処分権を左右するからである．これが，いわゆる**階級関係**である．歴史の教科書で学んだように，人間社会の歴史は大まかに，原始共同体，奴隷制社会，封建制社会，資本制社会などの諸段階をたどってきた．これらの諸段階を区切っている指標が生産関係＝階級関係である．共同体成員間の生産関係を軸とする原始共同体社会，奴隷主と奴隷との生産関係を軸とする奴隷制社会，封建領主と農奴との生産関係を軸とする封建制社会，資本家と労働者との生産関係を軸とする資本制社会というように．生産関係のあり方は生産力の発展段階に照応しながらも，逆に生産力のあり方に影響を及ぼす．生産関係はまた，法律的・政治的・イデオロギー的な**上部構造**のあり方に影響を及ぼすとともに，逆に上部構造によって1つの**社会構成体**（経済体制）として総括される．マルクス経済学は生産力，生産関係，上部構造の関わり合いに着目しながら，人間社会の歴史を動態的・大局的に捉えようとする．これが**史的唯物論**と呼ばれる考え方である．

(2) 経済学の課題

経済学の対象は，歴史研究を除けば，基本的には私たちが生活している社会，すなわち資本主義社会における経済過程のしくみである．それにもかかわらず，原始共同体以来の人間社会の歩みにこだわるのは，資本主義社会を

人間社会の一過程に登場した歴史的産物として相対化し，人間の類的本性や人間社会一般に共通する普遍性と対比させることよって，資本主義社会の歴史性や特殊性を際立たせるためである．

いずれの経済体制にあっても，社会構成員を養い，安定的発展を遂げるためには生産力を高めていかなければならないし，そのためにさまざまな生産資源，つまり生産に従事する労働力や生産に必要な生産手段を必要な部門へ必要なだけ配分するメカニズムを備えていなければならない．だが，その経済体制が，どのようにして生産力を上昇させ，どのようにして生産資源の配分を行っているかという点で，それぞれ異なっている．実は，資本主義社会の肯定面も否定面もともに，この「どのようにして」という経済体制としての特殊性，つまり生産関係のあり方に由来している．

経済学は人間の経済生活，すなわち生産し，分配し，消費する過程に生起するさまざまな経済現象のなかから問題を見つけだし，その発生メカニズムや諸現象の相互関係を理論的に明らかにするとともに，その解決方法を政策として提示することを課題としている．資本主義社会の経済過程は，モノ（商品）とカネ（貨幣）の動き，価格の動きによって媒介されている．したがって，経済現象のメカニズムや相互関係を数量的に把握することが可能であり，そのためのさまざまな理論装置が編み出されてきた．

だが，それだけでは根本的な解決方法を提示することはできない．第1に，その経済現象が誰のどのような行為によって引き起こされたのかが明らかにされなければ，問題の再発を防ぐことはできない．第2に，それが誰にどのような利害をもたらしているのかが明らかにされなければ，解決の方向性も定まらない．また，なぜそのような利害が発生するのかが明らかにされなければ，長期的な解決方法や将来展望も見えてこない．第3に，利害を明らかにすることは，その経済現象の社会的・歴史的な意味を問うことであり，究極的には資本主義社会のあり方を問うことでもある．経済的利害の根幹には，資本主義的生産関係が横たわっているからである．したがって第4に，経済論から資本主義論へ，そして人間社会論へと視野を広げていかなければなら

ない．そのためにも，経済現象を孤立的にではなく，社会的・政治的な構造のより広い関係のなかで考察しなければならない．人間社会は経済過程だけで自己完結するものではないからである．マルクス経済学が政治経済学であり社会経済学である理由がそこにある．その際，経済生活の主体である生身の人間への視点をもつことが大切である．なるほど，経済理論に登場する人間は経済的カテゴリーの人格化であり，抽象の産物である．しかし，実際に社会を構成するのは，そこで生活する人間である．経済学はけっして数学や論理学の応用問題ではない．

3. マルクス経済学の基礎理論

(1) 市場経済のしくみと価値法則

資本主義社会はそれ以前の歴史社会と比べ，どのような特徴をもっているだろうか．まず何よりも，商品交換社会であるという点があげられる．商品とは，自家消費のためにつくられる生産物ではなく，社会的分業にもとづいて，他人の消費のために，他人に売るためにつくられる生産物である．だが，原始共同体社会でも社会的分業は成立していたが，生産物が商品として交換されることはなかった．社会的分業の各分肢が生産手段の私的所有によって分断され，各分肢での労働が私的決定による私的労働として行われる社会ではじめて商品交換が一般化する．商品生産者間の社会関係は，共同体や自主組織や家族のように自分たちの労働そのものにおいて結ぶ直接的・事前承諾的な関係（人と人との関係）としてではなく，労働生産物の商品としての交換という間接的・事後承諾的な関係（モノとモノとの関係）としてのみ現れる．前述したように，いかなる社会も，その社会の需要に応じた供給を続けるために，生産諸資源をさまざまな生産部門に適切に配分する社会的分業編成メカニズムを備えていなければならない．商品交換を媒介にして社会的分業編成をおこなうメカニズムを**市場経済**という．

商品交換には一定のルールがなければならない．私たちは必要な商品を手

I. マルクス経済学と現代資本主義

に入れるために、その商品の価格に応じた貨幣を支払う。ところで、価格とは何だろうか。商品は、一面では人間の何らかの欲望を満たす有用性をもっている。これを**使用価値**という。私たちは、この使用価値を目当てに市場で商品を購入する。だが、芸術品や骨董品などの例外的な商品を別とすれば、主観的評価にもとづく使用価値を共通の尺度にして価格表示することはできない。地域や商店によって価格が異なることもあるが、基本的には「一物一価」の原則が貫かれているからだ。もっと客観的な指標が必要である。実は商品にはもう1つの側面、つまり一定の人間労働力を費やして生産したという事実が隠されている。その商品を生産するのに要した手間やコストといえば理解しやすいだろう。これが**価値（交換価値）**の実体であり、商品の交換比率のもとになる。商品の価格は、この価値を一定量の貨幣で表現したものである。この「労働⇒価値⇒価格」という原則を**価値法則**という。

だが第1に、手間やコストは生産者によって異なる。だから、商品交換の基準となる価値を決めるのは、その商品を生産するのに社会的平均的に必要とされる労働時間である。したがって、生産力が向上して単位労働時間あたりの生産量が増えれば、価値総量は変わらなくても一商品あたりのコストが下がるから、同一商品を生産する他者との競争に有利になる。その積み重ねによって、社会全体の生産力が発展していく。これが市場経済における競争原理の基本である。

第2に、それぞれが私的決定にもとづく私的労働なのだから、交換に際して「自分の商品はこれだけのコストがかかった」と自己主張することはできないし、相手の商品価値を事前に正しく評価することもできない。価値が価値どおりに実現するか否かは交換してみないとわからない。言い換えれば、その商品を生産するのに要する社会的平均的な労働時間は、日々繰り返される商品交換を通じて傾向的につかまえられるものである。

第3に、市場で評価される価格の大元に価値があるにしても、実際には需要と供給のバランスによって個別的な価格（**市場価格**）はたえず変動し、価値とのズレが生ずる。だが、その事実は価値法則を否定しない。需給が変動

すると価格が変動する．価格が変動すると価値どおり販売されない商品や，価値以上に評価される商品が生まれる．そして，条件の不利な商品生産から生産資源が引き上げられ，条件の有利な方へとシフトするため，需給が逆転し，価格が変動する．市場経済における社会的分業編成は，こうした需給変動→価格変動→需給変動の繰り返しを通じて傾向的に達成されている．価値法則は「総労働⇒総価値⇒総価格」という理論的前提によって，市場価格の動きに意味を与えたのである．

(2) 企業活動と剰余価値法則

　資本主義社会はたんなる商品交換社会ではない．資本主義社会を他の歴史社会と分け隔てるのは，それが**資本家**と**労働者**に大きく区分される階級関係を基礎としているという点である．労働者は，封建制社会の農奴のような人格的隷従関係からは解放されたが，生産手段からも切り離されてしまった「二重の意味で自由」な状態にある．だから，生産手段を所有する資本家に雇われて，生産に直接従事しながら賃金をもらい，その貨幣で必要な生活手段を購入しなければならない．社会的分業の各分肢は，実は自立し対等に競争しあう商品生産者ではなかったのである．多くの場合，労働者を雇っているのは資本家個人ではなく，会社組織（企業）である．だから，以下では企業と労働者との関係として考察することにしよう．

　企業活動の第一義的な目的は儲け＝利潤の追求であり，そのために何らかの商品を生産し，その販売を通じて利潤を得る．だから，儲かりさえすれば，どのような使用価値の商品をつくってもかまわない．目的は価値である．一定量の価値（貨幣）を元手に生産手段を購入し，労働者を雇い，商品を生産し，そして販売する．この一連の過程を経て，最初に投下された価値以上の価値を回収する．このように経済過程に投入されて自己増殖する価値のことを**資本**という．企業は客観的には資本の運動の担い手として，増殖欲という資本の本性に導かれながら市場競争を繰り広げる存在である．問題は，なぜ増殖するのか，なぜ利潤が生まれるのか，である．単純に考えると，商品の

販売代金から生産コストを差し引いた残りが利潤である．だが，それだけではなぜそこに差が生じているのかは説明されていない．好き勝手に利潤を上乗せして販売したり，生産手段を価値以下で買い叩いても，すべての企業が同じことをすれば一方の得は他方の損なのだから，社会的には相殺されてしまう．

利潤が生まれる秘密は，生産過程における労働の役割にある．雇用は理論的には労働力の売買にほかならず，労賃はその販売代金にほかならない．一般に理解されるように，労働に対する報酬ではない．両者の区別は大切である．労働力商品の価値は，その生産に要する社会的平均労働時間，つまり労働力の所有者である労働者を日々再生産するための生活手段の価値に還元される．企業は購入した労働力を生産手段と同じように生産過程で消費する．労働力の消費が，労働である．労働は価値を生み出す．だから8時間働けば8時間分の価値，例えば16,000円が生み出される．また，労働によって原材料などの生産手段の価値，例えば4,000円がそのまま商品に移転する．したがって，労働が生み出した商品価値は，生産手段の移転価値と新たに生み出された価値を加えたもの，つまり20,000円になる．他方，生産コストは生産手段の購入代金と賃金とを加えたものである．もし，労働によって生み出された価値と労働力の価値である賃金に差が生ずれば，それが企業の利潤になる．1日分の賃金が8,000円であれば，8,000円の利潤がもたらされる．

マルクス経済学は，この利潤のことを**剰余価値**(m)と呼んでいる．また，生産手段を**不変資本**(c)，労働力を**可変資本**(v)と呼んでいるが，その理由は「$c \to c$」と「$v \to v+m$」という価値量の変化の違いに着目したからである．労働力の価値に等しい価値を生産する時間を必要労働時間（支払労働時間）というのに対して，それ以上に労働力を使用して剰余価値を生産する時間のことを剰余労働時間（不払労働時間）という．そこで生産された価値はまるまる企業のものになる．マルクス経済学は，ここに資本主義的階級関係における搾取の本質＝**剰余価値法則**を探りあてた．今でこそ労働基準法によって労働時間の上限が定められているが，もし規制がなければ企業と労働

者の力関係は労働時間の延長を容易に許すことになる．実際，規制の抜け穴を利用して，サービス残業という名のタダ働きも日常的に行われている．剰余価値はさらに労働強化によっても増やすことができる．『資本論』の随所に，当時の過酷な労働実態がリアルに描かれている．だが，いまや国際語ともなった過労死（karoshi）という言葉は，そんな時代の話ではなく，現代の社会実態から生まれた言葉である．「豊かさ」と「便利さ」を手に入れた現代資本主義社会も，本質的には何ら変わっていないのかもしれない．

(3) 資本蓄積と雇用問題

もし企業の経営者が利潤を私的に浪費してしまえば，次の生産過程は前と同じ規模で繰り返されるだけである（単純再生産）．だが，利潤の一部を生産手段の追加や労働者の新規採用に充てると，次の生産過程を拡大された規模で行うことができる（拡大再生産）．これを**資本蓄積**という．資本蓄積自体は個別企業の利潤追求の所産であるが，社会全体でトータルすれば，それは国民総生産の増大＝経済成長でもある．だが，資本蓄積は私たちの雇用の維持・増進を約束してくれるのだろうか．資本蓄積を通じた経済成長は社会的富の増大，すなわち私たちの生活の豊かさと同義なのだろうか．

不変資本 c と可変資本 v の比率 c/v のことを**資本の有機的構成**という．有機的構成は1労働単位あたりの生産手段消費量を表しており，近似的に労働生産性を表している．もし有機的構成が不変のまま推移すれば，総生産物価値の増大とともに，不変資本も可変資本も同じ比率で増加するから，雇用も拡大することになる．だが，もし有機的構成が上昇すれば，不変資本部分に対応する可変資本部分が相対的に縮小する．つまり，資本蓄積は必ずしも雇用増をともなわず，かえって雇用減を招くこともある．さらに実際の蓄積過程では，リストラ「合理化」による強制的な雇用圧縮や企業間の競争を通じた中小企業の淘汰，あるいは企業の海外進出にともなう国内産業の空洞化などによって雇用減少圧力が強められる．1980年代後半の景気拡大期においても，資本蓄積と同じテンポで雇用が伸びたわけではなかった．経済成長と

失業の両立は資本主義社会の常態といえる．

　失業者の存在は企業にとって，より積極的な意味をもっている．マルクス経済学は，失業者を **相対的過剰人口** と呼んでいる．もちろん，企業の蓄積欲望に対して「過剰」な状態という意味である．あるいは，**産業予備軍** とも呼んでいる．失業者は景気変動や企業戦略の転換に柔軟に対応できる労働力需給の調節弁の役割を果たし，さらに現役労働者との競合によって，労賃の価値以下への切り下げ圧力や労働強化を容易たらしめる役割を果たすからである．こうして資本・賃労働という生産関係が維持・再生産されることになる．だが，これはけっして経済過程だけで自己完結する法則性ではない．資本蓄積と雇用をめぐる問題を明らかにするためには，産業政策や労働政策，社会政策などを通じて政治的上部構造が果たしている役割にも目を配る必要がある．

　もちろん，失業まで考えなくとも，私たちの生活が日本の経済成長に比例して本当に豊かになったのかと問われて，イエスと即答できる人は数少ないだろう．世界最大の富裕国であるアメリカ合衆国でも，自らの力で生活を維持するギリギリの線＝貧困ラインを下回っている人口割合は2桁を超えているという．

(4) 資本の再生産と産業循環

　これまでの説明では，資本の運動を一企業レベルで捉えるにせよ，社会全体（社会的総資本）として捉えるにせよ，再生産はさまざまな矛盾をもたらしながらも順調に行われるものと前提されていた．だが実際には，流通過程における価値的実現（つまり価値に見合った取引の成立）および素材的実現（つまり必要とする企業や部門への供給）は必ずしも保証されているわけではない．煩雑を避けるために社会的総資本の運動について考えてみると，「生産中に消費される資本はどのようにしてその価値を年間生産物によって補塡されるか，また，この補塡の運動は資本家による剰余価値の消費および労働者による労賃の消費とどのように絡み合っているか」（マルクス）が明

らかにされなければ,資本の再生産の分析は完成しない.

　この問題は自然生態系における物質代謝のアナロジーとして考えるとイメージしやすい.自然生態系は大きく植物群と動物群と外部環境(土壌等)に分けられ,植物群の内部における代謝,動物群の内部における代謝,植物群と動物群との間の代謝,両群と外部環境との間の代謝といった各々の代謝バランスが保たれることによって生態系全体が維持・再生産される.そこでは人為的介在とは無関係に生物種の維持本能や生存競争等の自然法則が貫徹し,一定の比率的構造が編み上げられている.これに対して,社会における「物質代謝」は次のように理解される.広義には,資源→生産→流通→消費→廃棄→処理という文字通りの物質代謝であり,自然生態系との間の代謝関係を自覚しない経済活動が公害問題や地球環境破壊をもたらすことになる.狭義には,生産と消費(需要と供給)が各生産部門の内部および相互間でとり結ばれる関係であり,価値増殖という資本の本性に導かれながら経済主体間の競争と共生が展開し,やはり価値法則によって一定の比率的構造＝資本主義的生産関係が編み上げられている.

　再生産論の課題は,社会的総資本を生産手段生産部門と消費手段生産部門に区分して,両部門の内部および相互間の価値的・素材的補塡の均衡条件,したがって社会的再生産の諸条件を析出することにある.だが,現実の生産と流通は多数の個別資本による無政府的競争を背景に行われる.だから,均衡条件の成立は同時にその不成立＝不均衡の常態化が不可避であることを映す鏡である.もちろん,不均衡が即,資本主義的再生産の不可能性を意味するわけではない.均衡の崩壊は価格変動,産出量変動,投資変動などを媒介して均衡の回復を要求するからである.ここに「好況→繁栄→恐慌→不況→回復」という**産業循環(景気変動)**の成立根拠がある.だが,それはたんに景気の「波」が繰り返されるというだけではない.景気の「波」は必ずしもすべての経済主体に平等に影響を与えるわけではなく,多くの場合,経済的弱者と経済的強者との格差構造を拡大するきっかけとなるからである.

4. 現代資本主義と経済学の課題

(1) 競争と独占

　企業は飽くなき剰余価値生産という資本の本性に駆り立てられながら互いに激しく競争しあう存在である．企業の規模が小さく，競争力格差もあまりない段階では，企業間競争は自由に行われる．それは，すべての企業がすべての企業に対して敵対的にふるまう条件が等しく与えられており，儲からない部門から資本を引き上げて，儲かる部門へ資本を移動する自由が保障されているような状態である．だから，需給の変動→価格の変動→利潤の増減→資本の移動→生産の増減→需給の変動→価格の変動……という過程を繰り返しながら，社会的分業編成が傾向的に達成されるのである．これを理論化したのが，前述した価値法則である．あるいは，各企業は投下資本の規模に応じた利潤を要求し，部門間の資本移動を繰り返す結果，それを獲得すると言い換えることもできる．この利潤を**平均利潤**といい，総剰余価値が自由競争を通じて各企業に再分配されるメカニズムのことを**平均利潤法則**という．もちろん，企業といっても，そこには生産手段を生産する産業部門もあれば，生活手段を生産する部門もある．さらに製造業（**産業資本**）だけでなく，流通を担う企業（**商業資本**）や金融を担う企業（**銀行資本**）もある．このように多種多様な産業部門の企業がそれぞれ，生産過程で生み出される剰余価値の分配をめぐって自由に競争を繰り広げる段階を**自由競争段階**という．マルクスが『資本論』を書いたのは，このような時代であった．

　だが，市場経済は優勝劣敗，弱肉強食の世界である．企業間の競争はやがて，資本蓄積を成功裡に進める企業と，そうでない企業との分化をもたらした．前者の企業は互いに合併し，あるいは他企業を買収することによってますます巨大化し，市場における主導権を握っていく．そして，カルテルなどの方法によって市場価格を操作し，弱小企業を市場から排除して，平均利潤を上まわる超過利潤＝**独占利潤**を取得する．こうして，自由競争という競争

のあり方を制約するほどに力を蓄積した企業を独占企業（**独占資本**）といい，独占企業と非独占企業との支配抑圧関係をともなう競争のあり方を**独占**という．このような**独占段階**においては，自由競争段階の資本主義を分析して得られた経済法則（例えば平均利潤法則）がそのまま通用するわけではない．だが，それが資本主義である以上，マルクスが明らかにした資本主義社会の構造と動態は一般理論としての意味を失うことはない．資本主義の一般理論はたんなる公式，モノサシではない．それ自体が特殊段階の理論であると同時に，発展諸段階を通じて貫徹する一般法則を提示するものであり，発展諸段階への適用を試されながら自らを豊富化するものでもある．たえず生成・発展・消滅を繰り返す人間社会を動態的に捉えようとするマルクス経済学の理論はまさに，その一般理論と現実社会の具体的発展態様とのあいだのフィードバック（分析と総合）の積み重ねによって，つねに豊富化されることを宿命づけられているともいえよう．独占段階における資本主義経済の理論化作業は鋭意続けられている．

(2) 国家と財政

経済学は，生産関係という経済的土台を分析の対象にするだけでなく，政治的上部構造である国家の問題をも視野に入れなければならない．国家は，自由競争段階であれ独占段階であれ，経済過程の総括者として重要な役割を果たしてきたからである．価値法則は一見すると経済過程の自律性（自動調整機能）を説明している．しかし，剰余価値法則によって説明されるように，実際には社会的分業の各分肢は利潤追求を本性とする個別資本によって担われている．そこでは，生産過程における労働者搾取の問題，社会的再生産過程における景気循環と失業の問題，生産の無政府性（消費をかえりみない生産）にともなう生産力発展のゆがみや公害・環境問題の発生など，さまざまな矛盾がもたらされている．マルクス経済学は，国家を，これらの矛盾を調整することによって資本主義的生産関係の維持・安泰を図ることを第一義的任務とする**階級国家**であると捉えている．

I. マルクス経済学と現代資本主義

経済過程における国家の役割を考える上で好材料となるのが,**財政**である.財政とは,中央政府や地方自治体などの公共部門(政府部門)による経済活動のことである.国民経済に占める政府部門の比重はきわめて高く,主要先進国の GDP に占める一般政府支出の割合は 4～5 割に達している.政府部門の収入(歳入)は租税や保険料,公共料金,郵便貯金,公債などがあり,支出(歳出)は社会保障費や教育費から公共事業費,農林水産業等の産業対策費,そして軍事費に至る広範な分野にわたっている.財政は国の政治や経済の動向を左右する決定的要因であるといえよう.そして,政治と経済の接点に位置することによって,財政問題は政治と経済の複合現象として展開されることになる.

マスグレイブによると,財政機能は①資源の最適配分,②所得の再分配,③経済の安定化の 3 つに整理することができる.いずれも市場経済の矛盾＝**市場の失敗**を国家による経済過程への介入によって是正しようとするものである.ところが,現実には官僚主義や利権主義をともないながら**政府の失敗**と呼ばれる状況に陥ってしまった.とくに,経済安定化のために積極的な財政支出を求めたケインズ政策によって,主要先進国はいずれも巨額の財政赤字を抱えることになった.そのため,1980 年代以降,公共部門の役割よりも民間部門における自由競争を重視する**新自由主義**と呼ばれる潮流が台頭し,各国の経済政策に反映された.日本でも,中曽根政権下の臨調行革路線以降,行財政のスリム化が政策課題として一貫して掲げられてきた.その結果,例えば「受益者負担」の名の下に教育や福祉など国民生活に直結する分野の予算が削られ,「高齢化社会」の名の下に消費税が導入され,「民営化」や「規制緩和」の名の下に公共部門の縮小が図られた.だが,その一方で,国際比較でみても異常に突出した公共事業費はさらに増強の一途をたどり,微増ながらも着実に増額を重ねてきた軍事費も世界有数の水準にまで達した.90年代長期不況への政策対応が,この傾向を助長した.

財政のあり方を議論する際に留意すべきは,財政の「額」や「収支」ではなく,その公共政策としての「意味」を問うことである.社会が成熟化すれ

ば社会保障費が拡大するのはむしろ当然であり，公共性という意味からも，資源最適配分機能や所得再分配機能という意味からも，財政による最大限の支援が不可欠の分野である．消費税も，それが何にどれだけ使われているのかが明示されなければ，「欧米と比べれば安い」という議論は成り立たない．公共事業も，その地域経済活性化策や景気浮揚策としての効果が問われなければならない．地域経済や雇用で重要な位置を占める中小企業の振興に充てられる予算は，大手ゼネコンが受注する巨大開発事業予算や，金融機関によるバブル経済の不始末を肩代わりするための予算と比べればとるに足らない額であるが，経済安定化機能という意味でどちらが効果があるのかが問われなければならない．そして，これらの問題の背景にある国民周知の**政官財癒着の構造**への批判的視点を取り入れることに，現代の経済学は消極的であってはならない．

(3) 世界経済と多国籍企業

現代資本主義の最大の特徴は，それが一国経済の枠を超えて，文字どおり世界市場として展開していることである．各国経済は商品の輸出入を通じた国際的な商品流通＝**貿易**によって結びつけられており，そのあり方が一国経済の帰趨を左右するほどにまで世界貿易は拡大してきた．通常，国と国との関係として扱われることが多いが，貿易を直接担っているのは個別企業である．例えば，輸入は国民経済としては赤字であるが，貿易を担っている企業にとっては利潤追求活動の1つにすぎない．輸出も国民経済としては黒字であるが，それが個別企業によって担われている以上，貿易黒字が数字に表れるとおりに国民経済に利益をもたらすとはかぎらない．実際，貿易の大半を担っているのは**多国籍企業**と呼ばれる巨大企業である．多国籍企業とは，積極的な海外直接投資を通じて複数国に生産設備や営業拠点を所有し，国境を越えた事業展開を行っている企業のことである．多国籍企業の世界貿易に占める位置はきわめて大きく，石油メジャーや穀物メジャーに代表されるように，利潤獲得のために弄するさまざまな術策によって，一国の貿易収支，ひ

いては世界経済の動向をも攪乱することがある．

農産物貿易を例にとろう．例えば，上位5社が世界穀物貿易の7割以上を，上位3社が世界バナナ貿易の8割を，上位3社が世界ココア貿易の8割を独占しているという．これら農業・食料分野で事業を展開する巨大企業＝**多国籍アグリビジネス**は，輸出国政府から輸出補助金を獲得するだけでなく，世界大での自由な企業活動の妨げとなる関税制度や安全性規準などの非関税障壁を撤廃するために，各国政府や国際機関への直接・間接の働きかけを強めてきた．ガット・ウルグアイ・ラウンド農業交渉で中心的な役割を果たしたアムスタッツが世界最大の穀物商社カーギルの元副社長であった話は有名である．また，多国籍企業はたんに在外子会社ごとに利潤の極大化を図るだけでなく，一体的な経営戦略のもとで企業内部資金の極大化を追求する国際的企業グループを形成している．だから，企業戦略上必要とあれば，海外拠点で調達・生産した原料や加工品を本国へ逆輸入することも辞さない．多国籍アグリビジネス主導で推し進められている農産物貿易の自由化は，輸入国の生産者や消費者に否定的影響を及ぼすだけでなく，輸出国においても市場競争の激化によって中小家族農業経営の淘汰をもたらしている．これらの実態を明らかにするためにも，一国単位の貿易論から，多国籍に展開する資本の運動法則の解明に立脚した貿易論への発展が求められている．もちろん，だからといって，国家や国際機関の役割がなくなったわけではない．多国籍企業と国家，国際機関との関係についても，政治経済学的な視点からの分析が必要である．現代のマルクス経済学に課された大きな宿題である．

(4) 金融の自由化・グローバル化とカジノ化

世界経済を攪乱する要因は**実体経済**（商品取引）にのみ存在するとはかぎらない．1997年にタイで始まったアジアの通貨危機は主要先進国も巻き込みながら，世界同時不況の様相を呈するまでに拡大した．その背景は単純ではないが，80年代以降，各国で進められてきた金融の自由化・グローバル化が問題を大きくしたと指摘されている．近年，商品の価値尺度および流通

手段，支払手段として商品取引の潤滑剤の役割を果たすべき貨幣が，為替や株式，公社債などに姿を変えながら，実体経済とは関係なく，しかも国境を越えて無制限に取引されている．各国間の為替取引は本来，貿易実績や各国の金融政策に即してなされるものであるし，株式や公社債も本来は配当や利子の取得を目的として投資されるものである．ところが，為替変動や株価変動を利用した**キャピタルゲイン**（売買差益）めあての投機的取引が横行しており，各国政府はこれに歯止めをかけることもできなくなっている．現在，世界貿易額は年間5兆ドルであるが，為替取引額は1日で1兆6,000億ドルに達するという．その結果，実体経済のわずかな景気変動がそれを遙かに上まわる資本の移動を誘発し，泥沼の経済危機を招いている．金融の自由化・グローバル化がカジノ経済をもたらし，実体経済にも否定的影響を及ぼしかねないことは当初から指摘されていた．これらの現実をつぶさにみれば，とるべき政策は投機的な資本移動に対する国際的規制の強化であり，実体経済を回復させるための政策支援であることは素人にもわかる．だが，経済学を学ぶ以上，こうした問題の発生メカニズムを理論的に説明するとともに，当然予想された経済混乱になぜ歯止めがかけられないのか，その背景にある資本の運動法則を解きほぐす作業にとりくむ意義は小さくない．

(5) バブル経済とその崩壊

話が前後するが，日本が経験したバブル経済とその崩壊も，根は同じである．土地や株式などそれ自体に労働生産物のような価値が内在しているわけではないものが価格をもって取引されるのは，それを保有ないし利用することによって地代や配当などの収益が得られるからである．これを**擬制資本**という．2億円の投下資本による産業活動が2,000万円の利潤をもたらせば，利潤率は10%となる．このうち1億円を銀行が貸し付けた場合，銀行はその見返りに利子を要求する権利をもつ．企業が取得した利潤のうち500万円の利子を要求するとすれば，利子率は5%となる．擬制資本もこれと同じように考えることができる．つまり，市場の平均的な利子率が5%だとすれば，

500万円の収益をもたらすと予想される擬制資本の価格は1億円として評価される．1億円の資本を企業に貸し付けて利子を取得するか，土地や株式などの資産に投資して収益を得るかの選択の違いでしかないからである．この計算方法を**資本還元**という．だが，基準となる価格（地代収入や配当金）は予想収益にもとづくため，現実の価格はこの理論価格から乖離する傾向が強くなる．とくに好景気で実体経済が上昇基調にあるとき，期待が期待を呼び，資産価格は上昇し，キャピタルゲインめあての投機的取引が加熱する．その結果生ずる理論価格と現実価格との差が**バブル**である．だが，市場価格は価値水準を中心に変動するにしても，そこから極端に乖離する状況を長く続けることはできない．価値法則の貫徹によって，現実価格は理論価格へ，市場価格は価値水準へ，金融経済は実体経済へと強制的に押し戻されざるをえない．これがバブル崩壊の理論的根拠である．

5. 経済民主主義の実現のために

前資本主義社会の身分的な支配隷属関係を断ち切り，商品生産者間の自由と平等の関係をたてまえとする社会として，資本主義社会は歴史に登場した．だが，そこでは，人と人はモノとモノとの商品交換関係として結びつけられ，社会的必要を満たすための生産活動は際限ない利潤獲得競争として追求される．このような転倒を**物象化**といい，そのもとで人間の類的本性が歪められることを**疎外**という．マルクス経済学の人間観は，新古典派経済学が想定するホモエコノミクス，すなわち自己の利益（効用）だけを追求する人間類型でもなければ，自己の目的を達成する手段を自由に比較・選択し，効率的に最適・最大の結果を達成する「合理的な経済人」でもない．それは商品貨幣関係を通じて疎外された人間性の反映であり，反映されるままの物象的世界を表現した人間像にすぎない．それゆえ，経済合理性や市場効率といった考え方を無条件に前提することに，マルクス経済学は批判的である．人間は，自由で意識的な活動を行う社会的存在であり，労働と社会的活動（協働）を

通じて個性豊かな主体形成を遂げることを類的本性とする存在である．この類的本性を自由に発展させる条件を獲得することが，自然と社会の諸法則の科学的認識にもとづく制御能力＝生産力発展の究極の課題である．だが「人間は，自分で自分の歴史をつくる．しかし，人間は，自由自在に，自分でかってに選んだ事情のもとで歴史をつくるのではない」（マルクス）．資本主義社会が人間社会の発展過程においていかなる歴史的役割を果たしているのかを肯定面と否定面の双方から明らかにし，人間の疎外として現れる資本主義の否定的側面を乗り越えていくための客観的条件を明らかにすること．これがマルクス経済学の究極の課題であるといえよう．

　これまで，経済理論の多くは，生活過程，地域コミュニティ，自然環境といった社会の重要な構成部分に対して，それらが商品として処理できる範囲でしかアプローチしてこなかった．市場は，これらの非経済領域に内在する豊かさやアメニティといった「質」を評価するメカニズムを有していないからである．資源の最適配分が市場価格を指標とした自由な競争によって達成されるという理論的前提は，独占の成立によって自由競争が制限されているというだけでなく，仮に自由競争段階にあっても，生産者と消費者の競争関係が資本と賃労働の関係として現れる以上，自由かつ対等ではありえないという事実によって否定される．これらの領域で資源の最適配分が達成されないことの影響を，金銭的評価によって置き換えることは難しい．生活，地域，自然を維持・発展・保全するために必要な費用が市場経済の枠組みから欠落し，「社会的費用」ないし「外部費用」として扱われるのが不可避であるとすれば，それを市場で「評価」し，経済活動に「内部化」するための方策は，あくまでも人為的になされなければならない．そうであるならば，これはテクニカルな課題ではなく，社会的営為の継続によってしか解決できない**経済民主主義**の課題である．そこでは必然的に市場経済への何らかの規制が求められることになる．これらの規制は生活，地域，自然を守るために必要不可欠な規制，**民主的規制**であるのだから，「緩和」すべき官僚的規制とは明確に区別されなければならない．市場経済の自律性・均衡性・無矛盾性を前提

するかぎり，こうした議論は「価値判断」の産物としか映らないかもしれない．だが，現実社会も，経済過程も，矛盾に満ちた世界である．だからこそ，経済民主主義を実現する課題が経済学の課題として提起されるのである．最初に述べたように，「事実判断」を本務とする科学的理論の探求を通じて，各自の「価値判断」を鍛え上げること．これが経済学を学ぶ最大の目的である．

余談だが，若い読者なら「スタートレック」をご存知だろう．ドラマの舞台はなお戦場ではあるが，少なくとも地球社会においては高度な文明，自由と民主主義，そして平和が実現しているという想定である．そこでは商品や貨幣という概念がもはや存在しない．高度な生産力はわずかな労働時間によって社会的必要を満たし，残りの時間を自由な時間として，芸術や教養，科学技術の修得に充て，まさしく豊かな主体形成を遂げることを可能にしている．もちろん，24世紀という遠い彼方のSFの世界である．一方，マルクスは，個性と協働性という人間の類的本性を全面的に開花する社会の実現をもって，人類の本史が始まるとした．彼が「自由人たちの連合」と表現した共産主義社会は，旧ソ連・東欧の「社会主義体制」のイメージで捉えられがちであるが，そもそも自由と民主主義を前提するものとして展望された社会が，逆にそれを抑圧する社会と同義であるはずはない．マルクスの描いた社会建設の「歴史的実験」が失敗したと考えるのか，それはなお次世代に残された課題と考えるのか．私たちが現実に展望する社会は，はたして市場経済を止揚するものなのか，それとも民主的改良の積み重ねによって市場をうまく制御しながら現代経済のしくみを保持しつづけるものなのか．そんなことも考えながら経済学を学べば，社会科学の面白さも倍増するかもしれない．

〔久野秀二〕

II. 新古典派経済学と計量経済学

アダム・スミス,リカードによる古典派の経済学では商品の価値はその商品の生産に投下された労働量にもとづいて決定されるとしていた.これに対し,マーシャルを始祖とする新古典派経済学では商品の価値は,その商品の追加的な消費によって生ずる効用の増加,すなわち,限界効用によって決定されるとした.古典派から新古典派の経済理論の転換は価値の理論の転換を意味するものであった.財・サービスの価値を限界効用でとらえる基本的な価値理論の転換と同時に経済学の分析手法として限界分析が用いられるようになった.これを**限界革命**と呼んでいる.限界革命は,ジェヴォンズ,メンガー,ワルラスという国籍,それぞれのおかれた知的・社会的環境も違う経済学者によってほぼ1870年代に起こった.

1. 新古典派経済学と市場メカニズム

新古典派経済学の課題について説明しよう.この世の中には無数といってよいほどたくさんの財・サービス(以下財と略す)が存在する.われわれが生活していくうえで,これらの無数の財を生産しそして消費しなければならない.さまざまな財をどれだけ生産するか,どのように生産するか,誰のために生産するかという問題は,人類が生きてゆくうえで解決しなければならない問題である.さまざまな財を誰に・どれだけ・どのようにして生産させるか,また生産された財を誰に・どれだけ分配するか.これは資本主義経済であろうと社会主義経済であろうと,われわれが社会で生きてゆく上で解決しなければならない問題である.これを**資源配分の問題**という.この資源配分の問題を対象とするのが新古典派経済学である.資源が稀少であるから,無駄のない資源配分を考えることが重要な問題となる.新古典派経済学は稀

少な資源をいかに効率的に利用するかを課題としている．

こうした，資源配分問題を解決する制度の第1は市場経済システム（market economy）である．市場経済システムは需要と供給による価格の動きによって資源配分問題の解決を図る．すなわち価格が上昇すればその財が不足であることを意味するし，低下すればその財が過剰であることを意味する．たとえば農家は米価の上昇を通じてコメが不足しているという現状を把握することができる．コンピュータが不足することもないし，散髪屋が町から消えてしまうことを心配する必要もない．現実のわれわれの生活を見た場合，価格メカニズムによって財の生産はおおむねよく機能している．

もう1つの解決方法は，計画経済システム（command economy）である．計画経済は中央集権的な資源配分システムともよばれ，上からの司令によって，どの財をどれだけどのように生産するかが決定される．政府などの中央集権当局が上からの指令によって資源配分の問題を解決するのである．中央集権当局はどれだけの財をどのように作るのかを決定する．そして生産された財を人々に分配するわけである．

新古典派経済学は価格メカニズムによる資源配分について分析することを課題としている．すなわち，需要と供給による資源配分がどのような特質をもっているのかを明らかにするのが経済学の課題である．

経済学にはミクロ経済学（価格理論）とマクロ経済学（所得理論）の2つの基礎理論がある．ミクロ経済学は価格理論ともよばれ個別経済主体の行動を掘り下げて資源配分を問題とする．これに対し，マクロ経済学は国民所得論ともよばれ経済全体の集計変数，たとえば国民所得や物価，失業率がいかなる水準に決まるのかを説明する．ただし，大きく見ればどちらの経済学とも資源をいかに効率的に利用するかを課題としている．

経済学の接近方法には**事実解明アプローチ**と**規範的アプローチ**がある．事実解明アプローチは，現実の経済がどのようになっているかを解明する．これに対して，規範的アプローチは価値判断をともなう命題を取り扱う．例えば，「貧しい人々の所得を向上させる政策は望ましい」などといった命題は価値

判断を前提としている．この分類で言えば，ミクロ経済学は事実解明的アプローチに属する．

　資源配分の問題を解決するうえでどのような組織，制度が望ましいのであろうか．資源配分問題を解決する制度のパフォーマンスを判断するためにいくつかの基準を設けておくことが望ましい．この基準として(1)配分の効率性，(2)分配の公正性，(3)情報伝達の効率性，(4)誘因体系の整合性があげられる．(1)は，財の生産方法，分配方法に無駄が存在しないか，(2)は資源の配分の手段が貧富の格差をもたらす構造になってはいないか，(3)は無数ともいえる財・サービスを生産するわけであるから，どの財がどの程度不足しているかの情報を伝えるメカニズムが効率的で正確なのか，(4)は経済主体に資源を効率的に利用する誘因を付与しているかどうか，以上がチェックポイントとなる．

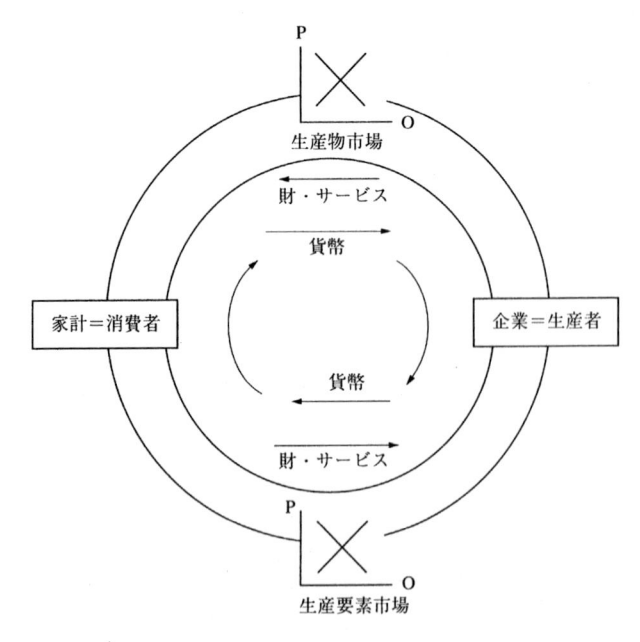

図7-1　経済のフローダイアグラム

ここで，経済のメカニズムについて説明しておこう．図7-1は経済のフローダイアグラムと呼ばれているものである．ここでは2つの経済主体をとりあげている．1つは**家計**あるいは**消費者**である．家計は主に財の需要主体であるが，同時に生産要素の供給主体でもある．生産物の需要曲線の背後には家計の行動がある．生産要素市場の1つである労働市場では家計は労働の供給主体となる．また，資本市場では家計の貯蓄が資本の供給の一部をなし，企業はこれを需要し投資財の購入に振り向ける．

第2の経済主体は**企業**ないしは**生産者**である．家計は財を需要する主体であったのに対して企業は財を供給する主体といってよい．財の供給曲線と生産要素の需要曲線の背後には企業の行動がある．

生産物市場では何をどれだけ誰のために生産するかが決定される．生産要素市場では財をいかに生産するかが決定される．また，生産要素市場は生産要素価格の形成を通じて所得分配を決定するという重要な役割を担っている．生産物市場の需要曲線は予算制約のもとで家計の効用最大化から導出され，供給曲線は生産関数の制約のもとで企業の利潤最大化から導出される．以下このことについて説明しよう．生産者の均衡から話を始める．

(1) 生 産 者

生産者の行動についてコメの供給を例にとって話を進める．コメの**生産関数**を $y=f(x, L, K, A)$ としよう．ただし，y はコメの生産量であり**アウトプット**ともよばれる．x は肥料，K は機械，L は労働，A は土地の投入量であり**生産要素**あるいは**インプット**とよばれる．生産関数は投入と産出との技術的関係を表す．インプットが与えられたとき達成可能な最大の産出量を与える関数である．いま，肥料以外の投入量 L, K, A はある一定の水準に固定されているとする．この場合，アウトプットは肥料の投入水準だけに依存して変化する．肥料の投入量が増加するにつれコメの収量は増加する．ここでの例のように肥料のように投入量が変化する生産要素を**可変的投入要素**，機械，労働，土地のように一定にしている生産要素を**固定的投入要素**とよぶ．

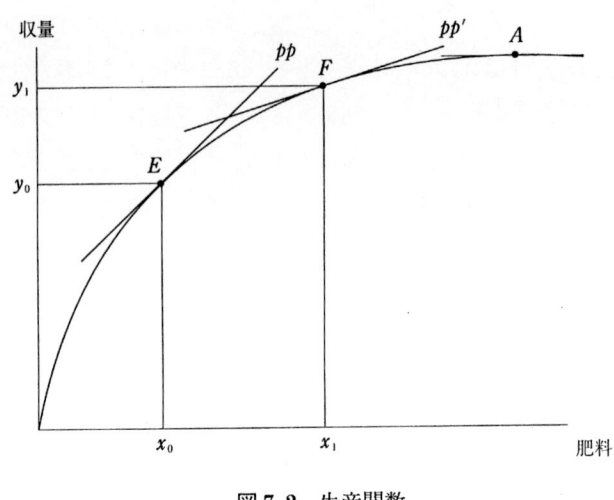

図7-2　生産関数

固定的投入要素が存在するとの前提にたって生産関数を考えているときこれを**短期**の生産関数と呼んでいる．

　図7-2に示すようにコメの収量は肥料とともに上昇してゆく．ただし，肥料1単位の増投に伴って生ずる産出量の増加，すなわち，**限界生産力** $\partial y/\partial x$ (∂は偏微分をあらわす) は小さくなる．これを**収穫逓減**ないしは**限界生産力逓減の法則**と呼んでいる．あくまでも土地をはじめとする肥料以外の生産要素の投入水準を一定にしておいて，その一定量の農地に肥料を追加的に投入した場合，生産量の増加が逓減することを示している．A点を越えると生産量はかえって減少することを示している．この場合限界生産力はマイナスである．

　それではコメの価格 p_y と肥料の価格 p_x とが与えられたとき，農家は生産関数上のどの点で生産を行うのであろうか．農家は利潤を最大化するものと仮定しよう．利潤 π は粗収益 $p_y \cdot y$ から費用 $p_x \cdot x$ を引いたものであるから，$\pi = p_y \cdot y - p_x \cdot x$ となる．この式を変形して $y = p_x/p_y x + \pi/p_y$ をえる．これを示したのが図7-2の pp 直線である．この直線の切片は π/p_y であり傾きは

p_x/p_y である．農家の目的は利潤最大化であるから，最適点は最も切片が高い E 点になる．E 点は生産関数上の点の中で最大の利潤を与える点である．最適点では，生産関数の傾きと利潤線の傾きが等しく，$p_y \partial y/\partial x = p_x$ が成立している．左辺は肥料の限界生産力とアウトプットの価格を乗じたものであり**限界価値生産力**という．最適点では生産要素の限界価値生産力と生産要素の価格が等しい．

簡単な模式図によって肥料の投入量は x_0 で産出量は y_0 になることを示した．この模式図を**モデル**と呼んでいる．モデルとは現実そのものを描写するのではない．現実の経済の骨子を表すためにむしろ現実を抽象化したものである．経済モデルは**内生変数**と**外生変数**から成る．内生変数はモデルのなかで決定されるいわば分析の対象となっている変数である．これ対して外生変数はモデルの体系の外から与えられる変数である．この例では外生変数は p_y, p_x であり内生変数はコメの供給量 y_0，肥料の投入量 x_0 である．

次にコメの価格 p_y が p_y' へ上昇したとしよう．p_y' の上昇は pp 直線の傾きを緩やかにするから pp' へと変化する．このとき農家のコメ供給量は y_0 から y_1 へと上昇する．すなわち，均衡点は F 点になる．コメの価格が上昇すれば生産量は増加することがわかる．したがって，供給曲線は右上がりとなる．農家は生産量が最大になる A 点を選択しない．なぜならば A 点での利潤は E 点よりも低いからである．肥料だけが可変的投入要素の場合には均衡点で $dy/dx = p_x/p_y$ が成立するから，c を費用とすると $dc = p_x dx = p_y(dy/dx) \cdot dx$，$dy = (dy/dx) \cdot dx$ より $dc/dy = p_y$ が成立する．dc/dy を**限界費用**といいコメを1単位増産するためにかかるコストの増分を示す．これは供給曲線が限界費用曲線に等しいことを示している．

(2) 消費者

次に消費者について述べよう．消費者ないし家計は財・サービスの消費から得られる**効用**を最大化するものとする．消費者の消費する財をコメとそれ以外の財とに区別する．それ以外の財を合成財と呼ぶことにする．この家計

の効用関数を $U = U(y, z)$ であらわす．効用関数とは財の消費から得られる満足水準を数値であらわしたもので数値が大きければ大きいほど高い効用水準をあらわす．y と z の財の価格をそれぞれ p_y, p_z とする．この家計の所得を I とすると家計は**予算制約線**，$p_y y + p_z z = I$ の下で効用関数を最大化する．

いま，効用水準を $\bar{U}$ に一定にしておいて，この効用水準をもたらす財の組み合わせを (y, z) 平面上にプロットする．これを**無差別曲線**とよぶ．これを示したのが図7-3である．

原点から北東の方向に位置する無差別曲線ほど効用水準が高くなる．北東に位置するほど両方の財の消費量が増えるからである．無差別曲線は交わらず，原点に対して凸になる．無差別曲線の接線の傾きを**限界代替率**とよび，

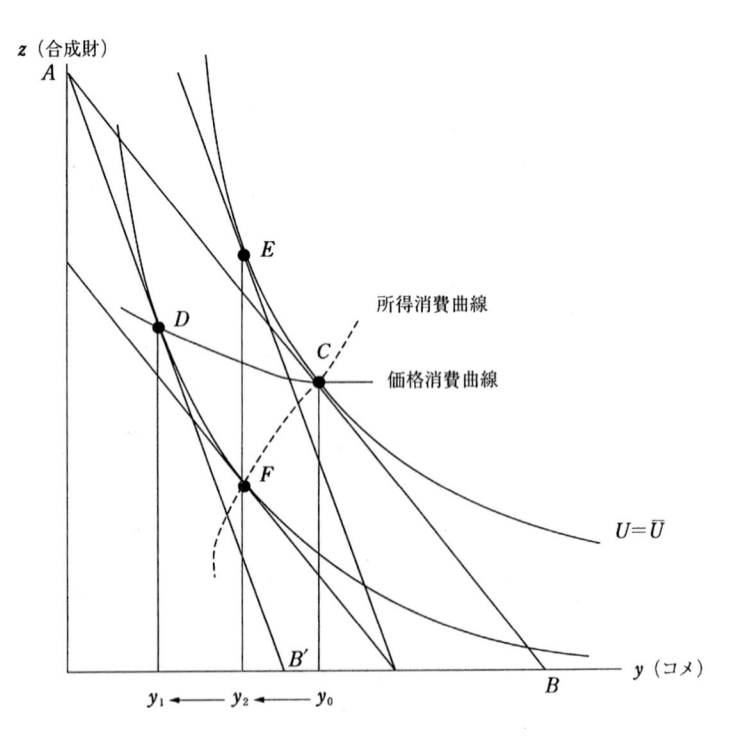

図7-3 代替効果と所得効果

II. 新古典派経済学と計量経済学

y の消費量を 1 単位増加したとき，効用水準を一定に保つために減少させなければならない z の消費量を示している．限界代替率は y 財の主観的価値を z 財であらわしたものである．無差別曲線が原点に対して凸であることは，限界代替率が逓減することを示している．y 財の消費量が増加するにつれ財の主観的価値が低下するからである．これを **限界代替率逓減の法則** という．

一方，家計の予算制約線 $p_y y + p_z z = I$ を変形して $z = -p_y/p_z \cdot z + I/p_z$ を得る．したがって，予算制約線の傾きは $-p_y/p_z$，切片は I/p_z となる．相対価格は市場で決まる y 財の z 財に対する客観的価値を示している．この制約のもとで効用を最大化する点は C 点となる．C 点では，無差別曲線の傾きと価格比が一致している．限界代替率と財の相対価格が等しくなる点で効用が最大化されることになる．消費者は自分の主観的価値を示す限界代替率が客観的価値を示す相対価格に等しくなるように消費の最適点を決定するのである．

コメの価格 p_y が上昇した場合の消費量の変化について分析しよう．このとき予算線は切片 A を中心に時計回りの方向に回転し，消費の最適点は D 点に変化する．このときコメの需要量は y_1 に減少することがわかる．ところで，コメの価格 p_y が変化したときのコメの需要量の変化は 2 つの効果に分解できる．1 つは価格 p_y が変化する以前の効用水準に等しくなるように所得を補償した場合の無差別曲線に沿った財の需要量の変化である．CE の効果 ($y_0 \to y_2$) であり **代替効果** と呼ぶ．また所得水準の変化による財の購入量の変化 ED ($y_2 \to y_1$) を **所得効果** と呼ぶ．価格変化に伴う財の需要量の変化は代替効果と所得効果に分解される．この分解式は **スルツキー方程式** によって与えられる．

p_y を連続的に変化させたときの効用最大化点の軌跡 DC を **価格消費曲線** という．この曲線を (y, p_y) 平面に描けば需要曲線が得られる．需要曲線は家計の所得 I と合成財の価格 p_z を一定として描かれているから，当然 p_z や I が変化すればシフトする．次に相対価格を一定に保って所得 I だけを変化

させるとする．I の変化に伴い新しい予算線は従来の予算線と平行に移動する．このように財の価格を一定にして予算 I を変化させていった場合の軌跡 CF を **所得消費曲線** と呼ぶ．

(3) 市場均衡

　上記のように生産者の利潤最大化行動からは供給曲線が導かれ消費者の効用最大化行動から需要曲線が導かれた．そして個別経済主体の需要曲線と供給曲線を集計することによって市場の需要曲線と供給曲線が導かれる．さらに市場において需要量と供給量が等しくなるように均衡価格と均衡数量が決定されるのである．

　これまで，市場という用語を無意識的に用いたが，需要と供給が等しくなるように価格形成がなされ，財が取引される「場」を市場と定義する．企業と家計が市場の価格形成になんら影響を及ぼすことができないとき，すなわち企業や家計が財の価格を与えられたもの（**プライス・テーカー**）として行動するとき **完全競争市場** と定義している．上述の例に則して言えば，生産者はコメと肥料の価格 p_y, p_x を所与として行動するし，消費者はコメの価格 p_y と合成財の価格 p_z を所与として行動するということである．基本的に生産者も消費者も取引量が市場全体の取引量に比較して少なく，市場が多数の経済主体から構成され情報が完全ならばこの条件は満たされる．

　価格は財の稀少性を表現することになるから情報伝達機能をもっていることになる．すなわち，生産者はコメと肥料の相対価格の情報さえ伝達されれば，限界生産力がこの相対価格に等しくなる点まで生産を行うのであり，コメがいくら不足しているからどれだけ生産せよとの指令を受ける必要はない．肥料の価格が安ければ，農家は肥料をたくさん使用する農業技術を選択する．農家は肥料の限界生産力さえ知っていればよく，生産関数全域にわたってこの形状がどのようになっているかを知る必要はないのである．このように価格メカニズムは農家に最小限の情報を伝達することによって資源配分問題を解決しているのである．また，消費者も財の相対価格と限界代替率さえ知っ

ていればよく無差別曲線がどのような形状になっているかを知っている必要はない.

次に競争的均衡がいかなる理由によって望ましいのかについて述べよう. 競争均衡配分は存在すれば, **パレート効率的** であることが証明できる. これは, **厚生経済学の第一定理** とよばれている. パレート効率的とは社会の他の誰もの経済厚生を悪化させずにある人の経済厚生を高めることができない資源配分の状態をいう.

これをエッジワースのボックスダイアグラムを用いて交換経済について説明しよう. この世の中には2種類の財しか存在しない. これを (x_1, x_2) 財としよう. また社会は2人の構成員から成り立つとする. AさんとBさんとする. AさんとBさんの財の初期保有量を $(\overline{x_{1A}}, \overline{x_{2A}})$, $(\overline{x_{1B}}, \overline{x_{2B}})$ とする. 社会全体のこれらの財の賦存量は一定である. したがって, $\overline{x_{1A}}+\overline{x_{1B}}=x_1$, $\overline{x_{2A}}+\overline{x_{2B}}=x_2$ が成り立つ. Aさんの効用水準は O_A を原点に, Bさんの効用水準は O_B を原点に測ることにしよう. 社会的に可能な財の配分の組み合わせは図7-4の長方形の内部のすべての点で表されることになる. AさんとBさんの財の初期保有の組み合わせは図の W 点で示されている. W 点を通る無差別曲線は U_A, U_B によって表現される. 両者の無差別曲線が接していない限り影の領域ができる. この領域内の配分はAさんにとってもBさんにとっても効用水準が現在よりも高くなる点である. したがって, 現在の配分 W はパレート効率的な配分ではない. 配分 W よりもパレート効率的な配分の集合は, 影をつけた部分である. 一般に両者の無差別曲線が接する点の軌跡 CC はパレート効率的な点の集合であり, **契約曲線** とよばれる.

ではいかにして, 価格メカニズムがパレート効率的な資源配分を実現するのであろうか. Aさん, Bさんの予算制約線は $p_1(x_{1A}-\overline{x_{1A}})+p_2(x_{2A}-\overline{x_{2A}})=0$, $p_1(x_{1B}-\overline{x_{1B}})+p_2(x_{2B}-\overline{x_{2B}})=0$ となる. 価格消費曲線を図の A と B の点線であらわそう. 需要と供給が一致し, かつ両者が効用を最大化している点は両者の価格消費曲線が交わっている E 点である. E 点では需給均衡が成立しているし, 双方が効用を最大化している. このように需要と供給による

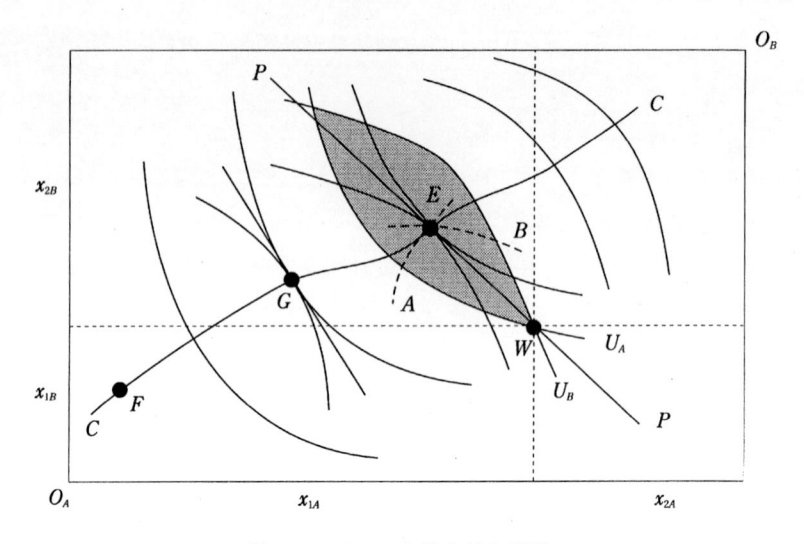

図7-4 パレート効率的な配分

価格決定はパレート効率的な資源配分を実現する．この図からわかるように無限のパレート効率的な点の集合のなかで市場機構によっていかなる点が選択されるかは A, B の初期賦存量に依存している．初期賦存量が異なれば契約曲線の中で実現される点も異なってくる．

(4) 市場の失敗

　市場メカニズムのもたらす競争的均衡解が必ずしもパレート効率的とならないケースが存在する．これを**市場の失敗**という．市場で決まる価格が必ずしも財の稀少性を正しく反映しないのである．例えば，稲作における農薬の使用を考えてみよう．農薬は労働力を節約するし害虫の被害を抑制するから生産者には多くの便益をもたらす．しかし，農薬の効果はこのようにプラスの効果だけではない．農薬はそれを散布する生産者の健康を害することもあるし，また農作物に残留すれば消費者にも害を及ぼす．したがって，農薬の使用量は抑制されるべきである．しかし，農薬のネガティブな残留的な側面

は市場において反映されない．消費者は，価格情報によっては農産物の残留農薬の量を知ることができないからである．農薬のもつマイナスの効果が価格情報によって伝達されるならば農薬の使用量は抑制されるはずである．したがって，社会的に農薬の使用量を抑制することがパレート最適な資源配分を実現すると考えられるのである．以下，市場の失敗をもたらす要因について述べてゆくことにする．

第1は**所得分配**の問題である．ある資源配分がパレート効率的であるとしても，それだけでその配分が社会的に望ましいことを意味しているのではないことに注意する必要がある．価格メカニズムを通じて達成された効率的な資源配分とは，無駄のない資源配分ということにすぎず，そのような資源配分は，上記の図7-4の契約曲線に示されるように無限に存在する．効率的な配分を達成したからといって，その配分が所得分配の公正性を満たし社会的に優れた成果をあげているという保証は全く存在しない．

市場機構によって決定される資源配分はあたかも望ましいといった解釈が多々見受けられるが，むしろ何らかの集団的意思決定メカニズムを通じて社会的に望ましい資源配分が先験的に与えられ，これとの比較で市場機構で決定される資源配分がどうなのか議論されるべきであろう．ただし，社会的に望ましい資源配分とは何かという問題は価値判断をともなうきわめて政治的な問題でもある．これは，ミクロ経済学では所与として扱わなければならない問題である．図7-4でいえばO_A点に近いF点もパレート効率的な点である．F点がよいのかE点がよいのかは価値判断をともなう問題である．もしG点が社会的に望ましいとなったならば，AとBの初期賦存量を再配分し，あとは価格メカニズムにまかせればG点の資源配分が実現できる．すべての配分は財の初期賦存量を再配分することによって達成できる．これは**厚生経済学の第二定理**とよばれている．市場メカニズムによる資源配分を先験的に望ましいとするのではなく，望ましい資源配分，たとえばG点を実現するためにむしろ価格メカニズムを利用するといった考え方がより重要といえる．

市場の失敗の第2の例は**独占**, **寡占**である．独占とはある財の市場において供給者が1つの経済主体から成ることをいう．寡占は財の供給主体が少数であることを指す．完全競争市場下で決定する生産量と価格に比較して，独占解では生産量が少なく価格がより高くなる．独占によって厚生損失（welfare loss）が発生する．独占の特徴は個別の供給量が産業全体の供給量に一致するということである．したがって，生産者が自分の生産物を販売しようと思えば価格を下げざるを得ない．それに対して完全競争の場合には生産者一個人の供給量が変化したからといって価格に影響を及ぼすことはない．独占の場合，企業は供給量を削減することによって価格をつり上げることができるため，競争的均衡解よりも少ない供給量が利潤最大化の均衡解となり厚生損失が発生するのである．

第3は**外部効果**が存在する場合である．外部効果には**外部経済**と**外部不経済**がある．他の経済主体の効用関数や生産関数に直接影響を与えることを技術的外部効果という．農業生産には，食料供給の他に美しい緑の田園景観を供給するという機能がある．また水田は洪水防止機能も保持しているといわれている．美しい田園景観や水田の洪水防止機能は水田の近くの住民の効用水準を向上させる．しかし，これらのプラスのサービスに対する代価は需要と供給による価格メカニズムによって供給されない．洪水防止機能のサービスを取引する市場を形成することは不可能だからである．農業生産には農産物を供給するといった機能の他にこうしたプラスの機能がある．このような市場機構を通じて供給されないプラスの機能を外部経済と呼んでいる．外部という意味は市場の外という意味であり，市場によってその価格付けができないから，当然その財が稀少なのか不足なのかの情報が伝わらなくなる．したがって，これらの資源配分に市場は失敗するのである．

第4は**公共財**のケースである．公共財による市場の失敗は外部効果の特殊ケースである．公共財とは**非競合性**と**非排他性**の2つの性質をそなえた財をいう．非排他性とは財の消費において競合が生じないことをさす．例えば農業の生産技術情報があげられる．だれかが新しいコメの増収技術を発見し採

用したからといって，他の農家がこの生産方法を採用することを妨げるわけではない．優良品種が開発されれば，F_1品種でない限り，種子が増殖されどこの農家でも栽培できるようになる．これが非排他性である．

また，非常に多くの農家がある栽培方法を採用したからといって，その栽培方法が退化するわけではない．ある農家が新品種を使用したからといって，新品種の生産能力が衰えることはない．種子の利用に関して混雑するという現象はない．これが非競合性である．こうした性質をもつ財は，人々に財の対価の支払いとひきかえに財の排他的使用権を与える場としての市場は成立しえない．市場はこうした財の資源配分に失敗する．

第5は**情報の不完全性**である．市場メカニズムによる競争のもとでは，経済主体に合理的に資源利用させるインセンティブシステムが付与されているので良いものが悪いものを淘汰する．しかし，情報の不完全性によって逆淘汰，悪いものが良いものを駆逐するケースが生ずる．例えば農業共済を考えよう．農業共済に加入していれば，冷害などの被害によって稲作がダメージを受けても，平年反収のいくらかまでは農業所得が保障される．したがって，農家にとって見ればたとえ手を抜いて栽培して収量が落ちても最低限，いくらかの稲作所得は保障されることになる．このことは，稲の栽培管理に関して農家に「あまさ」を与えることになる．冷害対策のための深水灌漑を怠ったり，日頃の土づくりをないがしろにするなどの「あまさ」によって稲作の収量が低下するかもしれない．熱心に肥培管理を行うインセンティブが衰えるかもしれない．このような状況を**モラルハザード**という．さらに，「いざとなったら共済からお金がもらえるから」といった考え方の農家が共済加入メンバーの多数を占めれば，共済の掛け金が高くなり，肥培管理に熱心な農家の保険料は割高となり彼らは共済に加入しなくなる．これが**逆選択**とよばれる現象である．

このほか，発展途上国における農村金融の例についても逆淘汰の例が見受けられる．借りた資金をまじめに返済しない農家が少なからず存在するとしよう．このような状況下においては，貸し手は貸出金利を引き上げざるを得

なくなる．金利の上昇には，ハイリスク・ハイリターンの借り手を選別してしまうという効果がある．このためほんとうに金融を必要としているまじめな農家が融資を受けられなくなるのである．これも逆淘汰の一種である．このような場合，金利を低く押さえかつ信用制限することが有効である．

共済の例でも金融の例でも，もとはといえば，保険会社がまじめな農業者と不真面目な農業者を区別できないこと，貸し手が通常の借り手とハイリスク・ハイリターンの借り手を区別できないことから生じる問題である．借り手と貸し手の間で借り手の返済能力に関して**情報が非対称**であるし，お金を借りた後真面目に返済するかどうか**モニタリング**することに膨大な費用がかかるため市場は効率的な資源配分に失敗するのである．

価格メカニズムによって資源配分の問題は大方解決される．しかしながら，以上に示した市場の失敗にみられたように市場の機能それ自体万全ではない．したがって，市場の失敗が存在する場合には組織や共同体による資源配分が要求されることになる．市場による資源配分と市場に頼らない資源配分のメリットとデメリットをよく整理しておくことが必要である．

2. 計量経済学

(1) 計量経済学とは何か

計量経済学は，現実の統計データをもとに，生産関数や需要関数などを計測するための基礎理論を与える．将来の農産物価格を予測する必要性にせまられることがよくある．例えば，外国からコメの輸入量が増加した場合，米価はどのように推移するかといった問題に出くわす．また，世界の人口増加とともに食料の国際価格はどのように推移するのであろうか，ドルと円の為替レートはどのように推移するであろうか，だれしもがこの問いに対する解答を具体的に知りたがることであろう．これらの例のように実際の価格予測や輸入政策のシミュレーション分析などを定量分析という．定量分析は実際の政策形成に大きな関わり持っているだけではなく，経済理論を検証すると

いう役割ももっている．経済理論は現実の経済の法則である．効用最大化理論から導かれた需要曲線は右下がりであるのか，生産者の利潤最大化行動から導かれた供給曲線は果たして右上がりであるのか．経済理論から演繹された命題が現実とマッチしているか否か検証するのが計量経済学の大きな役割のひとつである．

(2) 最小二乗法

いまコメの生産関数の推計を例にして説明しよう．生産関数は投入と産出との技術的関係であった．産出はコメの収穫量であり現実にこのデータを入手することは困難ではない．生産要素として肥料，農薬，労働力，トラクター，田植機，コンバイン，これらの農機具を動かすための燃料，灌漑のための水，そして何よりもコメ生産にとって重要な農地があげられる．これらの投入量をどのように定量化するかは簡単な問題ではない．肥料ひとつをとってもさまざまな種類が存在する．農薬をとってみても，除草剤から殺虫剤とさまざまな種類が存在する．農業機械の投入量といった場合，トラクターやコンバインなどの機械が生み出すサービスをどのように定量化するかはたいへん難しい問題である．単位の異なるトラクターと田植機とコンバインを集計することにどのような意義があるであろうか．生産関数を計測するには肥料や農業機械の投入指数を作成しなければならない．

何はともあれとりあえずさまざまな肥料が集計されて数量指数が完成し，肥料投入量とコメの収量との関係を推計するものとする．ここでは，肥料以外の生産要素の投入水準は一定であり変化しないものとする．そのためにはまず生産関数として具体的な関数型を仮定しなければならない．生産関数の代表的関数型の1つとして，コブ゠ダグラス型生産関数を仮定しよう．これは

$$y_i = ax_i^{\alpha} \quad i = 1, 2, \cdots, n$$

と定義される．これは肥料の投入量とコメの産出量との関係を表すモデルである．α は肥料の**生産弾性値**であり，肥料投入量が1％増加するとき，産出

量が何パーセント増加するかを示すパラメータである．コブ＝ダグラス型生産関数では弾力性は肥料の投入水準によって変化せず一定となっている．生産関数を推計するとは a と α のパラメータを推計することに他ならない．この場合，a と α は非線形でありパラメータの推計が困難である．そこで，上記の両辺の対数をとり，加法的誤差項を付加する．すると

$$\log y_i = \log a + \alpha \log x_i + u_i$$

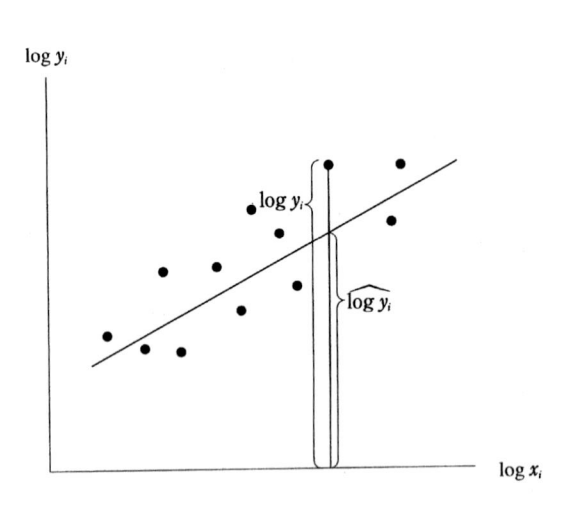

とパラメータに関し線形となるように変換できる．この式の左辺 $\log y_i$ を**被説明変数**，右辺の $\log x_i$ を **説明変数** という．そして，一般にこれを**回帰関数**とよんでいる．特に説明変数の数が1個の場合は **単回帰**，2個以上になると**重回帰** とよばれる．$\log y_i$ と $\log x_i$ の実際のデータをプロットすると図7-5のようになる．この図から明らかなように生産関数上にデータはきちんと乗らない．これは，肥料以外の生産要素の投入水準を不変としても生産量の変化が肥料だけでは決まらず，降水量や気温，日照などわれわれがコントロールできないさまざまな要因が無数に存在しうるからである．これらの要因を一括して**確率変数**とみなしたのが上記の u_i である．これを**攪乱項**または**誤差項**という．観測値ごとに攪乱項があってこれらの **分散は一定** とし，i 番目の観測値の攪乱項と j 番目の観測値の攪乱項は **独立** であると仮定する．無数の要因の確率変数の和と考えられる u_i は**中心極限定理**にしたがい正規分布すると仮定できる．ただし，実際の推計にはこの正規分布の仮定は

図7-5 最小二乗法

必要ではない．むしろ，パラメータの検定に正規分布の仮定が必要とされる．

パラメータの推計であるがその方法として数々の手法が存在する．通常，パラメータの推定に最小二乗法を用いる．最小二乗法とは図 7-5 に示すように実際の観測値 (y_i) と生産関数の理論値 ($\hat{y}_i$) との差の二乗和を最小にするパラメータの推定方法である．

最小二乗法推定量にはある望ましい性質が備わっているため，最小二乗法を用いてパラメータを推計する．望ましさの基準として **不偏性，一致性，効率性** があげられる．β の推定量をそれぞれ，$\hat{\beta}$ とする．$\hat{\beta}$ は y の関数であるから確率変数となる．不偏性とは推定量の分布の期待値 $E(\hat{\beta})$ がパラメータの真の値 β に等しくなることをいう．一致性とはサンプルの数を無限に増加させた場合，$\hat{\beta}$ が真の値である β に近づくことをいう．効率性とは推定量の分布の分散が小さければ小さいほど望ましいということである．攪乱項がいくつかの仮定を満たせば最小二乗法は不偏性，一致性を満たし，線形不偏推定量の中で最小の分散を持つことが知られている．これを **ガウス＝マルコフの定理** という．

単回帰分析の場合には，モデルで説明できない誤差は

$$u_i = Y_i - (\beta_1 + \beta_2 X_i)$$

である[1]．符号の影響を取り除くためにこれを二乗し，その総和を最小にする．

$$S = \sum u_i^2 = \sum \{Y_i - (\beta_1 + \beta_2 X_i)\}^2$$

とおくと最小二乗法とは S を最小にする $\hat{\beta}_1$ と $\hat{\beta}_2$ を求めることである．

$\hat{\beta}_1$ と $\hat{\beta}_2$ は S を偏微分して 0 とおいた式を解くことによって与えられる．

$$\frac{\partial S}{\partial \beta_1} = -2\sum(Y_i - \beta_1 - \beta_2 X_i) = 0$$

$$\frac{\partial S}{\partial \beta_2} = -2\sum(Y_i - \beta_1 - \beta_2 X_i)X_i = 0$$

これを解くと

$$\hat{\beta}_2 = \frac{\sum(X_i - \bar{X})(Y_i - \bar{Y})}{\sum(X - \bar{X})^2}$$

$$\hat{\beta}_1 = \bar{Y} - \beta_2 \bar{X}$$

となる．$\bar{X}$, $\bar{Y}$ は X_i, Y_i の標本平均値である．$\hat{\beta}_1$, $\hat{\beta}_2$ を **回帰係数** という．また，回帰式による推定値 $E(Y_i)$ の推定値 $\hat{Y}_i$ を予測値という．すなわち，

$$\hat{Y}_i = \hat{\beta}_1 + \hat{\beta}_2 \bar{X}_i$$

である．モデルで説明されない部分を残差といい，

$$e_i = Y_i - \hat{Y}_i$$

であらわす．e_i については，つねに

$$\sum e_i = 0, \ \sum e_i X_i = 0$$

が成立していることに注意されたい．

u_i の分散 σ^2 は e_i から

$$s^2 = \frac{\sum e_i^2}{(n-2)}$$

で推定する．$(n-2)$ で割るのは分散に不偏性を付与するためである．

(3) 回帰係数の標本分布

回帰係数の標本分布を求めてみよう．

$$\hat{\beta}_2 = \frac{\sum(X_i-\bar{X})Y_i}{\sum(X_i-\bar{X})^2} = \frac{\sum(X_i-\bar{X})(\beta_1+\beta_2 X_i + u_i)}{\sum(X_i-\bar{X})^2}$$

$$= \beta_2 + \frac{\sum(X_i-\bar{X})u_i}{\sum(X_i-\bar{X})^2}$$

より $E(\hat{\beta}_2) = \beta_2$ が得られる．したがって，$Var(\hat{\beta}_2) = E(\beta_2 - \hat{\beta}_2)^2$ は

$$E\left(\frac{(\sum(X_i-\bar{X})u_i)^2}{(\sum(X_i-\bar{X})^2)^2}\right) = \frac{\sum\sum(X_i-\bar{X})(X_j-\bar{X})E(u_i u_j)}{(\sum(X_i-\bar{X})^2)^2}$$

$$= \frac{\sigma^2}{\sum(X_i-\bar{X})^2}$$

となる．u_i が正規分布にしたがうと仮定しているので，$\hat{\beta}_2$ も正規分布にしたがい，平均は β_2，分散は $\dfrac{\sigma^2}{\sum(X_i-\bar{X})^2}$ となることがわかる．したがって，

$$\frac{(\hat{\beta}_2 - \beta_2)\sqrt{\sum(X_i-X)^2}}{\sigma}$$

は標準正規分布にしたがう．しかし，σは未知である．そこで，σをsで置き換える．すると

$$\frac{(\hat{\beta}_2-\beta_2)\sqrt{\sum(X_i-\overline{X})^2}}{s}$$

は自由度$n-2$のt分布にしたがうことが知られている．

同様に$\hat{\beta}_1$の分布は平均値β_1，分散$\dfrac{\sigma^2\sum X_i^2}{n\sum(X_i-\overline{X})^2}$の正規分布にしたがう．また，$\sigma$を$s$で置き換えれば$\hat{\beta}_1$の標準誤差

$$SE(\hat{\beta}_1) = s\sqrt{\frac{\sum X_i^2}{n\sum(X_i-\overline{X})^2}}$$

を得る．したがって，$(\hat{\beta}_1-\beta_1)/SE(\hat{\beta}_1)$は自由度$n-2$の$t$分布にしたがう．

われわれは，XがYを有意に説明しているか否かを検定したい．すなわち，帰無仮説$H_0: \beta_2=0$の検定が問題となる．$t=(\hat{\beta}_2-0)/SE(\hat{\beta}_2)$は$t$分布にしたがうので，この$t$値がどの程度の確率で発生しうるのか調べればよい．これが発生する確率が5％より小さいとき，めったに起きないことが起こったというよりも帰無仮説が正しくないと考えることにする．すなわち，帰無仮説H_0を棄却するのである．このようにt検定を行うことによってXは有意にYに影響を及ぼしているか否か明らかになる．

(4) 回帰分析の標準的仮定

ガウス゠マルコフの定理が成立するためには，誤差項に関して以下の仮定が必要である．これは回帰分析の標準的仮定と呼ばれている．回帰モデルを

$$Y_i = \beta_1+\beta_2 X_{2i}+\beta_3 X_{3i}+\cdots+\beta_k X_{ki}+u_i \quad i=1,2,\cdots,n$$

と表記しよう．

仮定1　X_{2i}, X_{3i}, X_{ki}は確率変数ではなくすでに確定した値をとる．

仮定2　u_iは確率変数で期待値が0となる．すなわち，$E(u_i)=0, i=1, 2,\cdots, n$．

仮定3　異なる誤差項は無相関である．すなわち$Cov(u_i, u_j)=E(u_i, u_j)=0$，ただし，$i\neq j$．

仮定4 分散は一定である．すなわち，$Var(u_i)=E(u_i^2)=\sigma^2$, $i=1,2,\cdots,n$. これを分散均一性 (homoskedasticity) という．

仮定5 説明変数は1次独立である．すなわち，$\alpha_1+\alpha_2 X_{2i}+\alpha_3 X_{3i}+\cdots+\alpha_k X_{ki}=0$, $i=1,2,\cdots,n$ となる $\alpha_1,\alpha_2,\cdots,\alpha_k$ は $\alpha_i=0$, $i=1,2,\cdots,n$. 以外存在しない．

仮定1は現実の経済では多くの変数自体が経済システムの中で決定されてくるので満たされにくいことに注意しよう．われわれは実験室で実験するかのように X_{ki} の値を先験的に定めることはできないのである．X_{ki} と u_i が相関をもつならば最小二乗推定量は偏りをもってしまう．

また誤差項に**系列相関** (serial correlation) がある場合，誤差項に**分散不均一性** (heteroskedasticity) が認められる場合，仮定3，仮定4が満たされない．この場合には最小二乗法推定量の効率性が低下する．

系列相関で代表的かつ重要なものは誤差項が1次の自己回帰過程にしたがう場合である．回帰モデル

$$Y_t = \beta_1+\beta_2 X_{2t}+u_t$$

において誤差項が

$$u_t = \rho u_{t-1}+\epsilon_t, \quad |\rho|<1$$

u_t が，$E(\epsilon_t)=0$, $V(\epsilon_t)=\sigma_\epsilon^2$, $Cov(\epsilon_s,\epsilon_t)=E(\epsilon_s\epsilon_t)=0$, $s\neq t$ にしたがう場合である．

系列相関があるかないかの検定はダービン・ワトソンの検定統計量 (d) を使用する．d 統計量は

$$d = \frac{\sum_{t=2}^{T}(e_t-e_{t-1})^2}{\sum_{t=2}^{T} e_t^2}$$

で与えられる．簡単な計算により $d\approx 2\cdot(1-\hat{\rho})$ が示される．したがって，

$$\rho = \begin{cases} 1 & d\approx 0 \\ 0 & d\approx 2 \\ -1 & d\approx 4 \end{cases}$$

を目安とすればよい．d が2から大きくかけ離れたときなんらかの系列相関

が存在すると考えられる．帰無仮説 $H_0: \rho=0$ の厳密な検定はダービン・ワトソンの統計表に基づいておこなう必要がある．

(5) 同時方程式モデル

計量経済学特有の問題としていくつかあげられる．その第1は**同時方程式バイアス**の問題である．今，野菜の需要と供給の均衡による価格 P_t と取引数量 Q_{dt}, Q_{st} を決定するモデルを考えよう．モデルは需要関数と供給関数，均衡条件

$$Q_{dt} = a - bP_t + u_t$$
$$Q_{st} = c + dP_t + \mu_t$$
$$Q_d = Q_s$$

で表現される．このようなモデルを**同時方程式モデル**とよんでいる．これを P_t について解くと

$$P_t = \frac{a-c}{b+d} + \frac{u_t - \mu_t}{b+d}$$

が得られ u_t と μ_t が無相関であっても

$$Cov(P_t, u_t) = \frac{\sigma_u^2}{b+d}$$

であるから説明変数と誤差項とが相関をもってしまう．したがって需要関数あるいは供給関数を最小二乗法で推計すると偏りが生ずる．これを同時方程式バイアスという．上記のように経済モデル特有の同時方程式バイアスを回避するためにさまざまな計測手法が考え出されてきた．これらの手法として2段階最小二乗法，制限情報最尤法，3段階最小二乗法，完全情報最尤法がある．

同時方程式モデル固有の第2の問題は**識別性の問題**である．実際の (P_t, Q_{dt}) の組み合わせをプロットすると図7-6のようになる．実際にこれらのデータを用いて推計しようとすると需要曲線を推計しているのかそれとも供給曲線を推計しているのか区別できなくなる．このデータが需要曲線を表し

ていると考えられるのは，需要曲線がシフトせず供給曲線がシフトする場合である．逆に供給曲線を推定していると考えられるのは需要曲線がシフトする場合である．このモデルでは需要曲線を推計しているのかそれとも供給曲線を推計しているのか不明である．これを識別性の問題と呼んでいる．

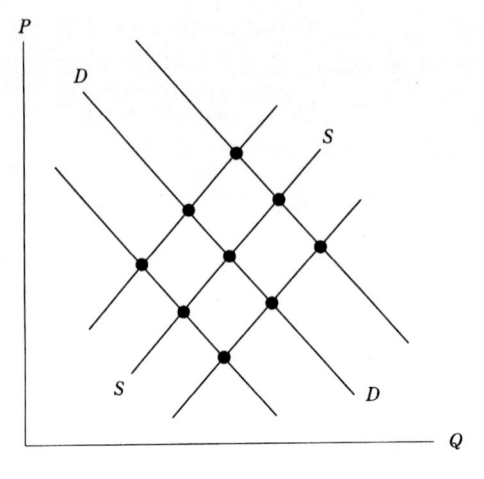

図7-6　識別の問題

　モデルとデータの両方の側面から自分の構築したモデルが意味をもっているのか否か注意を払う必要がある．ある式が識別されるための必要条件は**オーダー条件**が成立することである．オーダー条件は以下に示すとおりである．

　　（内生変数の数－1）＞（含まれない外生変数）

識別のための十分条件は**ランク条件**とよばれる．

　現在は，計量経済学のためのコンピュータソフトウエアが充実し，系列相関の除去，分散不均一への対処をはじめ，同時方程式モデルの推計もそれほど難しいものではなくなっている．近年，計量経済学の手法は主として時系列分析とノンパラメトリック回帰の分野で大きな進歩をみせた．時系列分野においては，データが定常系列にしたがわない場合，最小二乗法による仮説検定に問題があることが明らかになったため新しい推計手法も開発され，「見せかけの回帰」を回避できるようになっている．ノンパラメトリックの分野では関数型を仮定しないで回帰が行われるようになってきている．

　ソフトウエアの充実により計量経済学的手法を細部にわたって理解していなくてもこれらの複雑な手法が適用できるようになっている．しかし，自分が適用しようとしている手法はせめて理解してからこれらのパッケージソフ

トを使いたいものである．農業経済学は社会科学であり，多くは農家を対象としていることを忘れてはならない．単なる統計的手法のデータへの機械的適用であってはならないことを注意したい．

注
1) $Y_i = \log y_i$, $X_i = \log x_i$ とおいている．

〔近藤　巧〕

III. 統計学と農業統計

1. 統計学の基礎

(1) 母集団と標本

統計学の目的は,母集団の特性を明らかにすることにある.母集団とは研究者が研究の対象とする全体の集団をいう.日本の農家であれば,日本の農家の定義にもとづいた農家全体を指す.兼業農家であれば農家のうち,農外所得が農業所得よりも多い農家が母集団となる.たとえば,日本の農家の平均経営規模を知りたいとしよう.その場合,一戸一戸の農家を調査して平均値を求めればよい.実際に農林業センサスではこのように調査した結果をもとに平均規模を算出している.

しかし,このような調査の方法では膨大な**調査費用**がかかってしまう.そこで,母集団である日本の農家の集団から一部分の**標本**ないしはデータを取り出して日本の農家の平均規模を推計することができないか考えることになる.統計学とはこのように標本をもってして母集団の特性を推計するための基礎理論を与える学問である.これを**統計的推測**と呼ぶ.これに対して実態調査などのフィールドサーベイは母集団の一部に関する詳しい情報を入手する調査といえる.したがって実態調査の結果をもってしてこれが母集団の構造であるということはできない.統計調査と実態調査とは相補うものでありどちらがよいとは一概にいえない.

①平均と分散

例えば,日本のコメ生産農家の反収を推計するもの

表7-1 コメの反収

No.	観測値
1	520
2	530
3	530
4	530
5	540
6	540
7	540
8	540
9	550
10	550

としよう．この場合母集団は日本のコメを作付けている農家である．10戸の稲作農家を無作為標本として抽出し，これらの農家の反収を調査したら表7-1のようになったとしよう．

このときの平均値 (μ) は

$$\mu = \frac{1}{n}\sum_{i=1}^{n} x_i$$

で定義される．数値全体の中心を表す尺度である．中心を表す指標としては平均値の他に**中央値（メディアン）**，**最頻値（モード）**がある．10個のデータの平均値は $(520+530+530+\cdots+540+550+550)/10=537$ となる．中央値（メディアン）は10個の数値を小さいものから大きなものまで順番に並べたときの真ん中の値である．この場合は5番目と6番目の平均値，$(540+540)/2=540$ になる．最頻値は最も頻繁に表れた値である．ここでは，540である．また中央値と同様に，数値全体を小さい値から大きい値に並べたとき，25%にくる値を第1四分位点，75%に位置する値を第3四分位点とよぶ．この例では第1四分位点は530，第3四分位点は545になる．

分散は数値の散らばり具合を表す．分散 σ^2 は

$$\sigma^2 = \frac{1}{n}\sum_{i=1}^{n}(x_i-\mu)^2$$

で与えられる．ただし，μ は平均値である．また，分散の平方根 σ を**標準偏差**という．反収の例でいえば，分散は81，標準偏差は9になる．標準偏差では，平均値からの偏差をもとにしてデータの散らばり具合を表す．したがって，データが1, 2, 3でも101, 102, 103でも標準偏差の値は同じになる．このようにデータの平均値に差が存在する場合には，変動係数を用いてデータの散らばり具合を比較する．変動係数 $C.V.$ は

$$C.V. = \frac{\sigma}{\bar{X}}$$

で与えられる．上記の例では，変動係数は0.016になる．平均値が0の時には変動係数を定義できない．

また，確率変数 X を変換して新しい確率変数 $W=aX+b$ をつくれば，

図7-7 コメの反収と規模の相関

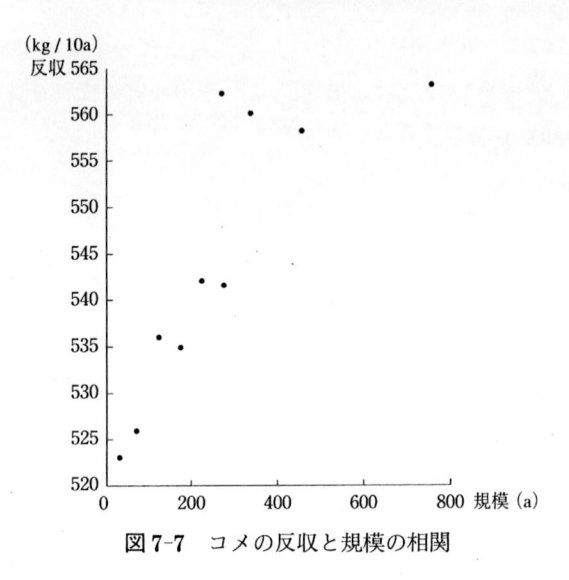

W の平均と分散はそれぞれ $a\bar{X}+b$, $a^2 Var(X)$ となる. とくに

$$W = \frac{X - \bar{X}}{\sqrt{Var(X)}}$$

と変換すれば, W の平均と分散はそれぞれ 0 と 1 になる. このような変換を**標準化**という.

②相 関 係 数

稲の作付規模と反収の関係をプロットすると図7-7のようになる. 規模が大きくなるほど反収が高くなるといった関係が読みとれる. このような2変数の関係の結びつき具合を測る特性値として相関係数がある. X と Y の相関係数は,

$$\frac{Cov(X, Y)}{\sqrt{Var(X) \cdot Var(Y)}}$$

で与えられる. 相関係数は -1 から 1 の範囲の値をとる. 相関係数によって変数間の因果関係が明らかになるわけではない. また, 相関係数は X, Y の線形度合いの強さを測るだけであることに注意する必要がある. すなわち,

III. 統計学と農業統計

規模が大きいので反収が高いのかそれとも反収が高いから規模が大きいのか,どちらの因果関係が作用しているのかは相関係数の値からは判断できないのである.

③正規分布

相対頻度分布のヒストグラムは山のような形の分布を示すことが多い.この理想形として導入されたのが**正規分布**である.正規分布の密度関数$f(x)$は

$$f(x) = \frac{1}{\sigma\sqrt{2\pi}} \exp\left\{-\frac{1}{2}\cdot\frac{(x-\mu)^2}{\sigma^2}\right\} \quad -\infty < x < \infty$$

であらわされる.正規分布は2つのパラメータμとσにのみ依存している.μは平均値,σは標準偏差をあらわす.$\mu=0$, $\sigma=1$のケースを**標準正規分布**とよぶ.正規分布において,$\mu\pm\sigma$をこえるデータは約32%, $\mu\pm2\sigma$をこえるデータは約5%, $\mu\pm3\sigma$をこえるデータは約0.3%である.これは,標準正規分布に従う変数が,それぞれ±1, ±2, ±3をこえる確率に等しい.なぜならば,$X\geq\mu\pm\sigma$は$(X\pm\mu)/\sigma\geq 1$と同値だからである.

④チェビシェフの不等式

確率変数Xの平均値と標準偏差をμとσで表すことにすれば,次のような不等式が成り立つ.

$$Pr\{|X-\mu| \geq \lambda\sigma\} \leq \frac{1}{\lambda^2}$$

ただし,$\lambda>0$で$Pr\{\cdot\}$は括弧内の条件が成立する確率を表す.これをチェビシェフの不等式という.$\lambda=2$とおけば,確率変数Xの実現値が$\mu-2\sigma$から$\mu+2\sigma$までの区間の外に落ちる確率は$1/2^2=0.25$以下になる.チェビシェフの不等式はXの確率変数の分布に制限をおいていないことに注意されたい.

⑤中心極限定理

現実の社会現象は正規分布で記述できることが多い.現実の多くの分布が正規分布に近い分布を示すことは**中心極限定理**によって保証される.中心極

限定理のポイントは，いかなる分布にしたがう確率変数であっても，その和もしくは平均の分布は正規分布で近似できるということである．大きさ n の無作為標本 $\{X_1, X_2, \cdots, X_n\}$ があり，各 X_i ($i=1, \cdots, n$) の平均は μ，分散は σ^2 であるとする．このとき標本平均を基準化した統計量

$$Z = \frac{\bar{X} - \mu}{\sqrt{\frac{\sigma^2}{n}}}$$

の分布は，n が大なるとき標準正規分布に近づく．これが中心極限定理である．

(2) 推 測 統 計

①母　集　団

調査の目的は，母集団の特性を推測することにある．しかし，母集団全体について調査するには費用がかかる．また，不可能な場合もある．農業機械の耐久性を知りたいとき，生産されたすべての機械について調査することはできない．農機具メーカーは何台かの機械の性能を調査してこれを耐久性の値と見なすわけである．この場合，調査によって得られた値は，たまたま調査された機械の耐久性であってこれがこの種の機械一般に適用できるという保障はない．

コメの収量調査も同じである．コメの収量を調査するためにすべての水田の反収を調査する必要はない．あくまで，日本国内の一部の水田の反収を調査することによって母集団である日本国内のコメの収量を推測するのである．この場合，母集団は日本の水田の反収である．母集団から調査対象を選定することを標本を抽出するという．抽出した標本をもとに計算した平均値や分散をそれぞれ**標本平均**，**標本分散**とよぶ．これらの統計量はある分布にしたがう．この分布を**標本分布**という．

標本を抽出する場合，調査しやすいから調査対象とするなど何らかの恣意性を含んではならない．恣意性が含まれない抽出法を**無作為抽出（ランダム**

サンプリング）とよぶ．また，無作為に抽出された標本を **無作為標本**，ないしは **ランダムサンプル** とよぶ．サンプルの数を **標本の大きさ** という．以下では主に平均と分散の推定について述べる．

パラメータを推定する場合，2つの方法がある．1つは最も適当と思われる値を提示するもので **点推定** という．これに対してパラメータの推定値を範囲をもって示す考え方で，**区間推定** とよばれている．そして，パラメータの推定値は，標本の関数となる．標本から構成される確率変数を **統計量** といい，とくに推定のために用いられる統計量を **推定量** という．推定量の実現値を **推定値** という．

②一致性，不偏性，有効性

標本サイズが無限になれば，母集団の真の特性を推測することができるはずである．母集団の平均や分散が明らかになるはずである．標本サイズ n が無限のとき，パラメータ θ の推定量 $\hat{\theta}$ が真の値に近づくならば **一致推定量** といわれる．$n \to \infty$ のとき $Pr\{|\hat{\theta}-\theta| \leq \}\to 1$ ならば $\hat{\theta}$ は一致推定量である．

また，推定量 $\hat{\theta}$ は真の値を過大推計しているかもしれないし，過小推計しているかもしれない．しかし，全体的に見て過大評価と過小評価がほぼ同程度の頻度で起こって，平均的に見て過小でもないし過大でもないとき **不偏推定量** という．$E(\hat{\theta})=\theta$ のとき $\hat{\theta}$ は不偏推定量である．

推定量の分散は少なければ少ないほどよい．不偏推定量の中で，分散の最も小さい推定量は **最小分散不偏推定量**，あるいは **最良推定量** ないしは **有効推定量** とよばれている．

③区 間 推 定

中心極限定理によってさまざまな母集団の分布は正規分布で近似される．したがって，正規分布にしたがう集団において，平均値 μ を中心とし $\pm 1.64\sigma$ の範囲を考えれば，その中におよそ 90% のデータが存在する．したがって，データが $\mu-1.64\sigma$ から $\mu+1.64\sigma$ の範囲にはいる確率は 90% になる．これを式で表現すれば

$$Pr\{\mu-1.64\sigma \leq X \leq \mu+1.64\sigma\} = 0.90$$

となる．ここで μ は未知であり，σ は既知であるものと仮定する．この括弧内の不等式は

$$X-1.64\sigma \leq \mu \leq X+1.64\sigma$$

と変形されるから，未知の μ がこの区間に存在している可能性は90%になる．また，1.64σ ではなく 1.96σ あるいは，2.58σ の区間をとれば，μ がそれぞれの範囲内に存在している確率は95%，99%になる．これらの数値は **信頼係数** とよばれ，平均値の推定区間を **信頼区間** とよぶ．この議論は1個のデータに基づいていることに注意されたい．

次に $\{X_1, X_2, \cdots, X_n\}$ と n 個のデータを入手したと仮定しよう．このとき，

$$\bar{X} = \frac{X_1+X_2+\cdots+X_n}{n}$$

は平均 μ，分散 σ^2/n の正規分布にしたがう．データが1個しかない場合には，母集団の平均値を推計するために X は正規分布にしたがうことが仮定されていたが，多くのデータが入手できれば，母集団の分布が何であろうと中心極限定理によって $\bar{X}$ の分布は正規分布と考えられる[1]．この場合，

$$Pr\{\mu-1.64\sqrt{\frac{\sigma^2}{n}} \leq \bar{X} \leq \mu+1.64\sqrt{\frac{\sigma^2}{n}}\} = 0.90$$

が成り立つ．σ は既知なので90%の信頼区間は

$$\bar{X}-1.64\sqrt{\frac{\sigma^2}{n}} \leq \mu \leq \bar{X}+1.64\sqrt{\frac{\sigma^2}{n}}$$

で与えられる．90%と95%の信頼区間では，95%の区間の方が広くなる．

以上の信頼区間を導く際には，分散の値が既知であることを前提としていた．このようなことは現実には稀である．そこで σ^2 の代わりにその推定量を用いる．σ^2 の推定量として **不偏分散**

$$S^2 = \frac{\sum_{i=1}^{n}(X_i-\bar{X})^2}{n-1}$$

が用いられる．このとき

$$\frac{\bar{X}-\mu}{\sqrt{\dfrac{S^2}{n}}}$$

は自由度 $n-1$ の t 分布にしたがうことが知られている．t 分布は，英国の統計学者ウイリアム・ゴセットがスチューデントというペンネームで発表した論文によっているため，スチューデントの t 分布ともよばれている．t 分布は正規分布と比較して裾野が長くなっている．たとえば，自由度が 5 の場合，上側の 2.5% 点は 2.57 であるが，正規分布では 1.96 である．自由度が無限大になったときには t 分布は正規分布に一致する．

表 7-1 のデータを用いて，反収の信頼区間を推定してみる．標本平均は 537kg であった．不偏分散の推定値は 90 となる．したがって，標本平均 $\bar{X}$ の**標準誤差**は $\sqrt{90/10}=3$ となる．自由度 9 の t 分布の上側 2.5% 点が 2.26 であるから，反収の 95% 信頼区間は

$$537-2.26\times 3.0 \leq \mu \leq 537+2.26\times 3.0$$

より $530.2\leq \mu \leq 543.7$ となる．

④ 標 本 分 散

$Z_1, Z_2, \cdots, Z_k$ を独立に分布する**標準正規確率変数**とすると

$$W = Z_1^2 + Z_2^2 + \cdots + Z_k^2$$

は自由度 k の χ^2 分布にしたがう．W の平均値は自由度に等しく k であり，分散は自由度の 2 倍に等しく $2k$ となる．標準正規確率変数ではなく，X_i が平均 μ，分散 σ^2 の正規確率変数である場合

$$\frac{\sum_{i=1}^{n}(X_k-\mu)^2}{\sigma^2}$$

は自由度 k の χ^2 分布にしたがう．

次に標本分散の分布について述べよう．標本分散は

$$S^2 = \frac{\sum_{i=1}^{n}(X_i-\bar{X})^2}{n-1}$$

で定義された．このとき次の定理が成立する．

正規母集団 $N(\mu, \sigma^2)$ からの大きさ n の無作為標本を $\{X_1, X_2, \cdots, X_n\}$

とすると

$$Y^2 = \frac{\sum_{i=1}^{n}(X_i-\bar{X})^2}{\sigma^2}$$

は自由度が $n-1$ の χ^2 分布に従う[2]．

自由度 $n-1$ の χ^2 分布の下側と上側の 2.5% 点を a, b とすると

$$Pr\left\{a \leq \sum_i \frac{(X_i-\bar{X})^2}{\sigma^2} \leq b\right\} = 0.95$$

が成立している．したがって，

$$\sum_i \frac{(X_i-\bar{X})^2}{b} \leq \sigma^2 \leq \sum_i \frac{(X_i-\bar{X})^2}{a}$$

を計算すれば分散の 95% 信頼区間を得る．仮説検定も同様に行える．上記の例では，$\sum_{i=1}^{10}(X_i-\bar{X})^2=810$，自由度 9 の下側と上側の 2.5% 点は，2.70 と 19.02 であるから σ^2 の 95% 信頼区間は

$$\frac{810}{19.02} \leq \sigma^2 \leq \frac{810}{2.70}$$

より $42.58 \leq \sigma^2 \leq 300$ となる．

(3) 検　　定

①平均値の検定

1990 年までのコメの反収の平均値は 520kg であることが知られているものとする．コメの反収は正規分布にしたがうものとし，1990 年以降の反収が表 7-1 のように与えられたものとしよう．また，その標準偏差が 10kg であることが知られているものとする．この標本平均 $\bar{X}$ について以下の式が成立する．

$$Pr\left\{\bar{X}-1.96\sqrt{\frac{\sigma^2}{n}} \leq \mu \leq \bar{X}+1.96\sqrt{\frac{\sigma^2}{n}}\right\} = 0.95$$

この例においては $\bar{X}=537$，$\sigma=10$，$n=10$ であるから，母集団の平均 μ は $530.8 \leq \mu \leq 543.2$ となる．この命題が正しい確率は 0.95 である．$\mu=520$ という値はこの信頼区間に含まれていない．$530.8 \leq \mu \leq 543.2$ が誤っている確

率は 5% あるが，これは起こりそうにもないことと考え $\mu=520$ という値は考えられないと結論する．これが検定の手続きである．これをよりシステマテックにすれば以下のとおりになる．反収 $\mu=520$ が正しいものとする．この仮説を以下のように表現する．

$H_0 : \mu = 520$

仮説が正しければ，

$$520 - 1.96\sqrt{\frac{\sigma^2}{n}} \leq \bar{X} \leq 520 + 1.96\sqrt{\frac{\sigma^2}{n}}$$

あるいは

$$-1.96 \leq \frac{\bar{X} - 520}{\sqrt{\frac{\sigma^2}{n}}} \leq 1.96$$

が 95% の確率で成立する．もし仮説が正しいならば，5% しか起こらないようなことが起こったことになる．したがって，仮説は不合理との判断にたって仮説が誤っていると考えるのである．このように仮説が誤りであるという判断を下すことを仮説を **棄却** するという．誤りという判断を下さないことを仮説を **受容** するという．仮説を受容するということは必ずしも仮説が正しいということを意味するものではない．このような手続きを統計的仮説検定という．また，仮説 H_0 を **帰無仮説** とよぶ．上記の 5%，すなわち，仮説が正しくとも誤りという判断を下してしまう確率を **有意水準** という．

上記の例では分散 σ は既知とされていた．しかし，これは非現実的である．この場合，不偏分散

$$S^2 = \frac{\sum_{i=1}^{n}(X_i - \bar{X})^2}{n-1}$$

が 90 であったから，仮説 H_0 のもとで，$T = (\bar{X} - 520)/\sqrt{S^2/10}$ が t 分布にしたがうことを利用すればよい．このケースでは T の値は 5.66 となり，自由度 9 の片側 2.5% 点，5% 点はそれぞれ 2.26，1.83 であるから帰無仮説 H_0 は棄却される．

②比率の検定

北海道の CATV の普及率の調査を行ったところ，300戸の農家のうち17戸に普及していたとしよう．普及率は5.5%である．CATV の普及率は，全国の平均9.7%より低いといえるであろうか．これを統計学的に検定するには以下の手続きをふむ．これは，母集団においてある性質をもつものの割合 p が，ある特定の値と有意差をもつか否かの検定である．

帰無仮説として，$H_0: p=0.097$ を考える．次に第 i 番目の農家に対して，CATV を所有しているならば1，所有していないならば0となる確率変数 X_i を定義する．X_i の期待値は

$$1 \times p + 0 \times (1-p) = p$$

また分散は

$$(1-p)^2 \times p + (0-p)^2 \times (1-p) = p(1-p)$$

このとき

$$R = \sum_{i=1}^{n} X_i$$

とすれば，R は標本における CATV の所有農家戸数をあらわし $\bar{X}=R/n$ は標本における CATV の所有農家戸数の割合をあらわす．$\bar{X}$ の平均と分散は，p, $p(1-p)/n$ で与えられるから

$$Z = \frac{\bar{X}-p}{\sqrt{\dfrac{p(1-p)}{n}}} = \frac{R-np}{\sqrt{np(1-p)}}$$

は n が大きい場合，中心極限定理によって平均0，分散1の正規分布にしたがう．したがって，帰無仮説 H_0 が正しいならば，p に0.097を代入した式

$$Z = \frac{\bar{X}-0.097}{\sqrt{\dfrac{0.097 \times (1-0.097)}{300}}}$$

は標準正規分布にしたがう．$|Z| \geq 1.96$ となる確率は5%である．もし，Z が1.96を超過したら，仮説に誤りがあると考え H_0 を棄却する．この場合 $Z=2.46$ であり，関東地区の CATV の普及率は全国と異なるという結果を

得る．さらに，全国平均よりも低いという仮説を検証するためには対立仮説を $H_B : p \leq 0.097$ となり片側検定を用いればよい．

③平均値の差の検定

2つの母集団A, Bの平均値が等しいかどうかを検定したい．それぞれの母集団の平均を μ_X, μ_Y，分散を σ_X^2, σ_Y^2 とする．A, Bからそれぞれ大きさM, Nの標本を抽出する．標本平均 $\bar{X}, \bar{Y}$ はそれぞれ，

$$\bar{X} \sim N\left(\mu_X, \frac{\sigma_X^2}{M}\right), \ \bar{Y} \sim N\left(\mu_Y, \frac{\sigma_Y^2}{N}\right)$$

となる．したがって，

$$(\bar{X} - \bar{Y}) \sim N\left(\mu_X - \mu_Y, \frac{\sigma_X^2}{M} + \frac{\sigma_Y^2}{N}\right)$$

となる．

$$Z = \frac{\bar{X} - \bar{Y}}{\sqrt{\frac{\sigma_X^2}{M} + \frac{\sigma_Y^2}{N}}}$$

は標準正規分布に従う．しかし，実際には σ_X^2, σ_Y^2 の値は未知である．そこでこれらの値を推計しなければならない．もし，σ_X^2 と σ_Y^2 が等しいと仮定できるならば，

$$Z = \frac{\bar{X} - \bar{Y}}{\sqrt{\left(\frac{1}{M} + \frac{1}{N}\right)\sigma^2}}$$

となる．そこで，

$$S^2 = \frac{\sum_{i=1}^{M}(X_i - \bar{X})^2 + \sum_{i=1}^{N}(Y_i - \bar{Y})^2}{M + N - 2}$$

として共通の分散 σ^2 を推定してその値を σ^2 に代入する．

$$t = \frac{\bar{X} - \bar{Y}}{\sqrt{\left(\frac{1}{M} + \frac{1}{N}\right)S^2}}$$

は自由度 $M+N-2$ の t 分布にしたがう．これは，あくまで $\sigma_X^2 = \sigma_Y^2$ が成立する場合に限られる．この仮定が成立しない場合には平均値の差の検定は困難になる．

注

1) これは, $\bar{x}$ が区間 a, b にはいる確率が α となることを示している. 母集団分布がベルヌーイ分布, 二項分布, ポアソン分布, 一様分布であることがわかっている場合, 標本平均の厳密な分布が導出されている. しかし, 計算が困難なため中心極限定理がよく使われている.

2) $n=2$ の場合, $\bar{X}=\dfrac{X_1+X_2}{2}$ であるから Y^2 は $\dfrac{(X_1-\bar{X})^2+(X_2-\bar{X})^2}{\sigma^2}$ となる. この分子は, $\dfrac{(X_1-X_2)^2}{2}$ となる. 一方, X_1, X_2 が $N(\mu, \sigma^2)$ にしたがうとき, X_1-X_2 は $N(0, 2\sigma^2)$ にしたがう. $\dfrac{(X_1-X_2)}{\sqrt{2\sigma^2}}$ は $N(0,1)$ なので, この2乗は χ^2 分布にしたがう.

〔近藤　巧〕

2. 農業統計とその活用

(1) 農業統計の活用

日本の農業はどのような特徴をもっているのか？　農家戸数はどれくらいなのか？　どれほどの農地を利用しているのか？　農畜産物の内外価格差の問題が取り上げられているが, 農畜産物はどれほどのコストがかかっているのだろうか？……

農業問題の勉強を進めていくと次々に疑問がでてくる. このような疑問を解決していくためにはすでに行われている研究成果を探し出し, それを勉強することが必要となる. しかし, 自分の納得いくような説明がなかったり, 最新の動向などがわからないことが往々にしてみられ, 自分で調べていくしか方法がなくなる. その時味方になり, 利用可能なのが各種の統計書, 特に**農業統計**である. わが国の統計はその精度においては世界に冠たる地位を誇っている. ここでは主要な農業統計を中心に, どのようなことを知ることができるか紹介する.

(2) 農業統計の種類

優秀な日本の農業統計をはじめ，比較的身近で活用できる統計にはどのような種類のものがあるのだろうか．すでに生源寺・藤田によって統計の区分と当該統計の簡単な紹介が行われている．紙幅の関係でここではその区分を示すだけとする．

1) 日本経済と食料・農業（かっこ内の数字は紹介統計数）
    日本農業の生産と貿易の概況（3）
    就業構造と賃金（7）
    農業関連産業（8）
    農畜産物・食料の物価（3）
    食料消費（3）
2) 地域資源と農業生産
    農地賦存と農地利用（4）
    農地の賃貸・売買と地代・地価（7）
    農家人口と農業労働力（4）
    資本ストックと金融資産（4）
    農業生産（7）
    農畜産物の生産費（9）
3) 農業社会・経済組織
    農家（5）
    農業集落と農業生産組織（2）
    農業協同組合と農畜産物流通（4）
4) 世界経済と食料・農業
    世界各国の農業生産・貿易と自給率（4）
    世界各国の人口，雇用と非農業の関連（4）

このように統計では土地，労働力，資本といった農業生産の諸要素の状況，各作物の作付面積，生産量，出荷量，生産費，価格，さらには消費量といった幅広い分野がカバーされている．これらを活用することで幅広い知識を得

ることが可能なのである．

(3) 主要統計の活用

　統計は新しい事実やこれまでの経過や変化を知る有効な手段となる．しかし，**統計**はデータの集合体であって，目的に応じて**集計・加工**，さらに**分析**することが必要になる．統計は一定の**約束**があり，その約束にもとづいて調査・集計が行われたデータである．したがって第1にこの約束（項目の「定義」など）を知ることが必要である．

　長い統計の中ではこの約束に変更があり，時系列で比較することには注意が必要である．いくつかの事例あげれば，「農家」の定義は1990年センサスから変更されており，農家数の減少を取り上げる際には注意を要する．また，各種生産費調査，農家経済調査は91年度（平成3年産）から費目区分の変更，減価償却費計算方法の変更が行われた．さらに生産費調査では，旧来の「第一次生産費」「第二次生産費」がそれぞれ「生産費」「資本利子・地代全額算入生産費」と名称変更が行われている．さらに，各種生産費では自家労賃評価基準の変更が76年（農業雇用労賃評価から農村雇用賃金へ変更），91年（農村雇用賃金から毎月勤労統計調査結果の活用に変更）に行われている．時系列でデータを検討する際はこうした変更点を考慮した数値の読みとりが必要となるのである．

　第2は使用する側も約束を守ることである．

　その約束とは使用統計名，年次の明記，図表や統計計算に統計からの加工値を利用した場合の加工法の明記などである．これによって誰でも図表や計測によって事実を確認できるのであり，研究や論文等における証拠を提示することになる．また，統計は数値の列挙であるから，十分に気をつけたつもりでも転記あるいは入力ミスが考えられる．誤ったデータで誤った主張をしないためにも，堂々と資料の出所は明記する必要がある．こうしたことからも，統計利用は孫引きではなく**原統計**を活用すべきである．

(4) 統計の活用と限界

　統計にはそれぞれ特色があり，統計で検討を進めても，すべての疑問を解消させることはできない限界ももっている．

　ここでは**農林業センサス**（以下センサス）を事例にどのようなことがわかるのか，その概略をみていこう．センサスは農業の基本動向を把握するのに最適である．センサスは5年ごとに全農家（農家以外の事業体も含む）を対象に労働力，経営耕地，土地利用，機械，家畜飼養の状況について，記帳をもとに集計が行われる．この集計は集落，市町村，地域，都道府県といった範囲で区分され，その数値が公表される．その結果，特定の地域ではどのような農家が，どれほどの経営耕地を，どのような機械を使用し，どのような作付を行っているのか，などといった概況を知ることができる．しかし，例えば専業農家，あるいは兼業農家だけを取り出して，あるいは経営耕地の大きな農家層だけを抽出して，その土地利用を調べる，といった特定の調査項目と調査項目をクロスさせた検討はできない．こうした**クロス集計**は一般に公表されている統計では困難である．また，統計では数値によって変化や違いはわかるが，なぜ変化したのかといった理由を探ることは難しい．また，特定地域や特定規模階層の分析を行おうとしても，そのような区分で示されていない，特に農家経済関連の統計では大くくりの区分となっているのである．

　ではセンサスに示される項目でどのような検討ができるかをみていこう．農業センサスで示される主要な項目は，次の通りである．

(1) 経営耕地面積規模別，所有耕地面積規模別，貸借面積割合別，主副業別，専兼別，主な兼業種類別，農業経営組織別，農産物販売金額規模別

(2) 農業労働力保有状態別，投下労働日数規模別，男女年齢別世帯員数，あとつぎ予定者数，家族構成別，就業状態別ならびに過去1年の就業状態別，農業従事者数，農業就業人口，基幹的農業従事者数，機械を操作した世帯員数

(3) 土地，作物別収穫面積（収穫農家数，収穫面積，販売した農家数），収穫面積規模別農家数，果樹栽培農家数と面積，施設園芸，家畜

(4) 農業雇用，組織等への参加農家数，農作業の受委託農家数と面積，農業用機械
(5) 農村環境
(6) 農家以外の事業体，農業サービス事業体

(1)はどれほどの規模で，どのような作目を栽培し，その販売額はどれくらいか．そして，農家は農業と他産業にどれほどの割合で関わっているのかなどを知ることができる．

(2)農家の家族数，その年齢構成，その農家がどのように就業しているのかを，特に農業従事との関わりといった点から知ることができる．また，農業のあるいは農家というイエの跡継ぎの状況を知ることもできる．

(3)農家が保有する農地にどのような作物を作付して利用しているのか．ハウスなどの施設はどれくらいあるのか．乳牛などの家畜をどれくらい飼養しているのか，といったどのような農業が行われているのかを知ることができる．

(4)農家は農業をやるために，人を雇ったり，機械や施設を保有したり，また農作業を他の農家や組織に委託したり，逆に作業を引き受けたりしている．こうした状況を知ることができる．

(5)農村地域の集落数や農家数，家庭排水やし尿処理など生活基盤整備の状況を知ることができる．

(6)農業は農家の他，会社形態でも行われている．また，農家以外でも農作業を受託する事業体が存在しており，それらの概況を知ることができる．

以上のように，農業センサスは農家を中心に，どのような農家が，どのような農業生産を，どのように行っているのかといった概況を市町村単位で知ることができるのである．このように農業センサスは，何よりも農業の基本動向を農家にそくして把握することに長所があるのであり，それを活かした利用をすべきなのである．基本動向の特徴をより明確に示すには他地域との比較（**クロスセクション**による検討）や過去のセンサス結果との比較（**タイムシリーズ**による検討）に適しているのである．

III. 統計学と農業統計

農業粗収益

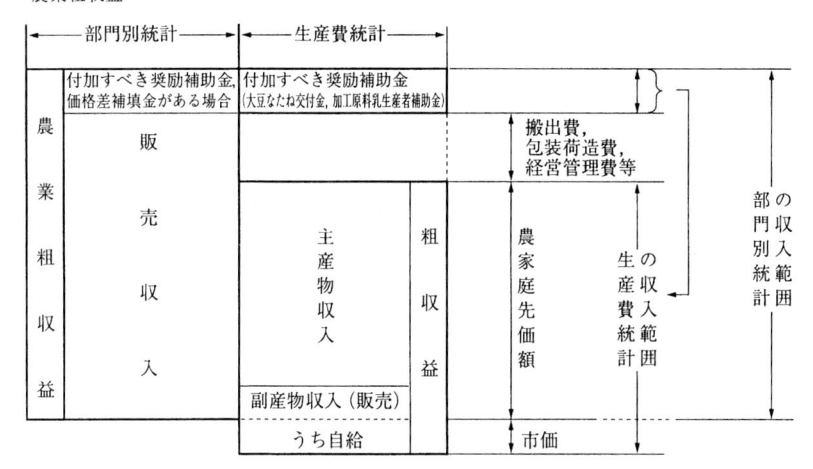

|←部門別統計→|←生産費統計→|

農業粗収益	販売収入 (付加すべき奨励補助金,価格差補填金がある場合)	粗収益	主産物収入 (付加すべき奨励補助金（大豆なたね交付金,加工原料乳生産者補助金）)	農家庭先価額	搬出費,包装荷造費,経営管理費等	生産費統計の収入範囲	部門別統計の収入範囲
			副産物収入（販売）				
			うち自給	市価			

農業経営費（費用）

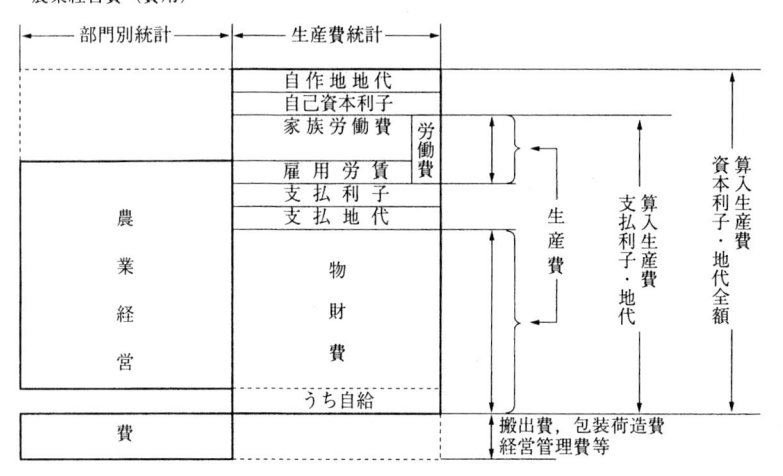

|←部門別統計→|←生産費統計→|

農業経営費		自作地地代			算入生産費資本利子・地代全額
		自己資本利子			
		家族労働費	労働費	支払利子・地代算入生産費	
		雇用労賃		生産費	
		支払利子			
		支払地代			
		物財費			
		うち自給			
		搬出費,包装荷造費経営管理費等			

注：部門別統計の販売収入は「農家受取価格」であり，委託販売した場合の市場手数料等は控除された価格である．

注：上図に示した「生産費」，「支払利子・地代算入生産費」及び「資本利子・地代全額算入生産費」については，実際にはこれから副産物価額を差し引いたものをいう．

〔部門別統計と生産費統計の所得の算出方法〕
・部門別統計の農業所得＝農業粗収益－農業経営費
・生産費統計の所得＝粗収益－（物財費＋雇用労賃＋支払利子＋支払地代）

図7-8 部門別統計と生産費統計の農業収支の計測範囲

このような農家がどれくらいのコストで農畜産物を生産しているのか，また販売金額や経費はどうなっていて，どれほどの所得を獲得しているのかは，すでに述べた**各種生産費調査，農家経済調査**（現在は農業経営動向統計と農業経営部門別統計になっている）を活用することができる．いずれも経済面から農家や生産物を把握するものであるが，約束事に図7-8のような違いがある．ここで注意すべき点は，長期間にわたる比較において，戸数や面積，単収といった物的データはそのまま比較可能であるが，経済データは名目金額を実質単位に修正しなければならないことである．このときに用いる物価指数などを**デフレーター**（実質化因子）という．農業関係のデータの場合「農村物価賃金統計」で示される各指標をデフレーターとして用いることが多い．

　農家にかかわる農業統計を取り上げ，簡単な説明を加えたが，農業統計は生産から販売流通，貿易などに関わるものまで多種多様に存在している．これら多種多様な農業統計を使いこなすことは難しい．しかし実際は難しいというよりも，なれていないために戸惑うというのが実態であろう．自分が勉強している本の中にでてきた表や図をみて自分で新たな年次を加えたり，異なる地域区分や新たな地域について作成してみる，こうした慣れから一歩を進めていただきたい．

〔志賀永一〕

知ってるつもり？
農業経済学の常識用語 70

IMF（国際通貨基金） International Monetary Fund
IMF は第2次世界大戦後の通貨体制の合意（ブレトンウッズ協定）にもとづき 1945 年に設立された．固定相場制の維持という役割を通して，戦後の世界経済の発展にもっとも重要な役割を果たした国際機関である．1971 年に米国がドルの金本位制を廃止した際にその役割が大きく論議されたが，1978 年には①変動相場制② SDR 本位制 ③ 85％ の同意により固定相場制に復帰しうることなどの協定が発効し，今日に至る．最近は，発展途上国のための融資機関としての性格が強くなってきた．この場合の融資条件はコンディショナリティと称され，当該国が国際収支改善のためのプログラムに合意して初めて，融資が認めらる．これがいわゆる構造調整政策である．世界銀行による融資も連動している．このために発展途上国は国内経済政策において IMF の強い影響力を逃れえず，1997 年のタイの通貨危機に端を発するアジア通貨危機の際には各国の不満が噴出した．（長南）

ICA（国際協同組合同盟） International Cooperative Alliance
1895 年，ヨーロッパの 14 カ国の協同組合によってロンドンにおいて結成されたが，今日ではすべての大陸を網羅する 93 カ国の協同組合が加盟しており，加盟組合の組合員総数は 7 億 5,000 万人を越え，世界最大の NGO（非政府組織）に成長している．ICA では 4 年に 1 回総会を開いており，最近では初めてヨーロッパ以外の地域で開かれた第 30 回東京大会，30 年ぶりに協同組合原則の改定を行った第 31 回マンチェスター大会（1995 年）などが知られている．（太田原）

アグリビジネス agribusiness
「農業 agri」と「ビジネス business」をつなげた造語で，1950 年代後半にアメリカの食料システムを農業の資材供給・生産・流通・加工の各段階からなる垂直的統合体として説明するために用いられたのが最初である．その後，ビジネス領域が広範に拡大するにともなって，この用語がさす中身も多様化してきた．農業および農業関連の企業活動の総称として用いられるのが一般的であるが，とくに対外直接投資と商品貿易という手段を用いて国際的な規模で事業活動を展開している大手アグリビジネス企業を多国籍アグリビジネスと呼ぶことがある．最近は，こうした多国籍アグリビジネスを中核とする「世界農業食料体制（global agri-food regime）」を政治経済学的な

視点から分析する研究や,「食＝農＋食品産業」というフレームで表現される「フードシステム」の構成主体間関係を経営学や産業組織論的な手法を用いて分析する研究が盛んに取り組まれている.（久野）

アーレボー　Friedlich Aereboe（1865-1942）

ブリンクマンと同様にチューネン理論の系譜をうけつぐドイツ農業経営学者である.農業経済学全般にわたる理論家として,「農業評価学」（1912年）,「農業経営学汎論」（1917年）,「農政学」（1928年）など多岐にわたる著書がある.それまで支配的であったテーア思想系（静態的・分析的接近法）に対し, チューネン思想系（動態的・統合的接近法）を集大成し, 新世紀における農業経済学発展の新しい動向を導いた.（黒河）

エンクロージャー　enclosure

「土地の囲込み」といわれ, 加用信文『日本農法論』によれば,「農法の歴史的段階に照応する生産関係・土地制度として現出し, 主穀式農業は封建的土地制度（西欧では解放耕地制 open field system）と結びついて成立したものであるが, 次の段階である穀草式農法は, 封建的な共同体的規制の漸次的な弛緩過程に起こってきた事実上の「個」の確立, すなわち私的経営のための小農の囲込み small enclosure のうえに形成された. さらに次の輪栽式農法は, 旧来の封建的・共同体的土地規制を全面的に止揚する大規模な「土地清掃」, いわゆる本格的な囲込み（第2次）を通じて実現された農法であり, 農法の主体的な担い手としての生産農民は, 封建的（共同体的）農民層→独立自営農民層→資本家的農業者への移行として現れる」.（黒河）

ODA（政府開発援助）　Official Development Aid

ODAとは発展途上国の自律的な経済成長過程を支援するための, 先進国から途上国への援助である. 先進国の公的な機関（中央政府・地方政府・国際機関）による援助で, 金利, 返済期間, 返済猶予期間などによって決まるグラント・エレメント比率が25％以上のものをいう. ODAはいろいろな問題点をかかえ, 近年, 先進国に「援助疲れ」がみられるといわれている. 開発優先に反対する環境問題重視も大きな変化である. また非政府組織 NGO（Non-governmental organization）の成長もODAのあり方に影響を与えつつある. 日本は現在トップドナーの地位を得たが, 対GNP比0.7％の未達成, 自国の利益の優先, 経済協力の決定機構が複雑すぎるなど, 内外からの批判も大きい. なによりも現地情報の収集やプロジェクト評価, 決定のための人材不足が深刻である.（長南）

汚染者負担原則（PPP）　Polluter Pays Principle

汚染者が汚染防止と規制措置に伴う費用を負担すべきであるとの原則. PPPは, OECD（経済協力開発機構）が1972年に「環境政策の国際経済面に関する指導原理」

の中で提唱した原則である．もともとOECDの提唱したPPPは，国際貿易上の各国の競争条件を均等化し，公正な自由競争の枠組みをつくるための原則であった．その後，PPPの考え方は，費用負担原則として，人々の社会的公正観に合致したこと等から広く普及し，環境政策の主要原則の1つとなっている．（山本）

卸売市場法　Wholesale Market Law

生鮮食料品等の卸売市場では，野菜，果実，水産品，食肉，花きの卸売取引がなされている．卸売市場の計画的整備，市場の開設と取引に関する規制等について定めたものが卸売市場法で，1971年に中央卸売市場法（1923年公布）を廃止・発展させる形で制定された．卸売市場法では，卸売市場を中央卸売市場と地方卸売市場に分け，開設にあたって前者は農林水産大臣の認可，後者は都道府県知事の許可を義務づけている．中央卸売市場では，卸売業者（荷受け業者とも言う）が生産者から販売委託を受けた荷ごとに仲卸業者がセリで購入し，仲卸業者は市場内の自己の店舗で買出し人（小売業者・外食業者など）に販売する．地方卸売市場では，卸売業者と買参人（小売業者）との間で取引がなされるのが普通である．卸売市場法では原則として，①委託販売，②即日全量上場，③セリまたは入札による取引，④卸売市場以外での取引の禁止，⑤定率手数料，などを規定しているが，99年に法改正がなされ，相対取引，買付け集荷なども条件付きで認められるようになった．（三島）

開発輸入　development import

一般的に「先進国が発展途上国に資本・技術を供与して開発した上，その生産物を輸入すること」（「広辞苑」第5版）を指す．わが国の総合商社や食品産業等はこの間，低賃金労働力の利用や現地資源の豊かさ・廉価性等を求めて，発展途上国だけに止まらず先進国にも積極的な海外直接投資や技術供与等を行い，また生産契約を締結し，わが国向けの農畜水産物・加工食品の生産に当たってきた．農産物・食料輸入の中で開発輸入部分がどれだけ占めるか，統計的に確かめることは出来ないが，中国からの野菜，タイからの加工食品等を筆頭に，先進国からの穀物・乳製品等も加わり，その量は膨大なものにのぼると想定される．（飯澤）

外部経済効果　external effect

経済主体（生産者）の経済活動が他の経済主体（生産者，消費者）に与える影響であり，好ましい効果を外部経済，好ましくない効果を外部不経済という．外部不経済効果の代表が公害である．A. マーシャルおよびピグーが経済学の概念として用い，現在では「市場の失敗」を説明する公共経済学，環境経済学の重要な理論概念となっている．農業農村の公益的機能の発揮は，外部経済効果となる．（出村）

価格指数　price index

価格指数は比較年と基準年において同じ量の財の組み合わせを購入するのにかかる費

用の比を示す．価格指数の代表的なものとしてラスパイレス価格指数とパーシェ価格指数がある．パーシェ価格指数は $P_P=(p_1^1 x_1^1+p_2^1 x_2^1)/(p_1^0 x_1^1+p_2^0 x_2^1)$ で与えられる．ただし，(x_1^1, x_2^1)，(p_1^1, p_2^1) は比較年における需要量と価格を表し，(x_1^0, x_2^0)，(p_1^0, p_2^0) は基準年における需要量と価格を表す．ラスパイレス価格指数は $P_L=(p_1^1 x_1^0+p_2^1 x_2^0)/(p_1^0 x_1^0+p_2^0 x_2^0)$ で与えられる．ラスパイレス価格指数は基準年の数量をウェイトとしているのに対して，パーシェ価格指数は基準年の数量をウェイトとしている．（近藤）

価格弾力性　price elasticity

財の需要関数を $q=q(p, y)$（p は価格，y は所得）とするとき需要の価格弾力性は $(-p/q)\cdot\frac{\partial q}{\partial p}$ で与えられる．これは価格が1％増加したとき需要量が何パーセント減少するかを示す指標である．通常需要曲線は右下がりであるから需要の価格弾力性は正の値をとる．とくに1.0以上の場合を弾力的という．農産物の場合，需要の価格弾力性は1より小さく非弾力的である．農産物の価格弾力性が非弾力であれば，豊作によって価格が下落すれば，農作物の売上代金は大幅に減少してしまうため豊作貧乏を招いてしまう．非弾力的であればあるほど供給変動による農産物の価格変動は大きくなる．（近藤）

株式会社　stock corporation

営利を目的として事業を展開する企業の形態には，個人が出資して経営する個人企業と複数の出資者から資金を集めて設立・運営される会社組織とがある．後者はさらに，出資者や責任の所在，資本金規模などによって合名会社，合資会社，有限会社，株式会社に分けられる．企業の経営規模が大きい場合は有限会社や株式会社の方が有利であり，今日240万社を超える企業総数のうち，大半がこの両者で占められている．株式会社は株式を発行して株主から資金を調達する．株式は株主の持分を表し，会社経営への参加や配当に対する権利を与えるものである．株式は50円，500円，5万円といった額面の株券によって自由に譲渡される．その取引の場である株式市場（証券市場）で実際に株式を公開している会社を上場会社および店頭公開会社といい，1998年8月末時点で約3000社ある．（久野）

環境基本法　Environmental Basic Law

戦後の高度経済成長期において，公害による自然環境の破壊が深刻になり，その対策として「公害対策基本法」「自然環境保全法」が制定された．やがて公害の防止や自然環境の保全から，自然との共生，アメニティへのニーズ等が求められ，地球環境問題への関心が「地球サミット」（1992年）により世界の共通認識となった．環境問題に対する総合的で多面的な視点からの対応が必要となり，環境行政の基礎となる「環境基本法」（1993年）が制定され，環境行政の基本理念，環境基本計画による総合的な推進策，環境影響評価，経済的措置などが規定されている．（出村）

環境保全型農業　environmentally sound agriculture/sustainable agriculture
農業は環境と最も調和した産業とみられることが多いが，環境に悪影響を及ぼす側面もあわせもっている．したがって，適切な農業生産活動を通じて環境保全に資するという観点から，農業の有する物質循環機能などを活かし，生産性の向上を図りつつ環境への負荷軽減に配慮した持続的な農業を目指すことが課題となる．環境保全型農業を確立するには，①環境への負荷軽減に配慮した効率的な施肥，防除を推進するために，施肥基準や予察などによる防除実施の判断基準の設定，②産学官が連携した環境保全型農業技術に関する研究，③地力の維持・増進と未利用有機物リサイクル利用を推進する必要がある．欧米においてはすでに環境保全型農業推進のための施策が具体的に実施されているが，わが国では農水省の「新政策」により，その方向が示されるようになった．（志賀）

関税化　tariffication
関税以外のすべての国境措置を，関税相当量（国内卸売価格と輸入価格との差）を計算し，関税に置き換えること．1995年発効のWTO協定では，①関税は，1995年から2000年までの6年間（実施期間）中に，本協定の対象となる農産品全体の単純平均で36％，各関税品目で最低15％削減すること，②関税化品目は，現行のアクセス（輸入）機会を維持するとともに，輸入実績がわずかな農産品については，実施期間の1年目に国内消費量の3％，6年目に5％となるミニマム・アクセス（最小限度の輸入機会）を設定すること等，が規定されている．（山本）

規制緩和　deregulation
規制とは「経済活動，とくに企業活動に対して，公的（国家ないしそれに準じた機関によって）介入し，制限を加えること」（経済企画庁の定義）とされている．公的規制の緩和は，世界的にみれば，1970年代のアメリカで航空，証券，エネルギーなどの分野で開始され，1980年代初頭からヨーロッパ，日本等にも広がっていった．日本では，1981年の臨時行政調査会の設置を契機に，規制緩和の検討がなされるが，本格化するのは1980年代末以降である．規制緩和の本来の目的は，経済活動に対する公的介入を緩和または廃止し，市場原理と企業間競争を促進させることにある．日本では，これに財政支出削減や輸入制限撤廃などを目的とした規制緩和要請が加わり，あたかも規制緩和が不況打開の万能薬であるかのような論議が横行している．一般社会で多数の人間が共存していくためには，必要な規制はたくさんあり，規制緩和は個々の規制について具体的に検討されなければならない．（三島）

協同組合の基本的価値　principles of cooperatives
1980年，ICAのレイドロウ会長は，モスクワで開かれた第27回大会の基調報告において現代における協同組合の危機について問題提起を行い，協同組合の現代的存在理由を明らかにする必要性を訴えた．この問題はその後国際的論議に発展し，第30回

東京大会のベーク報告で「ニーズに応える経済活動」「参加型民主主義」「人々の能力の発揚」「社会的責任」「国内的・国際的な協力」の5項目に整理された．しかしこの問題は個々の項目の当否よりも，「豊かな社会」における協同組合のアイデンティティの確立の課題として実践的に解決されなければならない．（太田原）

共有地の悲劇　tragedy of commons

共有地の例として放牧地を考えよう．牧夫が自分の牛を自由に好きなだけ放牧できるものとする．牧夫は自分の牛が草を食べて大きくなる限り放牧しようと考える．他の牧夫も同様に放牧頭数を決定する．このため，各々の牧夫が自己の利益のみを考えて牛を放牧したのでは，牛の食べる草がしまいにはなくなってしまう．これは牧夫が自分の牛を放牧するときに他の牧夫の牛に対する影響を無視してしまうことから生ずる．過度の放牧の効果は他のすべての牧夫によって負担される．こうした例は漁業資源の乱獲，自然資本ストックの汚染，枯渇として現れる．共有地が社会的に最適（パレート効率的な状態）なレベルよりも過大に利用される問題を共有地の悲劇と呼ぶ．生物学者ギャレット・ハーデンによって1968年，*Science* に "Tragety of the Commons" として発表された．（近藤）

近代化農業　modern agriculture

特定の歴史的発展段階に応じた農業の生産様式を示す農法ではなく，現代の装置化・システム化のもとに化学肥料や農薬の多投にもとづく農業のやり方を呼ぶ俗称である．したがって，封建制から資本制への移行に伴う農業近代化とは類似するようで異なる意味を持つ．農業の環境に及ぼす影響が指摘されたり，消費者の安全や食料への関心が高まる中で，化学肥料の多投による水質・土壌汚染，さらには残留農薬等への懸念から，近代化農業の方向性が見直される状況にある．しかしながら，化学肥料や農薬の使用は労働時間を大きく低下させるとともに農産物生産の規格化に効果があるため，これらの使用を中止し，近代化農業から脱却することは難しい状況にあることも事実である．近代化農業からの脱却には生産者，消費者の相互理解を高める運動が求められている．（志賀）

グローバリゼーション　globalization

人や商品，情報の地球規模での移動によって社会の同質化が進行し，社会的・文化的な国境障壁が消失する傾向という意味で日常的に用いられることもあるが，経済学的概念としては，1980年代以降強まってきた企業活動の多国籍化とそれにともなう資本移動の自由化・大量化，それらを通じた世界市場の一体化を意味する．グローバリゼーションは多くの利便性をもたらす可能性もあるが，一国経済レベルで存在する経済強者と経済弱者の階層間格差が世界レベルに拡大することによる社会的・経済的諸矛盾の激化も懸念される．とくに農業・食料分野におけるグローバリゼーションは，先進輸出国の国家戦略と多国籍アグリビジネスの企業戦略によって主導され

ているため，生産資源へのアクセスが限られる国々や市場競争によって国内農業の放棄を迫られる国々の食料主権の維持・確保をますます困難にさせるおそれがある．（久野）

経営規模 scale of farm business
農業の経営規模の指標をなにに求めるかは大きな問題である．経営規模は本来的には事業規模として把握されねばならない．一般的に経営規模の指標として経営耕地規模が使用されるが，これは同様な作物選択が行われている状況では耕地規模が経済規模と正比例の関係を持つこと，零細経営の多いわが国でその経営の動向を把握する必要性があったためと考えられる．しかし，経営耕地では施設経営や土地利用との関係を喪失してしまった養鶏・養豚といった中小家畜経営を対象にすることはできず，異なる経営形態では販売金額などが規模指標として使用されることが多い．一般企業では資本金額，従業員数，販売金額などが規模指標として用いられている．いずれにしろ，規模は投入諸要素がいかに効率的に使用されているか等を検討する際の区分指標として使用されることが多いため，その目的に応じた指標を検討することが求められる．（志賀）

国家独占資本主義 state monopoly capitalism
1929年の世界恐慌を契機に欧米と日本では独占資本主義経済体制の危機が深まり，経済過程への国家の介入が必要とされるようになった．介入は主に金融と財政政策を通じてなされるが，その前提には金本位制から管理通貨制度への移行がある．国家独占資本主義の経済政策としては，中央銀行から民間銀行への貸出し金利を調整する公定歩合操作，公共事業費や軍事費等を通じての市場創出が代表的なものである．独占資本主義体制の政治的危機を緩和するための社会福祉政策や農民・中小企業保護政策も，国家独占資本主義の政策に含められる．国家独占資本主義の諸政策は，第2次大戦後の主要資本主義諸国においてケインズ主義の名のもとに一般化した．だが，財政危機が表面化した1970年代中頃以降，新自由主義の批判にさらされ，一見，自由な資本主義への回帰が進んだようにみえる．だが，日本の政官財癒着の構造が示すように，財界（独占資本）と官僚，保守政党の一体化は根強いものがあり，国家独占資本主義は，資本主義が続くかぎり存続するものと思われる．（三島）

コーデックス食品規格 Codex Alimentarius
FAO（国連食糧農業機関）とWHO（世界保健機関）の合同食品規格委員会（Joint FAO/WHO Codex Alimentarius Commission）が定める食品規格．同委員会へはFAO・WHOの加盟国・準加盟国でCodex食品規格に関心を持つ国であれば通知するだけで加盟できる．世界規模全般問題規格部会，世界規模食品規格部会，地域規格部会などの下部機関があり，下部機関が策定した規格案を総会の場で報告を受け，了承する仕組みとなっている．下部機関は加盟各国の代表で組織されるが，オブザーバ

一等としての参加も可能で，食品関連多国籍企業が多数のオブザーバーを送り込み，食品添加物や残留農薬基準をより緩やかな方向へと議論をリードしていると言われる．「WTOを設立するマラケシュ協定」附属協定の「衛生植物検疫措置の適用に関する協定」の国際基準にはCodex食品規格が採用されている．（飯澤）

社会的経済　économie sociale

もともとは民間非営利組織の総称としてフランスで発達した概念であるが，EU委員会に社会的経済局が設置され，全ヨーロッパ的に社会的経済の実態調査を開始することによってヨーロッパ統合のキーワードの1つとして注目を集めるに至った．現在，社会的経済の実体的基礎とされているのは各種協同組合，共済組合，非営利の財団法人などであり，組織人員や経済全体への影響力などから協同組合がその中心的位置を占めるとみられている．EUにおいて社会的経済が重要視されるのは，計画経済や国営企業の失敗，営利企業による環境問題や雇用問題の深刻化等が背景となっている．（太田原）

小農　peasantry

エンゲルスによる古典的定義は「通常自分の家族とともに耕しうるよりは大きくなく，家族を養うよりは小さくはない一片の土地の所有者もしくは小作者，特に前者」（「フランスとドイツにおける農民問題」）である．家族経営の場合，農業所得の多少に生活水準を合わせることが可能であり，これをもとに家族経営の強靭性を指摘する論者もいる．現状では家族を養う水準が問題であり，夫婦2人で農業に従事した労働の対価が農業所得額に反映されているかどうかを考えなくてはならない．多額の農業所得をあげている農家を企業的と呼ぶこともあるが，労働多投・労働過重で所得額を確保していることもあり，農業経営の性格を考える上で注意しなければならない．（志賀）

昭和恐慌　Showa Depression

ウォール街の株価下落を端とする世界大恐慌は，1930年に日本に波及した．このもとで，物価・株価が下落し，企業倒産があいつぎ，失業者が巷に溢れた．アメリカを市場としていた生糸価格が大暴落し，コメと繭を基幹としていた日本農業はまず養蚕が打撃を受け，つづいて米価が下落し，農民は負債にあえぐようになった．農業部門の回復は工業に対して遅れ，陰惨な小作争議が多数発生した．農山漁村経済更生運動は，自力更生を旗印に社会化した農村問題を安上がりに解決しようとするものであった．（坂下）

食料安全保障　food security

一般に，2つの意味で用いられている．1つは，すべての人々が，いかなる時にも，十分かつ安全で，栄養のある食料を，物理的，経済的に手に入れること（世界食料サ

ミットの定義)である．この場合のフード・セキュリティは，途上国の貧困層等に，いかにして食料を行き渡らせるかというのが主旨であるため，食料の確保あるいは食料の保証という日本語訳をあてるべきとの指摘がある．もう1つは，国家の安全保障(外部侵略に対する国家・国民の安全を保障する主旨)として，食料を確保することである．先進国のなかでも極端に低い食料自給率である日本にとって，この意味での食料安全保障は，重要な政策課題である．(山本)

食料援助　food aid
米国の公法480号によって，国内の余剰農産物を発展途上国へ食料援助として輸出することが認められたことに始まる．当時は「平和のための食料」とも称された．現在は，食料そのものの援助から，しだいに肥料などの農業投入財など，被援助国の農業生産性を高めるような援助が主体になっている．また，被援助国が自ら近隣諸国から肥料を購入できる制度など，対費用効果を高めるような工夫がされてきた．この他にも国連の世界食糧計画にみられるように，小規模な灌漑投資や村道建設など，農民のコミュナルワークへの参加を促すためにコメ・小麦の食料現物で労賃を支払うなど，さまざまな方法が試みられてきた．(長南)

食料自給率　food self-sufficiency ratio
食料の国内消費仕向量に対する国内生産量の割合で，計算する単位等の違いにより次の4つの算出方法がある．①品目別自給率…コメや牛肉等の各品目毎に重量を単位に算出．②総合自給率…卸売価格をベースに算出．③供給熱量自給率…カロリーベースで算出するが，畜産物のうち輸入飼料で生産した部分を，飼料ではなく，当該畜産物を輸入したものと想定して算出する．④オリジナルカロリー自給率…畜産物をすべて飼料カロリーに換算して算出．わが国では①~③は計算されてきたが，④は長らく計算されていない．①~③の自給率とも一部の品目を除き傾向的に低下し，今なお歯止めがかかっていない点は，大きな問題と言える．(飯澤)

助成合計量 (AMS)　Aggregate Measurement of Support
1995年発効のWTO協定に規定された保護の総合的計量手段のことで，各国の農業助成の程度を測定する尺度として，農業保護水準を数値化したもの．AMSは，農業生産者に対する国内助成措置のうち，削減対象から除外される措置を除いたすべての措置について，市場価格支持相当額と削減対象となる直接支払い額を合計したものである．このAMS総額は，1995年から2000年までの6年間(実施期間)で，基準期間(1986~88年)の総額に比べて，20%削減することとされている．(山本)

食管法・食糧法　Food Control Law/Law for Stabilization of Supply-Demand and Price of Staple Food
食管法(食糧管理法の略)は，1942年に戦時中の食料確保を目的に制定され，同法

にもとづく政令・省令等を含め食管制度と呼ばれている．食管法は大戦後，主要食料である米麦の直接管理を行う法律として再編され，その後の食料事情の変化の中で数次の改正と運用の変更がなされてきた．とくに，1969年に民間流通を基調とした自主流通米制度が導入されて以降，政府の直接管理が後退し，95年11月には同法は廃止され，新たに食糧法（正式には主要食糧の需給及び価格の安定に関する法律）が施行された．食糧法でも米麦の国家貿易と政府買入・売渡制度は残された．だが，コメについては自主流通米など民間流通米が主体となり，政府米は主に備蓄に用いられている．自主流通米については，売り手である生産者団体と買い手である卸売業者等の間で入札によって価格が決まるので，銘柄間の価格格差と時期別変動が激しい．そのため，政府は1997年に「新たな米政策」を決定し，米価下落時に経営安定対策を発動できるように措置している．（三島）

所得弾力性　income elasticity

財の需要関数を $q=D(p, y)$ （p は価格，y は所得）とするとき需要の所得弾力性は $(y/q) \cdot \frac{\partial q}{\partial y}$ で与えられる．これは所得が1%増加したとき需要が何%増加するかを示す指標である．この値が正のとき上級財，0のとき中立財，負のとき下級財という．豊かになるにつれ農産物需要の所得弾力性は1以下に低下すると考えられ，所得が増加してもその増加率以上に農産物需要は増加しない．したがって，所得が増加すると所得に占める農産物への消費支出が減少し続けることになる．（近藤）

新自由主義　neo-liberalism

国家による経済過程への介入を認めるケインズ主義とは違い，経済を市場メカニズムと企業間の競争原理に委ね，「小さな政府」を実現しようとする考えで，ハイエクやフリードマンらを理論的指導者としている．1970年代中頃から深刻化した資本主義諸国の経済困難のもとで，新自由主義はケインズ主義に代わって優勢になった．その典型は，イギリスのサッチャーリズム，アメリカのレーガノミクス，日本の行財政改革であり，いずれも保守政権の経済政策として採用されたことから，新保守主義経済学とも呼ばれる．日本における新自由主義の政策は，80年代初めから行政改革，民営化，規制緩和などの形で具体化していった．だが，90年代初頭から日本を襲った「平成大不況」と金融危機の中で，再びケインズ主義的な国家介入が指向され，新自由主義は事実上，破綻している．（三島）

政府の失敗　government failure

市場の失敗を補正するために，政府による市場への介入が行われる．しかし，政府の政策や公共財の供給は政治的に決定されるから，社会的に最適な資源配分を実現するとは限らない．政策の決定者である政治家は選挙での得票数の最大化を目標として行動しがちであるし，少数者の構成員から成る特定の利益集団や圧力団体は組織化しやすく自らの利益を求めて政治家に圧力をかける．資源配分を歪める不必要な規制を求

めたりレント・シーキング行動をとりがちである．現実社会では政府の市場への介入が必ずしも効率的な資源配分に寄与していない例が数多く存在する．これを政府の失敗という．政府は市場競争に敗れ倒産する心配がない公権力の独占体である．したがって，公共財の超過供給が発生しやすい．（近藤）

世界食料サミット World Food Summit
1996年11月，FAO（国連食糧農業機関）設立50周年を記念して，本部のあるローマで開催された会議のこと．会議の狙いは，発展途上国における食料不足や飢餓などの改善を目指すとともに，FAOの存在を世界にアピールすること等であった．この会議では，「2015年までに現在8億人以上に達する栄養不良人口を半減することを目指す」というローマ宣言が採択されている．ローマ宣言では，食料安全保障（フード・セキュリティ）の達成のためには，貧困緩和による食料入手機会の改善，紛争・テロ・環境劣化などの解決，主食を含む食料の増産，都市への人口移動の是正が必要である点なども指摘されている．（山本）

戦時経済統制 war-time economic control
昭和恐慌の回復過程でとられた政策は「日本のケインジアン」と呼ばれる高橋是清によるスペンディング・ポリシーであった．こうした財政出動を基盤とし，円安による輸出攻勢と軍需を中心とする重化学工業化・独占化が進展をみせる．1937年から開始される日中全面戦争のもとで，1938年には国家総動員法が制定され，総力戦体制が構築される．農業面では，食料の過剰基調から不足基調への転換があり，産業合理化政策による農村組織化（農業団体統制）と生産力主義による農業構造政策の端緒が現れてくる．（坂下）

大店法・大店立地法 Law Concerning the Adjustment of Retail Business Operations of Large-Scale Retail Stores/Law Concerning the Measures by Large-Scale Retail Stores for Preservation of Living Environment
大店法とは，「大規模小売店舗における小売業の事業活動の調整に関する法律」の略称で，1973年に制定，翌年3月から施行された．大店法の目的は，百貨店，スーパー・マーケット，ショッピング・センターなど大型店の新増設，閉店時刻，休業日数などを調整することによって，中小小売業の事業活動の機会を確保することにある．大店法は，中小小売業者の運動もあり，1980年代初めまでは規制強化がなされていったが，その後，財界やアメリカの要求によって，段階的に規制緩和の方向で改正がなされてきた．1994年の改正では，店舗面積が1,000 m² 未満の出店は原則自由となり，届け出が必要な閉店時刻は午後8時に延長された．さらに規制緩和政策の一環として，1998年5月に，店舗面積・閉店時間等の規制を廃止し，交通渋滞や騒音など住環境の観点からのみ出店調整を行う大店立地法（大規模小売店舗立地法）が制定され，同法が施行される2000年6月には大店法は廃止される．（三島）

WTO（世界貿易機関） World Trade Organization

GATTウルグアイ・ラウンドの終結に伴って締結された「WTOを設立するマラケシュ協定」によって1995年1月に設立された国際機関．鉱工業製品はもちろん，農産物，通信・金融などのサービス，知的所有権などの貿易を統括する．WTOは政府間協定であったGATTの任務を引き継ぐ一方，国際貿易機関として貿易の自由化や貿易ルールの策定を押し進め，さらにWTO諸規定と各国の国内政策との整合性を図っていくことになる．農産物貿易の一層の自由化を目指した交渉が2000年から始まる．本部はスイスのジュネーブ．（飯澤）

地球環境問題 global environmental problem

地球の全体またはその広い部分の環境に影響を及ぼす問題のこと．具体的には，オゾン層の破壊（クロロフルオロカーボンの大気中への放出に伴い，成層圏のオゾン層が破壊され，有害紫外線が増大し，皮膚ガンの増加などの健康や生態系への悪影響が懸念），地球温暖化，酸性雨（硫黄酸化物，窒素酸化物等により，酸性の強い降雨が観察され，湖沼への被害発生が懸念），有害廃棄物の越境移動（開発途上国への有害廃棄物の不適正な輸出に伴う環境問題発生が懸念），海洋汚染，野生生物種の減少，森林（熱帯林）の減少，砂漠化などである．特に，近年の地球環境問題の多くは，農業のあり方と深くかかわっている点に注意する必要がある．（山本）

地代 rent

他人の所有する土地を一定期間使用するときの使用料をいう．資本主義下における地代は差額地代，絶対地代，独占地代等に大別され，差額地代は第1形態と第2形態に区分して議論される．差額地代の第1形態は，土地の豊度と市場までの経済的距離に基づき生産物の需要を満たす最も生産性の低い土地（最劣等地）の農産物価格（費用価格＋平均利潤であり個別社会的生産価格）とそれぞれの土地の個別的価格差として現れる．第2形態は同一土地に対する追加的投資の生産性漸減傾向に基づいて現れる地代をいう．両者の区分は資本生産性の違い，追加投資を許容する需要の増大が念頭に置かれているが，第1形態との本質的違いを問う議論もある．絶対地代は土地の豊度などの差異ではなく，土地を所有していることが他者への土地利用を制限することができるため，これを利用するためには対価を求められることによってもたらされる地代である．また，独占地代は需要に対して絶対的不足のある資源を独占的に所有する資本によって，最劣等地での個別社会的生産価格を上回る価格が形成されることによってもたらされる地代である．（志賀）

チャヤノフ A.V. Tschajanov (1888-1939?)

旧ソ連の農業経済学者．「小農経済の原理」（1919年）を著し，労働・消費均衡という概念を限界原理に基づいて展開し，労働の継続的投下による苦痛は逓増することと労働によってえられる収益の逐次的増加の主観的評価は低下することを示し，農民経

営の目標は「生産によってえられる総効用と,そのために費やす労働の非効用との差額としての余剰効用の最大化にある」とした.このような理論展開は,農業経済学に新古典派理論を導入しようとする試みでもあり,説明におけるグラフ使用は当時としては珍しく,その意味からもわが国農業経済学界にも影響を与えた.（黒河）

中山間地域　intermediate and mountainous area

複数の定義がある.地理的には平野の外縁部から山間部に至る地域で,山林,傾斜地が多く農業生産に不利な場所である.法律上は,特定農山村地域,振興山村地域,過疎地域,半島地域,離島地域として特別な振興事業の対象となる地域である.統計上は平地農業地域と山間農業地域の中間的な地域で,林野率が50〜80％,耕地に斜面の多い地域である.今日この地域概念が重要になったのは,農業生産や生活環境において条件不利地域であるが,農業生産活動により公益的機能を発揮しているとして,直接支払い制度の対象となることによる.基準として,傾斜度,山林率,高齢化率,耕作放棄率等がある.（出村）

帝国主義　imperialism

他民族や他国家への侵略と抑圧を志向・実行する歴史上の政治体制として用いられることもあるが,通常はレーニンが『帝国主義論』等の著作で定義した政治経済学的概念を指して用いられる.帝国主義は経済的本質において独占資本主義であり,それ以前の自由競争から必然的に生み出された「独占」を基礎としている.この段階における経済主体は緊密な相互規定関係にある独占的銀行資本と独占的産業資本とを包括的に示す「金融資本」概念によって捉えられる.金融資本は国家と一体的関係を結びながら金融寡頭制を形成し,資本輸出や国際独占体の形成を通じて世界市場の経済的分割を志向・実行し,さらには列強諸国による植民地獲得競争（領土的分割,今日では基本的に消滅）を誘発する.レーニンが分析対象とした20世紀初頭以来,世界の政治経済をめぐる状況は大きく変化してきたが,そこに貫かれる基本的特質（独占段階における資本の運動法則）と現代帝国主義の新しい特徴とを整合的に理解するための方法論的視角が求められている.（久野）

デュアリズム　dualism

二重構造論と訳されるが,市場メカニズムによって資源配分されない伝統的農業部門と,市場の限界原理が適用可能な近代的工業部門が併存する二重構造として,経済発展の過程をとらえる.当初はルイス・モデルのように生存賃金で無制限的に労働供給する農業部門の役割に大きな関心が払われたが,トダロ＝ハリス・モデルによって都市部門の制度的賃金（効率賃金）やスラムの生成過程に研究関心が移った.いずれにしても,現在の発展途上国の失業をどのようにして解消するかについて,まだ研究は不十分である.（長南）

転換点　turning point

経済成長理論の2部門モデルでは，初期成長局面で農業（伝統）部門には過剰労働が存在し，賃金は制度的な生存賃金で決定されている．工業（近代）部門では，この生存賃金で雇用賃金が決まる．やがて農業部門に過剰労働がなくなり，近代的な工業部門と同様に農業雇用賃金が労働の限界生産力によって決められるようになる．この時点を転換点と称する．すなわち両部門の賃金がともに労働の限界生産力によって決定される，経済近代化の達成時点を示す．海外の研究者は1920年代に日本経済の転換点があったのではないかと推測したが，南亮進は1950年代に転換点があったことを実証的に明らかにした．（長南）

特定 JAS　Specific Japan Agricultural Standard

1993年の「農林物資の規格化及び品質表示の適正化に関する法律」の改正で設けられた「日本農林規格」のこと．同法が定める規格に合格した加工食品等の農林水産物資にはJASマークが付けられることになっていたが，それは製品の品質・成分規格であり，特別な方法や特色ある原材料を使用して製造したからと言って付けられるものではなかった．改正では，特別な方法や特色ある原材料を使用して製造したもののうち，一定の生産基準を満たしたものについて「特定JAS」マークの表示を認めた．1995年12月農水省は，原料肉を一定期間塩漬けし独特の風味を持たせた熟成ハム・ベーコン・ソーセージ類に特定JAS表示を認めた．有機農産物の表示も特定JASに則ることとなり，検査体制など細部の調整が行われている．（飯澤）

日本型総合農協　general agricultural cooperative

農業協同組合は，世界の協同組合の中でも最も数の多い組合であるが，その多くが欧米型の専門農協の形態をとっているのに対して，日本の農協はかなり特殊である．その基本的特徴は，事業における総合主義（多事業兼営），組織における網羅主義（ゾーニングと全戸加盟），機能における行政補完などであり，これらの特徴は相互に密接に結び付いている．こうした特徴は日本における歴史的特質から導き出されたものであり，韓国，台湾に比較的近似のものがある以外には世界に例をみない．しかし近年は途上国における農協の推進に適合的な組織形態として国連等から注目されている．（太田原）

日本版ビッグバン　Big Bang in Japan

1986年にイギリスが行った証券市場改革が「ビッグバン」と呼ばれていたことにちなんで，市場原理の活用（規制緩和）と国際化への対応を志向した日本の金融制度改革全般を指して「日本版ビッグバン」という表現が用いられている．バブル経済やその後の深刻な金融危機をもたらした大蔵省，日本銀行，証券・銀行業界の非効率性・不透明性を改善し，激しさを増す世界的大競争のもとで総額1,200兆円ともいわれる国内の個人金融資産を有効に活用できる体制を整えることがめざされている．だが，

バブル経済と金融危機についての責任追及が曖昧なまま巨額の公的資金が不良債権処理へ投入されたこと，地域経済に重要な役割を果たすべき中小金融機関の再編淘汰と大手銀行への資金集中が強制的に進められていること，種々の金融派生商品を通じて一般消費者が国際的な投機的金融市場に直接投げ込まれる危険性が強められていることなどへの批判もある．（久野）

農家 farm household/agricultural household
わが国では農業経営を行う経済体を農家と呼んでいるが，農家は農業統計，特に農業センサスで次のように定義されている．農家は農業を営む世帯であって，経営耕地面積が 10a 以上および農業販売額が 15 万円以上の世帯である．センサスは 5 年おきに実施され，販売金額の下限はその時々によって見直される．また，経営耕地面積の下限は 1990 年センサスで変更されており，従前は西日本の経営耕地面積は 5a 以上となっていた．農家のうち経営耕地面積が 30a 以上または販売金額が 50 万円以上の農家を販売農家，30a 未満でかつ 50 万円未満を自給的農家と呼んでいる．さらに，経営耕地面積は 10a に満たないが，販売金額が 15 万円以上ある農家を例外規定農家として区分している．販売金額で示される農家の下限からわかるように，農業からの収入で生活している農家から，他産業からの収入で生活している農家まで，多様な性格を持っている．そこで，農家をその性格に応じて簡易的区分する専業・兼業別区分（農業所得の多い第 1 種兼業と農外所得の多い第 2 種兼業農家に区分される）が行われてきた．この区分では家族員，たとえば夫婦 2 人は農業だけに従事しているが，娘が会社勤務をしていると兼業農家に区分される事態が生じる．また後継者のいない高齢農家が細々と農業をやり，主に年金収入で生活している場合でも専業に区分される．これでは農家の性格を十分に把握できない．そこで，農業所得と経営主の年齢を加味した，主業，準主業，副業的農家の区分も行われている．（志賀）

農業委員会 agricultural committee
1951 年の「農業委員会等に関する法律」によって，農地委員会など 3 つの組織が統合して設立されたものであり，公職選挙法によって選出される農業委員からなる唯一の行政委員会である．事務局は市町村の職員が担当する．その業務は農地法・農業基盤強化法（旧農用地利用増進法）に基づく農地移動の許認可にあり，法改正によって市町村に業務移管された部分についても実質的に担っている．「農地の番人」といわれ，農地の転用（線引き）についてその実力が問われたが，必ずしもその真価を発揮しているとはいえない．（坂下）

農業金融 agricultural finance
農業生産は，動植物の生産を対象とし，自然条件の影響を受け，また生産者は基本的に家族経営という零細構造にあり，農産物価格は変動が大きいなど，農業は資金融資の対象として危険の大きな産業である．そのために一般の金融機関からの信用供与が

制限されてきた．その対策として農業向けの特別な金融制度が整備されている．制度金融（農林漁業公庫資金，農業改良資金，農業近代化資金，天災資金）と農協の信用事業による系統金融（農協プロパー資金）及び一般の資金による金融がある．（出村）

農業構造改善事業 agricultural structure improvement project
農業基本法（1961年）に基づき，農業の労働生産性の向上，農業経営の近代化，合理化，農業生産の選択的拡大を図る事業として実施されてきた．事業として，経営規模の拡大，農地の流動・集団化，家畜の導入，機械化による農業経営の近代化である．第1・2次構造改善事業から新農業構造改善事業へ，平成になり農業農村活性化農業改善事業，地域農業基盤確立農業構造改善事業へと変遷してきた．事業目的は，土地基盤整備，生産関連施設整備，生活環境施設整備，都市農村交流施設整備である．現在第5次構が実施中だが，「新農業基本法」の成立を機に，99年度で廃止される．代わって「経営構造対策事業」として，すぐれた担い手に農地を集積させる等の事業が進められることになった．（出村）

農業・農村の多面的機能 multiple roles of agriculture and rural areas
農業が本来行う農畜産物の生産活動に伴って発揮される外部経済効果であり，公益的機能とも称される．機能は多岐にわたり重複し，重層しているが，国土保全機能（洪水防止，土壌浸食防止，風害防止，水資源涵養，水質浄化，大気浄化の諸機能）とアメニティ機能（景観保全，保健休養，生態系保全の諸機能）さらに教育・文化機能（自然教育，歴史文化伝承の諸機能）がある．自然環境問題や農産物貿易の自由化に伴う新たな農業政策の目的として，多面的機能の認識と評価が重視されている．（出村）

農業簿記 agricultural bookkeeping
簿記は帳簿への記帳を行うことによって，一定期間の利益とその内容，一定時点の財産の内容，財産の増減を明らかにすることを目的にしている．簿記は中世，地中海，特にイタリアの自由都市で発達し，ヨーロッパ各国に普及した．その後，イギリスの産業革命期に企業会計の原則が発達し，今世紀にアメリカで簿記体系が発達した．日本では江戸時代から「大福帳」といった記帳は存在したが，簿記の導入は明治初期であり，福沢諭吉の「帳合之法」などが嚆矢といわれている．しかし，本格的な簿記体系の確立は戦後の復興期であり，1949年に「企業会計原則」，50年に「監査基準」が発表され，48年「公認会計士法」，51年「税理士法」が制定されている．簿記は記帳方法から単式簿記と複式簿記に大別される．単式簿記は記帳が容易な反面，一部の財産の増減しか把握できない短所があり，複式簿記は記帳は複雑であるが，財産の増減とともにその源泉・理由等まで把握できる長所がある．また，簿記は商品の特性と経済活動の違いから，商業簿記，工業簿記，農業簿記などが存在する．商業簿記は商品を仕入れ，そのまま販売する経済活動に適した簿記であり，工業簿記は原材料を購

入しそれを加工・販売する経済活動に適している．農業簿記も経済活動としては製品生産であるが，生産期間の長期性，農地という生産手段を活用する等の特殊性を考慮した独自性を有する．（志賀）

農産物価格政策 agricultural price policy
本来の農産物価格政策は，資本主義の独占段階において没落の危機にさらされた小農の保護を目的に，農産物価格を一定の水準に維持するもので，農産物価格支持政策とも呼ばれている．その典型は1930年代のアメリカにおいて生産調整とドッキングして開始された価格政策であり，その体系は「不足払い制度」という名称で1996年まで継続した．「不足払い」とは，対象となる農産物の保証価格を生産費を基準に定め，市場価格との差額を財政によって負担するものである．日本における農産物価格支持政策の歴史はアメリカより古く，1921年の米穀法を先駆けとする．これは，米価の安定のために，政府にコメ市場からの買入れ・放出を認めたもので，価格の間接統制である．1947年制定の食管法ではコメは公定価格によって買入れ・売渡しが行われ，米価は完全に政府管理の下にあった．第2次大戦後，日本では多くの農畜産物が価格政策の対象になり，農業発展を支えたが，1994年に合意されたウルグアイ・ラウンド農業協定によって，日本でもその縮小再編が図られつつある．（三島）

農地改革 agricultural land reform
第2次大戦後，アジアを中心にいわゆる地主的土地所有（これには歴史的に様々な形態がある）を解体し，自作農を創設する政策が打ち出されたが，この総称である．日本の事例は，里山解放などの点で不充分さを残したものの，最も成功した事例とされている．台湾・韓国については，その過程で不充分さを残し，改革以降も農民収奪的な政策が維持されたことで評価は分かれているが，高度経済成長の過程で自作農体制が基本的に成立しているといえる．その他のアジア諸国については，プランテーション農業の残存や国内政治勢力のあり様によって改革は失敗に終わり，依然として農地改革は当面する課題であるといえる．（坂下）

農地法 Agricultural Land Law
1952年に農地改革の成果を維持するために制定された法律であり，一般不動産の権利関係を規定する民法とは独自の体系をとっている．私的所有権を制限する法律には，関東大震災を契機に制定された借地借家法があるが，近年改正されている．戦前にはこの法律と同様に債権の物権化によって小作権を強化する方向が考えられたが，農地改革によって創設された自作農を耕作権主義の立場から保護することがこの法律の基礎となっている．担い手に関しては，農業基本法において売買移動による規模拡大が展望されたが，実際には農地の資産的所有化により構造改革が進まなかったため，賃貸借による移動を進めるために「貸し地」権強化（貸し易い）の新規制度が設けられている（農用地利用増進法→農業基盤強化法）．（坂下）

農法　agricultural system

農業生産の技術体系を指す言葉である．農畜産業は動植物の生育を人工的に制御することによってその生産性を高める産業であるから，むやみな収奪技術は生産基盤の破壊を意味する．そこで，土地利用の再生産を保障しながら，生産性を向上させる技術革新が求められるのである．こうした農業技術体系の基礎は，西ヨーロッパや日本では中世の集村化をともなう耕地整理・再開発によって与えられる．近代的な農法改革は商品生産化という経済体制の変化のなかで，西ヨーロッパの農業革命，日本の明治農法などに現れる．農業の機械化に対応した技術革新は小農体制のもとでは漸進的であり，大農場制におけるそれも地力収奪的側面が顕在化している．（坂下）

バイオテクノロジー　biotechnology

生命科学（ライフサイエンス）に括られる諸科学の成果をもとに，1970年代後半から急速に発達してきた生物利用技術の総称である．具体的に，①遺伝子組み換えや細胞融合，組織培養等の技術を用いた動植物の新品種開発，②微生物や昆虫を活用した防除技術の開発，③微生物等を用いた土壌汚染除去技術の開発，④動植物や微生物等を用いた医薬品や新素材の開発などが取り組まれている．農業・食料分野への影響はきわめて大きく，食料増産と環境保全とを両立させることのできる「救世主」として描かれる一方，人体や生態系に及ぼすリスクや農業生産構造に及ぼす社会経済的影響などを問題視する意見も根強い．また，研究開発の基礎素材ともいえる動植物遺伝資源やゲノム解析の成果が知的所有権として私的に囲い込まれるケースが増えており，倫理的および社会経済的な観点からのチェックが緊急に求められている．（久野）

バブル経済　bubble economy

1980年代後半に国内景気を異常なまでに過熱化させた「バブル経済」の背景には多くの要因が働いているが，直接には80年代前半にアメリカの経済政策（レーガノミクス）がもたらした「双子の赤字」を解消するために，先進資本主義国による国際協調政策（85年9月のプラザ合意）として始動されたドル安（各国通貨高）と相対的高金利（各国低金利）に由来する．日本でも円高・低金利政策が進められたが，為替市場における急激な円高ドル安を防ぐために発動された政府・日銀による市場介入は円の大量放出を招き，低金利は貨幣資本の過剰流動性を高めることになった．株式・債権市場への流入によって大手企業は自己資本による設備投資が活発化し，金融機関は過剰となった貸付可能資本の「無理貸し」の対象を中小企業や不動産に見定めた．さらに金融自由化や民活・規制緩和などの一連の政策がこれを助長した．その結果，1980年代後半のGNP成長率25％に対して，株価総額は3.7倍に，地価総額は2.1倍に膨れ上がった．1990年初頭に到来したバブル経済の崩壊が，過剰設備投資・巨額の不良債権・金融危機となって90年代長期不況をもたらすことになったのはそのためである．（久野）

ハロッド゠ドーマー・モデル　Harrod-Domar's model

イギリスの経済学者ハロッド（Roy F. Harrod）とアメリカの経済学者ドーマー（Evsey Domer）が提唱した経済成長モデル．Y を一国の GDP，K を資本ストック，$\Delta K = I$ とする．ただし，I は投資である．k を限界資本係数 $\Delta Y / \Delta K$ とする．$\Delta Y = \Delta K / k$ であるから，Y の成長率 g は $g = \Delta Y / Y = (\Delta K / Y)(1/k)$ となる．資本ストックの増加分 ΔK はその年の投資額に等しいため $g = (I/Y)(1/k)$ となる．限界資本係数が一定の下では GDP の成長率は投資率に依存する．この式を使えば，目標とする GDP 成長率を実現するための投資額を求めることができる．また，一国のマクロ経済における財市場では貯蓄と投資が均衡することから，$g = s/k$（s は貯蓄率）とも書ける．これは，GDP の成長率はその国の貯蓄率に左右されることを示している．このモデルは，生産要素間の代替可能性を無視していることなどの問題もあるが，一国の経済成長における資本制約を重視した点に特徴がある．（近藤）

ブリンクマン　Theodor Brinkmann (1877-1951)

チューネン理論の系譜をうけつぐドイツ農業経営学の代表的な農業経済学者．その著「農業経営経済学」（1922 年）は，それまでの技術論的・歴史研究視点による農業経営経済論を理論経済学的にとりあつかったものであり，わが国においても多くの影響を与えるものであった．また農業経営を有機体として捉え，経営は分化力によって部門の専門化がもたらされるが，他方における統合力によって多角的生産をもたらすものとしている．（黒河）

変動相場制　floating exchange rate system

第 2 次世界大戦後，ドルを金と同格の国際通貨として位置づけ，各国通貨のドルに対する為替レートを固定する国際通貨制度（固定相場制）がアメリカと国際通貨基金（IMF）主導の下に構築された．しかし，1960 年代以降，アメリカの国際収支の悪化とドル危機が進行し，資本主義諸国の不均等発展やインフレーションの激化が相まって固定相場の維持が困難になったため，73 年 3 月に変動相場制に移行した．変動相場制は当初，為替レートを外国為替の需要と供給を反映した市場メカニズムに委ねることによって国際収支の自動調整や資源の最適配分を実現し，各国当局を為替市場への介入義務から解放するものと期待された．だが，為替の需給は実体経済を反映しない投機的な金融取引の影響を受けるため，為替レートの乱高下にともなう国際通貨の不安定性を避けることができなかった．各国政府は一定の為替市場介入を余儀なくされ，先進国首脳会議（サミット）や蔵相・中央銀行総裁会議（G 5 等）を通じて為替レートの国際共同管理も試みられたが，アジア金融危機をもたらしたヘッジファンド等の投機的な短期資本移動を規制できずにいる．（久野）

ポスト・ハーベスト農薬　post-harvest agricultural chemicals

品質劣化等を防ぐために収穫後に散布される農薬のこと．わが国で使用されることは

ほとんどないが，アメリカ等の輸出用農産物の場合，常態的に使用されていると言われる．ポスト・ハーベスト農薬は，農産物の収穫後に散布されるため，残留性が高く，危険性も高いとされる．わが国では残留農薬の限度を食品衛生法で規制しているが，1991年8月まで26農薬（53農産物）について基準が設けられているに過ぎず，それ以外の農薬の残留は認められていなかった．しかし，こうした基準が貿易障害のひとつになっているとするアメリカからの圧力もあり，9月以降，数回にわたり，次々に基準が追加され，現在130余の農薬，120強の農産物で残留基準が設けられている．さらに今後，200余の農薬で基準が設定される予定になっている．（飯澤）

緑の革命 Green Revolution
メキシコにある国際とうもろこし・小麦改良センター CIMMYT で開発された小麦品種 Sonora 64，フィリピンにある国際稲作研究所 IRRI が開発したコメ品種 IR 8 などの「高収量品種（HYV：High Yield Variety）」によって単収が飛躍的に伸び，1970年代，発展途上国における食料問題の解決の途が開けたことを総称する．現在は「高収量性」よりも，耐病性や地域の環境適応性を強調して「近代品種（MV：Modern Variety）」と称されることが多い．通常，緑の革命を実現するには高収量品種のほかに，肥料投入，灌漑設備が完備していなければならない．特に灌漑については，排水を考えなかった高温乾燥地域で，広範囲に塩害や過剰湛水が生じており，大きな問題になっている．緑の革命が農村の所得分配に与えた影響については実証的な研究が不足しているが，農地改革の有無やその効果に関する分析がなによりも重要となる．（長南）

ミニマム・アクセス minimum access
1995年発効のWTO協定に規定されたもので，95年から2000年までの6年間（実施期間）に，継続される最小限度の輸入機会のこと．関税化品目で輸入実績がわずかな農産品については，実施期間の1年目に国内消費量の3％，6年目に5％となるミニマム・アクセスを設定することになっている．しかし，一定の条件を満たす農産品に関しては，関税化の特例措置として，実施期間中に関税化を行わないことも可能である．その条件の1つは，実施期間の1年目に国内消費量の4％，6年目に8％となるミニマム・アクセスを設定することである．日本のコメには，当初，この関税化の特例措置が適用されていたが，1999年4月から，関税化に切り替えられた．（山本）

誘発的な技術進歩 induced technical progress
技術進歩は発明や発見などによって外生的に起こることが多いが，技術進歩がどのようにして起こるかを内生的に説明する経済モデルである．これによれば，技術進歩は稀少資源をより効率的に使用するように起こる．すなわち，生産要素の希少性を反映する生産要素相対価格の変化によって技術進歩が誘発される．日本農業の成長過程で

は，戦前期に労働多投・土地節約的な技術進歩があり，戦後は機械使用的・肥料多投的技術進歩が進展したが，速水佑次郎他はこれを誘発的な技術進歩仮説によって整合的に説明した．また，日本とまったく要素賦存の異なる米国の農業技術進歩においても，この仮説は実証された．（長南）

レモンとピーチ　lemon and peach

lemon には不良品，欠陥品，特に欠陥車という意味があり，peach にはすてきな人［もの］，いい人という意味がある．情報の不完全性に起因する市場の失敗の例としてレモンの例があげられる．財・サービスの中には完全にその品質を見極めることができないものが多々ある．中古車がレモンかどうかもその例の1つであ．医者や弁護士などのサービスの質に関して実需者が事前に正しい評価を下すことは難しい．このように買い手と売り手の間に情報の不完全性が存在すれば，ピーチはレモンによって淘汰され市場から駆逐されてしまう．こうした市場の失敗を是正するためには，政府による供給者へのライセンスの付与や需要者への品質情報提供が考えられる．（近藤）

ロッチデール原則　Rochdale principles

1844年，イギリスのロッチデールに誕生した最初の近代的協同組合である公正先駆者組合が掲げた規約から，「1人1票」「加入脱退の自由」「利用高配当」「組合員教育」など，異なったタイプの組合にも普遍妥当する項目が抽出されて協同組合の一般的ルールとなった．ICA ではその後，このロッチデール原則を土台として国際協同組合原則を制定するようになった．協同組合原則は時代の変遷に応じて何度かの改定を経てきているが，その基本にはなおロッチデール原則が生きている．（太田原）

何を読んだらいいの？
農業経済学の基礎文献

序章

○清水汪・農林中金総合研究所編著『水と緑を守る農林水産業』，東洋経済新報社，1994年
　地球環境問題との関わりから農林水産業の重要性を論じた好著．
○東井正美ほか共著『都市のくらしと農業問題』，ミネルヴァ書房，1995年
　食生活，土地など日常生活に現れる食料・農業問題から農業現場の問題までわかりやすく解説．学生を対象としたユニークな農業経済学入門書．
○山本博史著『現代たべもの事情』，岩波新書，1995年
　輸入食料や加工食品の増加にともなう食生活と流通の変化を，初心者向けに解説している．新書なので価格も安く，手軽に読める．

第1章

○スーザン・ジョージ著『なぜ世界の半分が飢えるのか』，朝日新聞社，1984年
　アジア・アフリカなどに広がる飢餓状態が，過剰人口や天候異変などに起因する不可避的な現象ではなく，多国籍アグリビジネスの戦略こそがその元凶であることを論じている．
○全税関労働組合・税関行政研究会著『よくわかる輸入食品読本』，合同出版，1990年
　わが国の食料・農産物の輸入検疫の現状をそれに携わる労働者の目を通して明らかにし，サンプル検査の少なさや書類審査の多さ，検疫官の圧倒的不足などの諸問題を指摘している．
○鶴見良行著『バナナと日本人』，岩波書店，1982年
　「食料輸入大国」日本と輸出国との諸関係を，フィリピン・バナナを素材に，輸出国の状況や生産農民の状況，多国籍アグリビジネスの戦略などを交えながら明らかにしている．
○レスター・R. ブラウン編『地球白書』，ダイヤモンド社，各年版
　ワールドウォッチ研究所（主宰レスター・R. ブラウン，アメリカ）が毎年発行している年報で，地球環境問題や食料問題など幅広い分野の諸問題を分析し，提言している．
○三国英実編『今日の食品流通』，大月書店，1995年

規制緩和の下，急激に変貌しつつある食品流通の姿を，食品加工独占や大手量販店，外食チェーンなどの動向と関連づけながら明らかにし，今後の食品流通のあり方を展望している．

第2章
○伊藤元重著『ゼミナール国際経済入門』，日本経済新聞社，1996年
　貿易だけでなく国際経済全般の内容をわかりやすく網羅している．ミクロ経済学の知識がなくても読むことができる点にも特徴がある．
○今村奈良臣ほか共著『WTO体制下の食料農業戦略』，農山漁村文化協会，1997年
　WTOの概要，WTO発足前後のアメリカ，EU，オーストラリア，中国，日本の農業政策ならびに農産物貿易政策の現状と課題などを知ることができる．
○荏開津典生著『日本農業の経済分析』，大明堂，1985年
　農業経済分析に計量経済学手法を適用した代表的研究書であり，農産物需要，農業生産関数と技術進歩，農産物価格，経済成長と農業といった農業問題を網羅し，一貫した計量研究を行っている．
○荏開津典生・生源寺真一著『こころ豊かなれ日本農業新論』，家の光協会，1995年
　新しい「農業基本法」のための食料，農業，農村政策の理念を明らかにすることなどを意図して書かれたものであるが，農業保護の理念，欧米の農政改革の概要を，著者らの見解を交えながら，平易に述べている．
○大川一司著『農業の経済分析』（増訂版），大明堂，1967年
　近代経済学の理論ツールを用いて農業問題を計量経済学的に分析した代表的古典である．農業問題を土地問題ではなく労働力問題として分析する新たな視点を持ち，戦後の農業労働力問題に重要な貢献をした．
○小倉武一著『日本農業は活き残れるか』（上：歴史的接近，中：国際的接近，下：異端的接近），農山漁村文化協会，1987年
　農林行政（事務次官）の実務を通じて，農業問題をアカデミックに接近した研究であり，現実に裏付けられた啓蒙書として有益である．日本農業の発展，農政の歴史を戦前・戦後を通して理解できる．諸外国の農業・農政の比較があり，農業問題とは何かを広い視野から理解できる．
○加藤一郎・坂本楠彦編『日本農政の展開過程』，東京大学出版会，1967年
　戦後の農政問題を，歴史，技術，組織，価格政策の経営・経済面からの分析と農業法律，財政，そして社会面からの分析を行い，かつ地方農政の現状分析が紹介され，学際的な戦後日本農政の総括である．
○頼平編『農業政策の基礎理論［現代農業政策論・第1巻］』，山本修編『農業政策の展開と現状［同第2巻］』，藤谷築次編『農業政策の課題と方向［同第3巻］』，家の光協会，1987-88年
　京都大学の研究者を中心にまとめられた農政書であり，農業家族経営による日本農業分析において，伝統をもつ関西学派の集大成である．農業問題全般にわたり，

理論，現状，将来方向をまとめており，諸外国の農業・農政紹介もある．
○土屋圭造著『農業経済学』（四訂版），東洋経済新報社，1993年
　　近代経済学の手法による農業分析，農業経済学の代表的な入門書である．農産物の需要，生産，価格の分析，流通，アグリビジネス，農産物貿易等広範囲な問題を扱い，農業経済学の分析手法の適用を易しく示している．公務員試験の必読書となっている．
○出村克彦・吉田謙太郎編『農村アメニティの創造に向けて—農業・農村の公益的機能評価』，大明堂，1999年
　　農業の環境問題を公益的機能評価の面から接近し，環境評価論において，CVM他の手法による実証研究を全国を対象に行っている．また，実践マニュアルを載せ，同種の研究に資する工夫がされている．
○日本貿易振興会編『アグロトレード・ハンドブック』，日本貿易振興会，各年版
　　農林水産物貿易をめぐる最近の情勢などの総論と品目別概況などの各論からなり，農林水産物貿易の動向を知ることができる．各種資料や統計が豊富である点にも特徴があり，第2章Ｉで用いた統計数値も主にこれに依拠している．
○若杉隆平著『国際経済学』，岩波書店，1996年
　　貿易理論，貿易政策などの基礎理論を図解によって平易に解説している．ミクロ経済学の初歩を取得していることが想定されている．巻末のリーディングリストには簡潔な解説がついており，国際経済学を深く学習する上で参考になる．

第3章

○金沢夏樹著『農業経営学の体系［農業経営学講座1］』，地球社，1985年
　　日本における著名な農業経営学者らによって全10巻にわたって体系的に農業経営論が展開されているシリーズである．体系的な百科事典としても常備しておく価値がある．
○七戸長生著『日本農業の経営問題—その現状と発展論理』，北海道大学図書刊行会，1988年
　　転機に立つ日本農業の構造を農業経営の実態に即しながら現段階における日本農業の病理と生理を解析し，その上で今後の発展方向を展望する好著である．
○全国農業改良普及協会編『新農業経営ハンドブック』，社団法人全国農業改良普及協会，1998年
　　農業経営の育成のための人材育成，マネジメント，地域農業のマネジメントや活性化手法などのために実例をあげながら，詳説している．この他，各種制度の解説や用語解説もあり，農業経営をめぐる小辞典となっている．
○長憲次編『農業経営研究の課題と方向—日本農業の現段階における再検討』，日本経済評論社，1993年
　　日本農業経営学会が日本農業をめぐる内外環境条件の激変にいかに対応すべきかを探るために10年余のこれまでの研究蓄積を解析し研究分野の課題と今後の展

望を示すもの.
○矢島武著『現代の農業経営学』(第5版), 明文書房, 1967年
　札幌農学校の系譜である大農論について「農業純収益説」によって理論的に整序した著名な農業経営学の教科書である. 農業経営の論理を定性的に解説するものである.

第4章

○伊東勇夫著『現代日本協同組合論』, 御茶の水書房, 1960年
　戦後の代表的な論考. 近藤理論を批判して組織体としての能動的, 主体的機能に着目し, 協同組合を経済的弱者の自己防衛組織とする「防衛機関説」を主張した.
○牛山敬二著『農民層分解の構造―戦前期―』, 御茶の水書房, 1975年
　日本の戦前期の農業問題にとって重要な労働市場の分析を中心に農民層分解の構造を示している. 農村における雑業層の存在を明らかにした名著である.
○太田原高昭著『系統再編と農協改革』, 農山漁村文化協会, 1991年
　広域合併と系統2段階化を軸とする農協改革を批判的に検討し, 今後の方向を展望.
○近藤康男著『協同組合原論 [近藤康男著作集・第5巻]』, 農山漁村文化協会, 1974年
　初版は1934年. わが国における協同組合論の古典で, 理論的には「商業利潤節約説」を確立した著作であるが, 協同組合の歴史的発展過程, 戦前における各国の状況を知るにも役立つ.
○齋藤仁著『農業問題の展開と自治村落』, 日本経済評論社, 1989年
　日本の農村問題を考える際に自治村落（むら）の存在は非常に重要である. 本書は, その先駆的業績を集めた論文集である.
○武内哲夫・太田原高昭共著『明日の農協』, 農山漁村文化協会, 1986年
　戦後40年の農協の歩みを事業別, 問題別に総括し, 農協問題の所在を提示している.
○暉峻衆三編『日本農業100年のあゆみ―資本主義の展開と農業問題』, 有斐閣, 1996年
　5名の経済史研究者による日本農業に関する通史であり, 現在最良の教科書である. 副題にもある通り, 日本資本主義の展開との関連で日本の農業問題の諸相を示している.
○富沢賢治・川口清史編『非営利・協同セクターの理論と現実』, 日本経済評論社, 1997年
　協同組合・非営利組織をめぐる世界と日本の動きを分析し, 新たな理論的展開を示す.
○農林水産省百年史編纂委員会編『農林水産省百年史 [上・中・下・別巻]』, 1979-81年

日本農業研究所を事務局とした研究者による日本の農業・林業・水産業の通史である．上巻が明治期，中間が大正・昭和戦前期，下巻が戦後期であり，座談会がおもしろい．
○S.A. ベーク著『変化する世界—協同組合の基本的価値』，日本協同組合連絡協議会，1992年
ICA東京大会の基調報告で，現代の国際協同組合運動を知るための基本的文献．

第5章

○臼井晋・宮崎宏編『現代の農業市場』，ミネルヴァ書房，1990年
農業関連市場（生産財市場，農地市場，労働市場，金融市場，情報・サービス市場）と農産物市場（コメ，青果物，畜産物など）の動向を分析．編者の臼井は北大の元教授．
○川島利雄・渡辺基共著『食料経済』（改訂版），培風館，1997年
わが国の食料の生産と流通，食生活の変化，および世界の食料問題の現状などを分かりやすく解説している．各章に練習問題もついており，試験対策としても使える．
○川村琢監修『現代資本主義と市場』（改訂版），ミネルヴァ書房，1987年
北大市場論グループの古典的名著．市場に関する理論と歴史を解説した上で，農林水産物市場の展開を概説している．ただし，取り上げている実態がやや古く，入手も困難．
○日本農業市場学会編集『農業市場の国際的展開』，筑波書房，1997年
農業市場学の最新の研究動向を知ることができる．三島教授の論文「農業市場問題と国家独占資本主義」は多少カタイが，挑戦してみる価値はある．

第6章

○荏開津典生著『「飢餓」と「飽食」』，講談社，1991年
食料問題の意味，食料援助の意義については，これ1冊を読めばよくわかる．
○小浜裕久著『ODAの経済学』，日本評論社，1998年
ともすれば，高邁な理想あるいは無国籍の制度的なODAの解説に陥りやすいが，本書は日本の経済発展の歴史的な経験を基礎に「日本のODAの経済学」を体系的に示している．必読書である．
○清川雪彦著『日本の経済発展と技術普及』，東洋経済新報社，1995年
日本経済の発展過程における技術普及に関する実証的研究である．とくに第1部「農業技術の普及」は必読である．
○崎浦誠治編著『経済発展と農業開発』，農林統計協会，1985年
戦後日本の経済成長と農産物需要，技術進歩等に関する研究のほか韓国，フィリピンなどの農業にもふれている．
○友松篤信・桂井宏一郎・岸本修編『国際農業協力論—国際貢献の課題』，古今書院，

1994 年
日本の国際農林業協力活動の幅広い活動が具体的にわかる．青年海外協力隊員や NGO 活動の経験や教訓など，経済開発援助の「質的な改善」の必要性を具体的に示している．
○中田正一著『国際協力の新しい風—パワフルじいさん奮戦記』，岩波新書，1990 年
国際協力，特に農業分野における民間協力の考え方について「実践的であるとはいかなるものか」が，よくわかる．
○速水佑次郎著『開発経済学』，創文社，1995
現在入手可能な開発経済学に関する体系的，包括的なテキスト．ただしミクロ経済原論の理解が前提になる．以下のいずれの文献も同様．
○原洋之介著『開発経済論』，岩波書店，1996 年
経済開発を市場の果たす機能を中心において構成している．巻末の「リーディングリスト」冒頭の 7 冊はいずれも代表的な著作である．
○南亮進著『日本の経済発展』，東洋経済新報社，1981 年
遅れて近代経済成長のスタートをきったわが国が急速な成長をとげたのはなぜか？ という問題を究明している．数量分析に特色があると同時に経済構造がどう変化してきたか，理論モデルを重視した構造分析となっている．巻末に詳細な引用文献リストがある．
○ Eicher, Carl K. and John M. Staatz, *International Agricultural Development*, 3rd edition, The Johns Hopkins University Press, Baltimore and London, 1998.
世界的に著名な農業経済学者が分担して最新の研究をサーベイしたもので 3 版を重ねている．国際的な農業開発援助の研究を志す人に，農業経済理論が何を明らかにしてきたかを簡潔に示してくれる．
○ Hayami, Yujiro and Vernon W. Ruttan, *Agricultural Development : An International Perspective,* The Johns Hopkins University Press, 1971.
開発経済学のなかでの農業の意味，経済発展の理論，日米の農業成長過程の比較，農業技術移転論など広範な問題を扱っている．

第 7 章 I

○置塩信雄・鶴田満彦・米田康彦著『経済学』，大月書店，1988 年．
マルクス経済学の体系を，計量的手法も取り入れながら大胆に再構成した書．
○高島善哉著『社会科学入門』，岩波新書，1964 年．
社会科学の面白さを説いた古典的名著．ただし，時代的制約は否めない．
○田代洋一・萩原伸次郎・金澤史男編『現代の経済政策』，有斐閣，1996 年
経済学を生きたものにするためには，日本と世界の現実に即して学ぶ必要がある．財政，金融，工業，商業，農業，地域・環境，労働・福祉，そして国際政策協調等々，あらゆる政策領域を網羅している．
○鶴田満彦編『入門経済学—常識から科学へ』（新版），有斐閣新書，1990 年

マルクス経済学の平易な解説書．講義用テキストとしては最適である．
○平野喜一郎著『社会科学の生誕―科学とヒューマニズム』，大月書店，1981年
ルネサンス期以来の科学とヒューマニズムと民主主義の発展史が描かれている．21世紀を迎える今，近代社会の豊かな思想史を追体験することの意味はけっして小さくない．
○カール・マルクス著『資本論』（上製版），新日本出版社，1997年
マルクス経済学の原典．19世紀イギリスを分析素材にしたとはいえ，そこで明らかにされた資本主義一般に貫く経済法則なくして現代資本主義を理解することはできない．入手しやすい新書版もある．

第7章 II

○西村和雄著『入門ミクロ経済学』，岩波書店，1995年
図をたくさん使用したミクロ経済学の入門書．困難な数式はでてこない．
○ Varian, H.R., *Microeconomic Analysis*, 3rd edition, Norton, 1992
ミクロ経済学の中級的入門書．読破するには微分積分学の知識が不可欠である．
○ Johnston, J., and J. Dinardo, *Econometric Methods*, 4th edition, McGraw-Hill, 1997
計量経済学のテキスト．線形代数を使用しているためどちらかといえば中級のテキストである．

第7章 III

○生源寺真一ほか共著『農業経済学』，東京大学出版会，1993年
東京大学農業経済の教科書である．本書第7章，生源寺・藤田「統計の利用」は統計の紹介と利用に関して指摘が行われている．
○吉田忠著『農業統計の作成と利用―数字で見通す農業のゆくえ［食糧・農業問題全集20巻］』，農山漁村文化協会，1987年
わが国農業統計がどのように作成され，それを利用するとどのような点を明らかにできるのか，事例をあげて紹介している．
○宇佐美繁編著『日本農業―その構造変動（1995年農業センサス分析）』，農林統計協会，1997年
○高橋正郎編著『日本農業の展開構造―1990世界農林業センサスの分析』，農林統計協会，1992年
この2冊は最も頻繁に使用される農業センサスを利用し，日本農業の構造分析を行ったものであり，現状理解と統計利用の参考となる．
○『改訂農林水産統計用語事典』農林統計協会，1993年
本書は農業統計用語の事典であり，簡単に用語の解説が行われている．わからない用語を調べるのに便利である．

索 引

※本文中のゴシック表示をもとに作成（50 音順）

[あ行]

アウトプット 231
アグリビジネス 160, 271
アジア太平洋経済協力会議（APEC） 45
新しい協同（co-operate） 118
AFTA 45
新たな米政策 59
新たな麦政策 58
アーレボー 272
安定基金制度 58
安定帯価格制度 58
いえ 137
EC の共通農業政策（CAP） 34
一致推定量 257
稲作経営安定対策 60
インプット 231
インフラストラクチュア 202
ウェーバー，マックス 9
衛生植物検疫措置の適用に関する協定（SPS 協定） 27, 42
営農指導事業 113, 129
NGO 31
MSA 協定 22
LISA 64
エンゲルの法則 54
オウエン，ロバート 118
大原幽学 124
汚染者負担原則（PPP） 46, 272
オーダー条件 250
卸売市場（法） 25, 170, 273

[か行]

海外直接投資 47

回帰関数 244
回帰係数 246
階級国家 220
外生変数 233
開発輸入 24, 47, 273
外部（経済）効果 66, 240, 273
外部資本 95
外部不経済 240
ガウス＝マルコフの定理 245
価格指数 273
価格消費曲線 235
価格伸縮性 58
価格弾力性 54, 274
化学的技術進歩 195
科学的正当性 43
学習効果 194
確率変数 244
撹乱項 244
囲い込み（エンクロージャー） 16, 82, 138, 272
寡占 240
過大規模の非効率 101
価値（交換価値） 213
価値法則 213
株式会社 274
可変資本 165, 215
可変的投入要素 231
環境基本法 274
環境経済学 2
環境資源 2
環境保全型農業 63, 275
関税化 43, 275
関税化の特例措置 43
関税相当量 26

索引

関税同盟　45
関税と貿易に関する一般協定（GATT）　42
完全競争市場　236
機械的技術進歩　195
企業利潤　105
技術移転　190
技術進歩　91, 190
技術選択　194
技術体系　91
基準価格　168
規制緩和　275
擬制資本　224
規模の経済性　100
帰無仮説　261
逆選択　241
キャピタルゲイン　224
96年農業法　44
共済事業　130
競争原理　6
競争市場型の技術移転　200
協同組合原則　122
協同組合の基本的価値　123, 275
協同組合の定義　123
共有地の悲劇　205, 276
漁業協同組合　121
銀行資本　219
近代化農業　276
近代経済学　10
区間推定　257
具体的市場　155
組勘（クミカン）　114
クリーン農業　63
クロス集計　267
クロスセクション　268
グローバリゼーション　276
経営規模　277
計画外流通米　60
経済共同体　45
経済的条件　100
経済民主主義　226

系統金融　52
契約曲線　237
系列相関　248
検疫・衛生の措置　40
限界革命　228
限界価値生産力　233
限界原理　165
限界生産費　164
限界生産力　232
限界代替率　88, 234
限界代替率逓減の法則　235
限界地　164
限界費用　233
原産地規則　48
減反計画　41
減反政策　60
公共財　240
厚生経済学の第一定理　237
厚生経済学の第二定理　239
厚生事業　130
構造政策　59
耕地整理組合　142
購買事業　130
交付金制度　58
効用関数　234
効率性　245
国際協同組合同盟（ICA）　31, 121, 123, 271
国際通貨基金（IMF）　271
穀物メジャー　16
国家独占資本主義　277
小作争議　144
誤差項　244
固定的投入要素　231
コーデックス（Codex）食品基準　27, 277
コブ＝ダグラス型生産関数　179
コールドチェーン・システム　25-6

[さ行]

最恵国待遇　42
最小分散不偏推定量　257

索　引

最低価格補償制度　58
最頻値　253
最良推定量　257
差額地代　166
作目選択　100
産業組合（法）　124
産業資本　219
産業循環（景気変動）　218
産業予備軍　217
三段階組織　129
三分割制農業　163
産米増殖計画　178
シェーレ価格　17
市場アクセス　42
市場外流通　170
市場価格　156, 213
市場経済（化）　5, 156, 212
市場原理（メカニズム）　6, 51, 156
市場の失敗　221, 238
自然循環機能　63
史的唯物論　210
品川弥二郎　125
資本還元　225
資本主義　156
資本主義的農業　163
資本蓄積　216
資本循環　157
資本の有機的構成　96, 216
資本利益（収益）率　96
資本論　209
社会科学の総合　207
社会経済学　207
社会構成体　210
社会政策的農政　147
社会的経済　278
社会的経済余剰　191
社会的平均利潤　76
社会福祉事業　131
重回帰　244
収穫（限界生産力）逓減の法則　101, 232
19 世紀末大不況　17

自由競争段階　219
収入保険　60
種苗法　199
シューマッハー　7
需要の価格弾力性　162
シュルツェ-デーリチュ　120
循環的農業　8
使用価値　159, 213
小規模家族農業　8
商業資本　171, 219
商業利潤　171
譲渡利潤　171
商人資本　171
小農　98, 278
小農制農業　163
消費財市場　158
商品取引所　25
上部構造　210
剰余価値（m）　157, 215
剰余価値法則　215
昭和恐慌　278
食品企業　2
食料安全保障　39, 278
食料援助　202, 279
食料危機　14
食料自給（率）　4, 53, 278
食料主権　30
食料・農業・農村基本法　53
助成合計量（AMS）　43, 279
食管法・食糧法　279
所得効果　235
所得消費曲線　236
所得弾力性　54, 280
自立経営　53
新規就農者　61
新自由主義　221, 280
新農業基本法　52
新農政　52
信用事業　130
信頼係数　258
森林組合　121

スルツキー方程式　235
生活協同組合　127
正規分布　255
生産価格　165
生産可能曲線　89
生産関係　210
生産関数　86, 231
生産財市場　158
生産手段　157
生産調整　55
生産費・所得補償方式　24, 55
生産費調査　270
生産要素　231
生産力　210
成長会計法　190
政府開発援助（ODA）　192, 272
生物学的技術進歩　195
政府の失敗　221, 280
世界食料サミット　46, 281
世界貿易機関（WTO）　19, 42, 54, 282
絶対地代　166
絶対優位性　36
説明変数　244
千石興太郎　126
戦後自作農体制　126, 151
戦時経済体制　281
選択的拡大　53
専門農協　128
総合農協　128
総合農政　52
相対的過剰人口　217
相対的優位性　100
損益計算書　107

[た行]

貸借対照表　107
貸借平均の原則　108
代替効果　235
大店法・大店立地法　281
多角化　101
多国籍企業　122, 222

多国籍アグリビジネス　223
WTO体制　25
単回帰　244
地球環境問題　282
地代　100, 282
知的所有権　199
チャヤノフ　282
中央値（メディアン）　253
中山間地域　53, 283
中小企業近代化促進法　26
抽象的市場　156
中心極限定理　244, 255
通貨共同体　45
帝国主義　283
t 値　247
t 分布　259
デカップリング　43, 60
適応研究　198
適正規模　101
デフレーター　270
デュアリズム　283
転換点　284
点推定　257
同時方程式バイアス　249
等生産量曲線　87
等費用曲線　87
特定JAS　284
独占　220, 240
独占資本（主義）　157, 220
独占地代　161
独占利潤　219
独立自営農民層　82
土壌保全留保計画　44
土地改良事業　61

[な行]

内外価格差　56
内生変数　233
NAFTA　45
新渡戸稲造　9
二宮尊徳　124

索　引　　　303

日本型食生活　21
日本型総合農協　284
日本版ビッグバン　284
農家　285
農会　125, 140
農業会計　107
農家経済調査　270
農家継承　102
農業委員会　113, 152, 285
農業会　126
農業改良普及センター　113
農業基盤整備事業　61
農業恐慌　18
農業共済組合（NOSAI）　113
農業金融　285
農業協同組合（JA）　113
農業公共投資　52
農業構造改善事業　286
農業財政政策　52
農業所得率　106
農業制度金融　52
農業・農村の多面的機能　39, 53, 286
農業に関する協定（農業協定）　42
農業簿記　286
農業保護政策　39
農産物価格（支持）政策　18, 287
農産物マーケティング・ボード　47
農山漁村経済更生運動　125, 148
農地改革　126, 151, 287
農地法　287
農法（論）　81, 288
農林業センサス　267

[は行]

バイオテクノロジー　288
発展法則　208
バブル経済　225, 288
パレート効率　237
ハロッド＝ドーマー・モデル　289
範囲の経済性　101
販売事業　129

販売斡旋事業　150
PL 480　20
ビオトープ　68
比較優位性の原理　35
非関税障壁　40
被説明変数　244
非点源汚染　47
肥培管理技術　99
非排他性　240
費用価格　165
標準誤差　259
標準正規確率変数　259
標準正規分布　255
標準偏差　253
標本平均　256
標本分散　256
標本分布　256
平田東助　125
複式簿記　108
不足払い制度　41, 58
物象化　225
不変資本　165, 215
不偏推定量　257
不偏分散　258
プライス・テーカー　236
ブリンクマン　289
ふるい共同（commune）　118
分散不均一性　248
平均原理　165
平均利潤（法則）　158, 219
ヘクシャー＝オリーンの貿易理論　38
ペティ＝クラークの法則　52
変動相場制　289
貿易創出効果　45
貿易転換効果　45
封建制　137
豊度　80
蓬莱米　178
補完関係　84
補合関係　84
ボゴール宣言　45

ポストハーベスト農薬　21, 289
ホリヨーク　119

[ま行]

マルクス，カール　209
マルクス経済学　10
緑の革命　20, 191, 290
ミニマム・アクセス　290
民主的規制　29, 226
無作為抽出（ランダムサンプリング）　256-7
無作為標本　257
無差別曲線　234
明治農法　141
モニタリング　242
モラルハザード　241

[や行]

有意水準　261
有効推定量　257

優等地　164
誘発的な技術進歩　195, 290
輸出競争　42
輸出補助金　40
輸入課徴金　39
輸入割当　39
予算制約線　234

[ら行]

ライファイゼン　120
利潤（率）　158, 214
リスク回避　106
量販店　173
レイドロウ報告　123
劣等地　164
レモンとピーチ　291
労働力商品　157
ロッチデール原則　291
ロッチデール公正先駆者組合　119

執筆者紹介 （執筆順）

三島　徳三（みしま とくぞう）	北海道大学大学院農学研究科・農学部教授	1943 年生まれ
飯澤理一郎（いいざわ りいちろう）	北海道大学大学院農学研究科・農学部助教授	1948 年生まれ
山本　康貴（やまもと やすたか）	北海道大学大学院農学研究科・農学部助教授	1960 年生まれ
出村　克彦（でむら かつひこ）	北海道大学大学院農学研究科・農学部教授	1945 年生まれ
黒河　　功（くろかわ いさお）	北海道大学大学院農学研究科・農学部教授	1945 年生まれ
志賀　永一（しが えいいち）	北海道大学大学院農学研究科・農学部助教授	1956 年生まれ
太田原高昭（おおたはら たかあき）	北海学園大学経済学部教授 （元北海道大学大学院農学研究科・農学部教授）	1939 年生まれ
坂下　明彦（さかした あきひこ）	北海道大学大学院農学研究科・農学部教授	1954 年生まれ
土井　時久（どい ときひさ）	岩手県立大学総合政策学部教授 （元北海道大学農学部教授）	1937 年生まれ
長南　史男（おさなみ ふみお）	北海道大学大学院農学研究科・農学部教授	1948 年生まれ
久野　秀二（ひさの しゅうじ）	北海道大学大学院農学研究科・農学部助手	1968 年生まれ
近藤　　巧（こんどう たくみ）	北海道大学大学院農学研究科・農学部助教授	1961 年生まれ

農業経済学への招待

1999年9月25日　第1刷発行
2006年3月31日　第5刷発行

編　者	太田原　高　昭
	三　島　徳　三
	出　村　克　彦
発行者	栗　原　哲　也

発行所　㈱日本経済評論社
〒101-0051　東京都千代田区神田神保町3-2
電話 03-3230-1661　FAX 03-3265-2993
http://www.nikkeihyo.co.jp
振替 00130-3-157198

装丁＊渡辺美知子　　　　シナノ印刷・根本製本

落丁本・乱丁本はお取替えいたします　Printed in Japan
© T. Otahara, T. Mishima, K. Demura et al. 1999

・本書の複製権・譲渡権・公衆送信権（送信可能化権を含む）は㈱日本経済評論社が保有します。
・ JCLS 〈㈱日本著作出版権管理システム委託出版物〉
本書の無断複写は著作権法上での例外を除き禁じられています。複写される場合は、そのつど事前に、㈱日本著作出版権管理システム（電話 03-3817-5670, FAX 03-3815-8199, e-mail：info@jcls.co.jp）の許諾を得てください。

書名	著者	価格
アグリビジネスと遺伝子組換え作物 政治経済学アプローチ	久野 秀二	5400 円
規制緩和と農業・食料市場	三島 徳三	2800 円
アメリカのアグリフードビジネス 現代穀物産業の構造分析	磯田 宏	4500 円
牛肉のフードシステム 欧米と日本の比較分析	新山 陽子	5500 円
日本農政の50年 食料政策の検証	北出 俊昭	2800 円
土地利用調整と改良事業	岡部 守	2300 円
マレーシア農業の政治力学	石田 章	4200 円

シリーズ「現代農業の深層を探る」

	書名	著者	価格
1	WTO体制下の日本農業 「環境と貿易」の在り方を探る	矢口 芳生	3300 円
2	地域資源管理の主体形成 「集落」新生への条件を探る	長濱 健一郎	3000 円
3	都市農地の市民的利用 うるおい時代の「農」を探る	後藤 光蔵	
4	グローバリゼーション下のコメ・ビジネス 流通の再編方向を探る	冬木 勝仁	
5	有機食品システムの国際的検証 消費者ニーズの底流を探る	大山 利男	

表示価格は本体価格（税別）です

農業経済学への招待（オンデマンド版）

2008年10月10日　発行

編　者	大田原　高昭
	三島　徳三
	出村　克彦
発行者	栗原　哲也
発行所	株式会社　日本経済評論社

〒101-0051　東京都千代田区神田神保町3-2
電話 03-3230-1661　FAX 03-3265-2993
E-mail: info@nikkeihyo.co.jp
URL: http://www.nikkeihyo.co.jp/

印刷・製本　　株式会社　デジタルパブリッシングサービス
URL: http://www.d-pub.co.jp/

AF085

乱丁落丁はお取替えいたします。
Printed in Japan
ISBN978-4-8188-1658-9

・本書の複製権・譲渡権・公衆送信権（送信可能化権を含む）は㈱日本経済評論社が保有します。
・[JCLS]〈㈱日本著作出版権管理システム委託出版物〉
本書の無断複写は著作権法上での例外を除き禁じられています。複写される場合は、そのつど事前に、㈱日本著作出版権管理システム（電話 03 - 3817 - 5670、FAX03 - 3815 - 8199、e-mail: info@jcls.co.jp）の許諾を得てください。